알기 쉬운
실전 데이터 모델링

알기 쉬운 실전 데이터 모델링

펴 낸 날　2024년 8월 16일

지 은 이　김찬웅
펴 낸 이　이기성
기획편집　이지희, 윤가영, 서해주
표지디자인　이지희
책임마케팅　강보현, 김성욱
펴 낸 곳　도서출판 생각나눔
출판등록　제 2018-000288호
주　　소　경기 고양시 덕양구 청초로 66, 덕은리버워크 B동 1708호, 1709호
전　　화　02-325-5100
팩　　스　02-325-5101
홈페이지　www.생각나눔.kr
이 메 일　bookmain@think-book.com

• ISBN 979-11-7048-734-0(03560)

즐거운 데이터 모델링 산행

알기 쉬운
실전
데이터 모델링

김찬웅 지음

생각나눔

데이터베이스 세계를 이루는 두 개의 산, 그리고 신화

🗩 두 개의 계(界)

데이터베이스 세계는 두 개의 계로 이루어져 있다. 하나는 '운영계'라고 하고, 다른 하나는 '정보계'로 불린다. 운영계 사람들은 데이터베이스 세계의 근간을 이루는 데이터를 생산한다. 세상에 살면서 우리가 매일 먹어야 하는 먹거리처럼 운영계 데이터는 데이터베이스 세계가 살아가기 위한 필수 식량이다. 운영계 데이터가 잘 만들어지지 않거나 잘못 만들어지면 데이터베이스 세계는 탈이 난다. 잘못 만들어진 데이터는 치명적인 바이러스처럼 데이터베이스 세계를 마비시키기도 한다. 운영계에서 온전하고 깨끗한 데이터가 지속적으로 생산되어야 데이터베이스 세계 전체가 건강을 유지할 수 있다.

운영계에는 데이터를 생산하는 자들, 소비하는 자들, 데이터 생산을 돕는 자들, 그리고 데이터 제조 틀을 설계하는 자들이 살고 있다. 데이터를 생산하는 자들을 운영계 시스템 운용자라 하고, 데이터를 소비하는 자들을 시스템 사용자라고 한다. 데이터 생산을 돕는 자들을 시스템 개발자 또는 시스템 엔지니어라고 하며, 데이터 제조 틀을 설계하는 자들은 데이터 아키텍트 또는 모델러라고 하는데, 이들의 솜씨와 역량이 생산하는 데이터의 품질을 좌우한다.

한편 정보계에는 별을 닮은 사람들이 살고 있다. 정보계 사람들은 운영계에서 생산한 데이터를 가공해서 차원 높은 데이터를 생산한다. 운영계와 마찬가지로 정보계에도 데이터를 생산하는 자들과 생산을 돕는 자들 그리고 데이터 제조 틀을 설계하는 자들이 있다. 이들이 생산한 데이터는 주로 산 아래 세계를 효율적으로 다스리기 위한 용도로 사용된다. 별을 닮은 사람들의 언어를 빌리자면 더 나은 세계를 위한 전략적 의사결정에 필요한 데이터라고 한다.

📋 두 개의 산(山)

운영계와 정보계에 우뚝 솟은 산이 하나씩 있다. 산을 등정한 자들에게는 각 산에서 데이터 제조 틀을 설계할 자격이 주어진다. 운영계에 있는 산은 규모가 크고 울창한 숲과 계곡을 자랑한다. 그래서 많은 사람들이 산에 오르지만, 정상에 오르는 자는 드물다. 많은 운영계 개발자들이 정상을 목표로 등산을 시도하지만 대개 산 중턱에서 하산하고 만다. 산 중턱에서부터 만나게 되는 몇몇 어려운 구간을 전부 오르기가 쉽지 않기 때문이기도 하지만 그보다는 데이터베이스 세계를 지배하는 진리성(城)에서 전하는 두려운 신화 때문이다. 성에서 시달하는 교범과 지침을 엄격히 따르지 않는 등산은 필경 사고를 당하게 된다는 신화이다. 진리성 신화에 사로잡힌 사람들은 어려운 교범에서 벗어나 쉽게 오르는 등산을 죄악시한다.

정보계에 있는 산은 운치 있는 기암절벽에 둘러싸인 산봉우리가 신비스럽다. 정보계 산봉우리에 오르는 길은 바위로 된 암릉길이다. 한번 올라 본 자들에게는 짜릿한 기억을 남겨 주는 길이며, 새로운 길과 모험을 즐기는 자들에겐 설렘으로 가득한 길이다. 정보계 산봉우리에 올라 세계를 조망해 보면 데이터베이스 세계에 널리 퍼진 진리성의 두려운 신화가 진실이 아님을 깨닫게 된다. 산에 올라 깨달음을 얻은 자들은 그릇된 신화에 빠진 데이터베이스 세계를 안타까운 마음으로 바라보게 된다.

지난 과오가 주는 고통을 밑거름 삼아 새로운 세계를 여는 것이 역사의 법칙이다. 더 나은 세계를 향한 꿈을 가진 자들이 이 책에서 안내하는 '알기 쉬운' 길로 두 개의 데이터 모델링 산을 넘는 목적이다. 도전해볼 만하지 않은가. 꿈 있는 자들에게 과연 가슴 벅찬 산행 아니겠는가? 풍운의 꿈을 안고 산을 넘는 자들의 발길은 언제나 아름답다.

목 차

제3장 데이터 구조 설계
데이터 모델링의 진수

제4장 데이터 웨어하우스 모델링

과연 차원이 다른 모델링인가

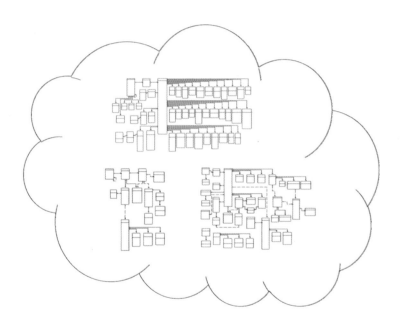

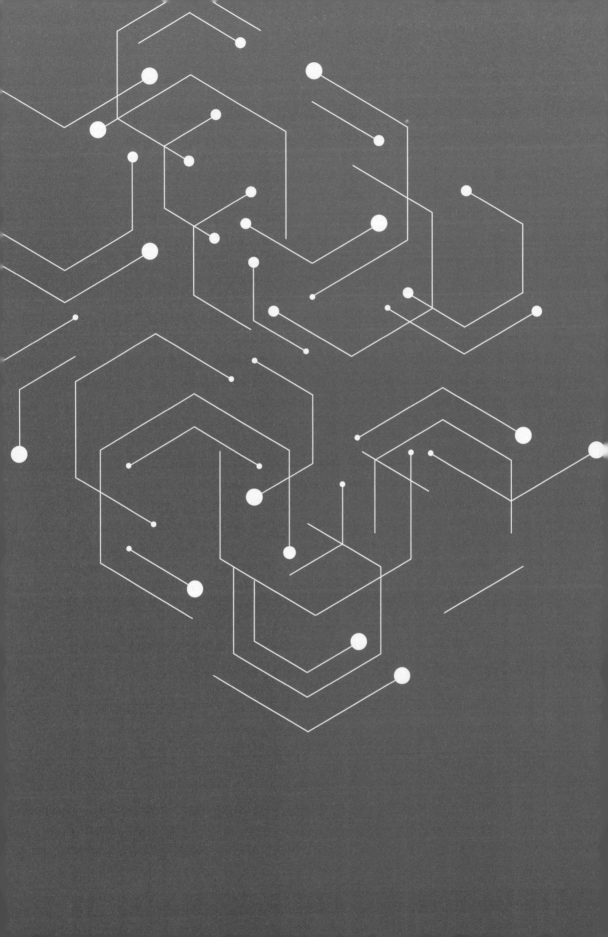

제 1장

데이터 모델링 개념 잡기

엑기스만 명쾌하게

✓ 데이터 모델링은 '데이터 구조'를 설계하는 것이다

✓ 데이터 구조는 '데이터를 담는 그릇'이다

✓ 데이터 그릇을 만드는 재료는 'DB 메타데이터'이다

✓

"데이터 모델링은 DB 메타데이터로 데이터 구조를 설계하는 것이다."

데이터 모델링이 뭐지?

아는 개념이 있고, 모르는 개념이 있다. 익숙한 개념이 있고, 새로운 개념이 있다. 모르는 개념이나 새로운 개념을 배울 때 또는 알긴 아는데 개념 정리가 잘 안 될 때, 누군가 개념을 명쾌하게 설명해주거나 정리해주면 맑아진 머릿속은 이내 새로운 것을 받아들일 태세를 갖춘다. 그래서 어려운 개념일수록 알기 쉬운 개념 정리가 중요하다.

데이터 모델링은 쉬운 개념일까, 어려운 개념일까. 어려운 개념으로 보인다. 쉽다면 데이터 모델러나 데이터 아키텍트(Data Architect: DA)가 지금처럼 극소수는 아닐 것이다. 당연한 결과이지만 그들의 보수 수준은 같은 IT 업계 소프트웨어 개발자보다 훨씬 높다. 그렇다고 경외감을 가질 필요는 없다. 데이터 모델링은 알려진 통념처럼 그렇게 어려운 것이 아니다. 새로운 것을 배우는 학습 관점에서는 오히려 재미있는 구석이 많다. 다만 기존 데이터 모델링 지식이 있는 독자라면 산행에 앞서 해야 할 중요한 일이 있다. 데이터 모델링은 어려운 것이라는 기존 통념을 말끔히 지우는 일이다.

머릿속을 비웠다면 이제 즐거운 데이터 모델링 산행을 할 준비가 되었다. 산행에 앞서 행하는 몇 분간의 준비운동이 산행을 안전하고 힘들지 않게 만든다는 것이 등산 애호가들에게 진리로 통한다. 산행에 비유한 데이터 모델링 코스를 본격적으로 밟기에 앞서, 개념 정리를 통해 두뇌를 정돈하면 학습 태세가 갖춰지는 것도 같은 이치이다.

데이터 모델링은 데이터 구조 설계다

데이터 모델링을 한마디로 정의하면 '데이터 구조'를 설계하는 것이다. 비유하자면 데이터를 담을 그릇 또는 데이터를 만드는 틀을 설계하는 일이다. 여기서 데이터 그릇을 만드는 재료를 'DB 메타데이터'라고 한다. 따라서 데이터 모델링은 DB 메타데이터로 데이터 구조를 설계하는 것이다.

- ✓ 데이터 모델링은 '데이터 구조'를 설계하는 것이다
- ✓ 데이터 구조는 '데이터를 담는 그릇'이다
- ✓ 데이터 그릇을 만드는 재료는 'DB 메타데이터'이다
- ☞ "데이터 모델링은 DB 메타데이터로 데이터 구조를 설계하는 것이다."

데이터 모델링에 대한 세간의 개념들

한 줄로 정리한 'DB 메타데이터로 데이터 구조를 설계하는 것'이라는 데이터 모델링의 개념을 일단 머릿속에 깔아놓고, 세간에 통용되는 데이터 모델링에 대한 개념들을 살펴보자. (데이터 모델링 개념은 귀납적인 방법으로 접근하는 것이 보다 알기 쉽다.) SNS가 온갖 지식의 하늘 창고가 된 이상, 세간에 통용되는 데이터 모델링 개념을 파악하려면 SNS를 검색하는 것이 최선이다. 인공지능의 대세가 된 ChatGPT는 사용자 질의에 대하여 SNS 데이터를 바탕으로 학습한 결과 가운데 최적의 해답을 제시한다. 그래서 ChatGPT가 결합된 검색엔진 Bing에 '데이터 모델링'이란 질의를 던졌다. 답변은 이러했다.

"데이터 모델링은 조직의 정보 수집과 관리 시스템을 정의하는 시각적 표현 또는 청사진을 생성하는 프로세스입니다. 이 모델은 해당 비즈니스가 수집하는 데이터, 서로 다른 데이터 세트 사이의 관계, 데이터를 저장하고 분석하는 데 사용되는 방식을 설명합니다. 데이터 모델링은 주어진 개념으로부터 논리적인 데이터 모델을 구성하는 작업이며, 일반적으로 이를 물리적인 데이터베이스 모델로 환원하여 특정 정보 시스템의 데이터베이스에 반영하는 작업을 포함합니다. 데이터 모델링은 데이터 흐름을 도식화하는 과정이며, 데이터 형식, 구조, 데이터베이스 처리 기능의 특징을 정의하는 데 사용됩니다. 데이터 모델링은 비즈니스에서 사용되는 데이터를 시각적으로 표현하며, 데이터 요구 사항을 이해하고 명확히 하는 과정입니다."

검색 결과의 출처로 웹사이트 링크 1.aws.amazon.com, 2. sap.com, 3. ibm.

com, 4. ko.wikipedia.org가 제시되었다.

먼저 아마존 aws 웹사이트 링크를 따라가 보니 데이터 모델링에 대한 길고 자세한 설명이 질문 테마별로 나온다. 테마별 내용은 다음과 같이 요약된다.

데이티 모델링이란 무엇인가요?

데이터 모델링은 조직의 정보 수집과 관리 시스템을 정의하는 시각적 표현 또는 청사진을 생성하는 프로세스이다. 이 청사진 또는 데이터 모델은 데이터 분석자, 과학자, 엔지니어와 같은 다양한 이해관계자들이 조직의 데이터에 대한 통일된 개념을 생성할 수 있게 돕는다. 이 모델은 해당 비즈니스가 수집하는 데이터, 서로 다른 데이터 세트 사이의 관계, 데이터를 저장하고 분석하는 데 사용되는 방식을 설명한다.

데이터 모델링이 중요한 이유는 무엇인가요?

데이터 모델링은 데이터를 이해하고 이 데이터를 저장 및 관리하기 위한 올바른 기술 선택을 할 수 있는 기회를 제공한다. 건축가가 집을 짓기 전에 청사진을 설계하는 것과 같은 방식으로, 비즈니스 이해관계자는 조직을 위한 데이터베이스를 구축하기 전에 데이터 모델을 설계한다.

데이터 모델링은 다음과 같은 이점을 제공한다.

- 데이터베이스 소프트웨어 개발 오류 감소
- 데이터베이스 설계 및 생성 속도와 효율성 촉진
- 조직 전체에서 데이터 문서화 및 시스템 설계의 일관성 조성
- 데이터 엔지니어와 비즈니스 인텔리전스 팀 간의 커뮤니케이션 촉진

데이터 모델 유형에는 무엇이 있나요?

데이터 모델링은 일반적으로 데이터를 개념적으로 표현한 다음 선택한 기술의 맥락에서 다시 표현하는 것으로 시작된다. 다음은 데이터 모델의 세 가지 유형이다.

- 개념적 데이터 모델
- 논리적 데이터 모델
- 물리적 데이터 모델

개념적 데이터 모델은 데이터에 대한 큰 그림 보기를 제공한다.
논리적 데이터 모델은 데이터가 지닌 성격을 다음 세 가지 관점에서 표현한다.

- 데이터 유형(예: 문자열 또는 숫자)
- 데이터 엔티티 간의 관계
- 데이터의 기본 속성 또는 키 필드

물리적 데이터 모델은 논리적 데이터 모델을 특정 DBMS 기술에 매핑하고 다음과 같은 세부 정보를 제공한다.

- DBMS에 표현된 데이터 필드 유형
- DBMS에 표현된 데이터 관계
- 성능 조정과 같은 추가 세부 정보

자세히 설명하고 있지만 데이터 모델링 유경험자가 아니면 이해하기 쉽지 않다. 아무리 요약 정리해 보아도 명쾌하지 않다. 석연치 않은 마음에 네 번째 링크인 위키백과에 들어가니 다음과 같은 데이터 모델링 정의가 나온다.

요구에 따라 특정 정보시스템의 데이터베이스에 반영하는 작업을 포함한다. **데이터베이스에 담을 구조적인 데이터를 기술하는 것이 데이터 모델링이다.** 요컨대 주어진 데이터에서 '개체'(Entity)를 도출하고 각 개체를 이루는 '속성'(Attribute)을 정의하여 도식화하는 것이다. 구조화되었거나 구조화 안 되었거나 거대한 양의 데이터를 관리하는 것이 정보 시스템의 주요 기능이다. 하지만 데이터 모델은 구조화되지 않은 것들, 예를 들어 문서 편집기로 작성한 문서, 이메일 메시지 등은 보통 기술하지 않는다. 기업이 데이터베이스를 비즈니스에 연계해 보다 용이하게 활용할 수 있도록 설계를 도와주는 일이 데이터 모델링의 책무다. 이 때문에 데이터모델링은 설계에 사용되는 용어의 표준화와 함께 개체 간 관계를 설정하거나 사용된 용어를 일치시키는 일이 매우 중요하다.

SNS를 통해 전달되는 데이터 모델링 설명들에 대한 명쾌한 개념 정리가 필요한 지점에 도달한 듯하다. 가장 알기 쉬운 방법은 키워드 접근 방식이다. 복잡다기한 데이터 모델링 설명에서 엑기스만 뽑아내 요약한 개념 정리는 다음과 같다.

데이터 모델링 핵심 개념 요약

데이터 모델링 개념을 명쾌하기 이해하기 위한 키워드는 다음 세 개면 충분하다.

- ✓ 구조
- ✓ 개체(엔티티 Entity)
- ✓ 속성(Attribute)

구조는 모델과 이음동의어라고 할 수 있다. 데이터 모델링은 데이터 구조를 설계하는 일이다. 데이터 구조 설계는 단위 데이터의 구성과 단위 데이터 간 관계를 정의하는 일이다.

개체(엔티티)는 데이터를 명확히 인식하기에 적절한 단위, 즉 단위 데이터이다. 데이터를 명확하게 인식할 수 있는 대상이나 객체를 말한다. 고객, 직원, 기업, 제품, 매출, 민원 접수, 환자, 진료, 연구과제 등 현실 세계에는 수없이 다양한 엔티티가 존재한다.

속성은 엔티티를 구성하는 요소 데이터이다. 일례로 '직원' 엔티티는 성명, 주민등록번호, 자택 주소, 휴대전화번호, 입사 일자, 부서 코드, 정규직 여부 등의 속성으로 구성된다.

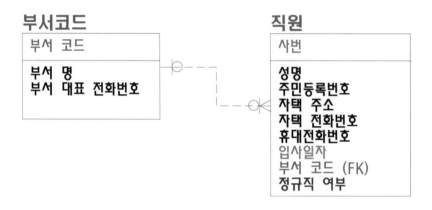

[데이터 모델 예시]

데이터 모델링의 첫 번째 목적은 의미를 쉽게 전달하는 데 있다

데이터 모델링 개념을 명쾌하기 이해하기 위한 핵심 키워드는 **구조, 개체, 속성**이라고 했다. 구조는 모델과 이음동의어이며, 따라서 데이터 모델링은 데이터 구조를 설계하는 것이라고 했다. 다시 말하지만 데이터 모델링은 곧 데이터 구조 설계이며, 모델의 좋고 나쁨은 구조로 결정된다.

구조란 무엇인가? 사전적 의미로써 '부분이나 요소가 전체를 짜 이룬 것' 또는 '일정한 설계에 따라 여러 가지 재료를 얽어서 만든 것'을 기저 개념으로 놓고, 데이터 관점에서 생각해 보자. 좋은 데이터 구조란 어떠한 것일까?

데이터 모델은 누가 보아도 알기 쉬워야 한다

일반인이 '데이터'를 생각할 때 제일 먼저 떠오르는 이미지는 '복잡함'이나 '혼돈'이다. 달리 말하자면 데이터는 골치 아픈 것이다. 왜 골치 아픈 것일까. 그 데이터가 무엇인지 모르겠기 때문, 즉 데이터의 의미를 알기 어렵기 때문이다. 왜 알기 어려울까?

인간 사회에서 의미 전달은 언어와 이미지로 이루어진다. 언어는 음성(말)과 문자이다. 모델링은 말로 하는 것이 아니므로, 데이터 세계에서 언어란 곧 문자다. 데이터 세계에서 데이터의 의미는 문자와 이미지라는 두 가지 수단을 통해 관찰자에게 전달된다. 따라서 문자와 이미지로 데이터를 최대한 알기 쉽게 표현하는 것이 데이터 모델링의 요체이다. 정확하게 설계한 모델일지라도 관찰자가 알아보기 어렵다면 결코 좋은 데이터 모델이 아니다. 결국 데이터 모델링의 첫 번째 목적은 데이터의 의미를 사용자가 이해하기 쉽도록 최대한 '알기 쉽게 표현'하는 데 있다.

데이터 의미를 표현하는 수단으로써 문자는 단어 또는 (단어들로 구성된) 용어이다. 데이터 의미를 알기 쉽게 표현한다는 것은 모든 관찰자에게 데이터가 동일한 의미로 전달되어야 함을 의미한다. 따라서 데이터 모델러(modeler)는 최적의 용어로 데이터를 정의하는 일[1]에 공들여야 한다.

한 줄 요약

"데이터 모델링에서 가장 중요한 것은 데이터를 알기 쉽게 표현하는 것이다."

---

1) 데이터 아키텍처 관점에서 모든 관찰자에게 데이터가 동일한 의미로 전달되도록 최적의 단어와 용어로 데이터
를 정의하는 일을 '데이터 표준화'라고 한다. 따라서, 데이터 표준화는 데이터 모델링의 필수 선행 절차이다.

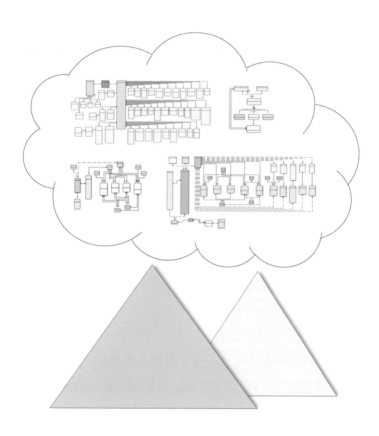

메타데이터는 데이터의 데이터?

"메타데이터(metadata)는 데이터(data)에 대한 데이터이다." 위키백과에 나오는 첫 문장이다. 말장난인지 정의인지, 이게 무슨 말인가? 위키백과는 개요 문단에서 이렇게 부연 설명한다.

"데이터에 관한 구조화된 데이터로, 다른 데이터를 설명해주는 데이터이다. 대량의 정보 가운데에서 찾고 있는 정보를 효율적으로 찾아내서 이용하기 위해 일정한 규칙에 따라 콘텐츠에 대하여 부여되는 데이터이다. 어떤 데이터 즉 구조화된 정보를 분석, 분류하고 부가적 정보를 추가하기 위해 그 데이터 뒤에 함께 따라가는 정보를 말한다."

개요 부분을 읽어 보니 좀 알 것 같지 않은가? **"데이터를 설명해 주는 데이터이다."** 문장만 기억하고 나머지 설명은 잊어버려도 좋다. 여기서 정보 시스템의 기반을 이루는 이른바 데이터베이스 관점에서 데이터에 대한 개념을 확실히 짚고 넘어가자. 앞서 데이터 모델링 개념 이해를 위한 키워드로써 **속성**(Attribute)에 관해 설명했다. 설명의 예로 든 직원 엔티티의 속성 - 성명, 주민등록번호, 자택 주소, 휴대전화번호, 입사 일자 등을 데이터와 메타데이터 관점에서 살펴보자.

직원의 성명은 '김철수', '이영자', '박찬우' … 등의 문자 데이터일 것이다. 입사 일자는 20150501, 20220315, 20230815 … 등의 숫자형 문자 데이터일 것이다. 우리는 '성명' 자체를 '데이터'라고 하지 않는다. 마찬가지로 '입사 일자'를 '데이터'라고 하지 않는다. 그것을 '데이터에 대한 데이터'라고 하는 것도 추상적이다. 차라리 '데이터를 설명해주는 데이터'라고 하는 것이 이해하기 쉽다. 여기서 직원 데이터를 설명해주는 '성명', '주민등록번호', '입사 일자'가 바로 '메타데이터'가 된다.

결국, 엔티티의 구성 요소를 정의하는 모든 속성명은 메타데이터인 것이다. 물론 '직원'이라는 엔티티명도 메타데이터(정확히는 DB 메타데이터)이다.

정리하면, 데이터 모델링에서 '엔티티명'과 엔티티의 구성 요소인 속성의 명칭 '속성명'

은 'DB 메타데이터'이다. 이를테면 엔티티명 '직원'과 속성명 '성명', '주민등록번호', '입사 일자' 등은 'DB 메타데이터'인 것이다.

메타데이터 개념이 가장 잘 쓰이는 곳이 도서관이다. 메타데이터는 도서 관리 분야에서 시작된 개념이라고 해도 틀리지 않는 말이다. 도서 그러니까 책은 어떤 지식이나 정보에 괸힌 내용 을 닮고 있는 단위로써 개개의 책들은 구독자가 쉽게 찾을 수 있도록 체계적으로 관리될 필요가 있다. 도서를 체계적으로 관리하려면 개개의 책이 어떤 주제인지, 누가 썼는지, 어느 분야에 속하는지 등 책을 가능한 쉽고 정확하게 식별하기 위한 정보가 필요하다. 이러한 정보를 서지정보라고 하는데, 도서관리시스템에서는 서지정보를 일컬어 도서관리 메타데이터라고 한다. 즉 주제 분류, 제목, 저자, 분야 등은 도서 관리 메타데이터다. 책의 내용(Contents)(텍스트, 그림, 표 등)은 정보 시스템 관점에서 데이터가 된다.

한 줄 요약

"메타데이터는 데이터를 설명해주는 데이터를 말하며,
데이터베이스 설계 관점에서 'DB 메타데이터'라고 해야 의미가 분명하다."

데이터 모델링과 데이터 표준화, 그리고 메타데이터

빅데이터가 IT 뉴패러다임으로 등장하고 데이터의 중요성에 대한 인식이 확산되면서 DA(Data Architect)[2]에 대한 수요가 늘고 있다. 정보 시스템 구축 사업이 다발적으로 수행되는 시기엔 시장 품귀 현상으로 중급 실력의 DA도 귀한 대접을 받는다. 데이터 모델링을 수행하는 모델러는 그중에서 최상의 대우를 받는다.

응용시스템 개발에 필요한 데이터베이스 테이블을 부분적으로 설계해 본 응용프로그램 개발자들은 데이터 표준화의 필요성에 공감한다. 나아가 자신이 개발하는 응용시스템에서 사용할 데이터베이스 테이블 설계를 위하여 데이터 표준화를 직접 수행하기도 한다. 그들에게 메타데이터가 무엇인지 물어보면 '데이터의 데이터' 또는 '상위 데이터'와 같은 요식적인 대답이 돌아온다.

데이터 표준화가 아니라 'DB 메타데이터 표준화'

데이터 표준화는 엉성한 표현이다. 예를 들어 누군가의 이름인 '김철수', '이영희', '박민호', '개똥이', '쇠똥이' 등은 데이터이고, '이름'은 메타데이터이다. 만일 개똥이와 쇠똥이가 잘못된 데이터라면, 데이터 표준화는 잘못된 이름 데이터를 올바른 이름으로 정정하는 개념일 것이다. 그것은 데이터 표준화가 아니라 '데이터 정제'다. 흔히 말하는 '데이터 표준화'는 'DB 메타데이터 표준화'인 것이다.

개념을 온전히 이해하고 있다면 메타데이터를 'DB 메타데이터'라고 정확히 말할 수 있어야 한다. 'DB 메타데이터'라고 해야 하는 이유는 데이터 모델링을 온전히 배우기 위해서다. **데이터 모델링은 DB 메타데이터로 데이터 구조를 설계하는 것이기 때문이다.**
이제 데이터 모델링의 선행 조건이자 긴요한 태스크로 자리매김한 'DB 메타데이터 표

---

2) 데이터 아키텍트는 비즈니스 요구에 따른 데이터 전략 수립, Data Architecture 설계, 현행 데이터 식별과 개념 정의를 통한 데이터 구성 현황 파악, 조직과 시스템 내 데이터 흐름 정의, 데이터 모델링, 데이터 웨어하우스 아키텍처 설계, 데이터 관리 시스템이 성능 모니터링, 데이디베이스 개빌 표준 작성 및 실시관리 등의 임무를 수행한다.

준화'에 대하여 제대로 배울 시간이다. 이왕이면 제대로 아는 것이 중요하다. 제대로 안다는 것은 현실 세계의 모든 케이스에 전천후로 적용할 수 있는 실전적 지식을 습득하는 것과 통한다. 매뉴얼에 기술된 교과서적인 지식이 아니다. 다양한 실전 경험에서 체득한 실효성 있는 지식이다.

다음 그림은 우리나라 기업 또는 공공기관 정보 시스템의 데이터 현실에 최적화된 방법으로써, 대부분 기업과 공공기관 정보 시스템 DB 메타데이터 표준화를 위한 최선의 절차를 요약 정리한 개념도이다.

[실전적 DB 메타데이터 표준화 절차]

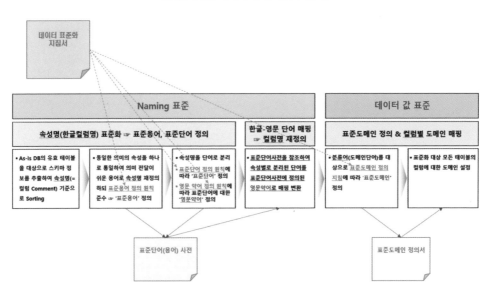

이 방법으로 대한민국 대부분 기업과 공공기관 정보 시스템의 DB 메타데이터 표준화를 수행할 수 있다. 하지만 전천후 방법은 아니다. 정보 시스템 DB의 데이터 모델이 엉망이라서 이 방법을 적용할 수 없는 기관도 적지 않다.

"데이터 표준화는 정확히 'DB 메타데이터 표준화'이며,
데이터 모델링은 'DB 메타데이터로 데이터 구조를 설계하는 것'이다."

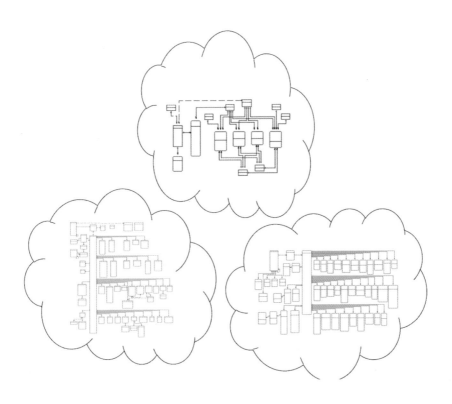

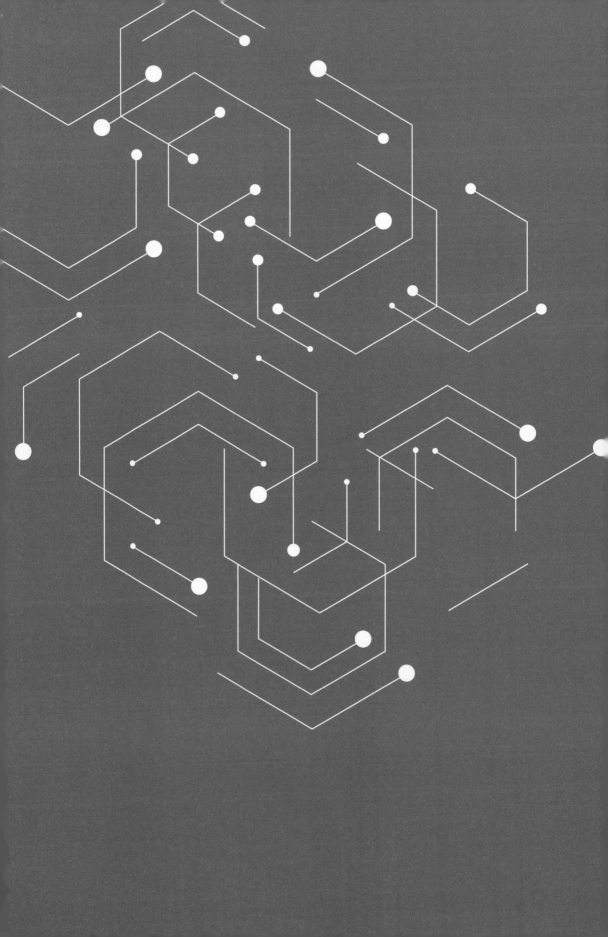

제 2 장

데이터 표준화

의미 공유와 소통의 철학

✓ 데이터 표준화는, 정확하게 'DB 메타데이터 표준화'이다

✓ 데이터 표준화의 목적은 의미 공유를 통한 정확한 의사소통에 있다

✓ 데이터의 명칭을 최대한 알기 쉬운 용어로 정의하는 것이 데이터 표준화의 본령이다

데이터 표준화의 목적은 의미 공유를 통한 정확한 의사소통에 있다

데이터 전문 업체 D사가 자랑스럽게 보여준 데이터 표준화 가이드 문서 첫 장은 "잘 통(通)합니까?"로 시작한다. 이어 의사소통에 있어 '용어 정의'의 중요성을 강조한다. 데이터 모델링 개념을 실전적 관점에서 설명하기 위하여 세 개의 키워드 구조, 개체, 속성에 대하여 실제 모델링에 사용된 용어들을 예시로 데이터 모델링 개념을 정리한 「데이터 모델링이 뭐지?」 역시 이와 같은 맥락에서 시작한다.

(DB 메타)데이터 표준화는 데이터를 사용하는 사람들 모두에게 정확한 의미로 통용되도록 용어를 정의하는 것에서 출발한다. 데이터 사용자들이 동일한 데이터를 동일한 의미로 인식하도록 데이터를 명명하는 용어를 잘 정의하는 것이 가장 중요하다는 말이다. 데이터 모델링의 중요 개념을 설명한 1장에서 강조한 요지는 이렇다.

"데이터 모델링의 첫 번째 목적은 데이터의 의미를 사용자가 이해하기 쉽도록 '알기 쉽게 표현'하는 데 있으며, 데이터 표준화는 데이터 의미를 알기 쉽게 표현하기 위한 모델링의 기초 작업이다."

다음은 데이터 모델 예시이다.

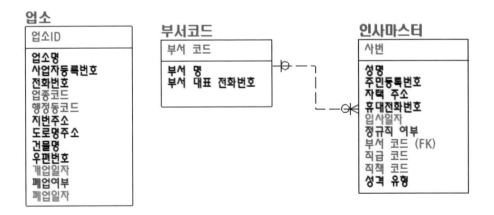

예시 데이터 모델을 보면서 데이터 표준화가 왜 필요한지 생각해 보자. 메타데이터, (DB 메타)데이터 표준화, 그리고 데이터 모델링의 개념적 연관성에서 앞서 설명한 문장들을 상기해 보자.

실전 핵심 요약

1. 데이터 표준화는, 정확하게 'DB 메타데이터 표준화'이다.
2. 엔티티명과 속성명은 'DB 메타데이터'이다.
3. 데이터 의미를 표현하는 수단으로써 문자는 단어 또는 (단어들로 구성된) 용어다.
4. 모델링의 첫 번째 목적에 따라, 데이터 모델러는 최대한 적절한 단어와 용어로 데이터를 정의하는 데 공을 들여야 한다.

데이터 표준화의 방점은 (표준)용어 정의

DB 메타데이터 표준화에서 가장 중요한 것은 데이터 사용자들이 동일한 데이터를 동일한 의미로 인식할 수 있도록 데이터를 명명하는 용어를 잘 정의하는 데 있다고 했다. 데이터의 명칭을 최대한 알기 쉬운 용어로 정의해야 한다는 말이다. 데이터의 명칭을 정하는 것을 Naming이라고 하며, 명칭을 정하는 일련의 규칙을 'Naming Rule' 곧 '명명 규칙'이라고 한다.

데이터 명명 규칙은 데이터 표준화 지침 수립을 통해 정의된다. 데이터 표준화 지침을 문서화한 것이 「데이터 표준화 가이드」 또는 「데이터 표준화 지침서」이다. 따라서 데이터 표준화 지침을 수립하는 일이 데이터 표준화의 전제이자 출발점이다. 앞서 실전적인 DB 메타데이터 표준화 절차로 제시한 개념도에서 좌측의 Naming 표준 부분을 다시 보자.

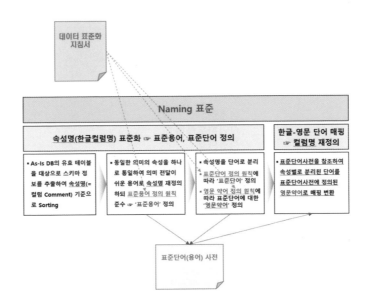

[DB 메타데이터 표준화: 용어 표준화(명명 규칙) 절차]

[Naming 표준]은 명칭을 표준화하는 절차 및 방법이다. 이를 위하여 속성의 개념을 심층적으로 이해할 필요가 있다. 실세계에서 우리가 인식하는 대상인 사물을 영어권에

서는 '오브젝트(Object: 객체)'라고 한다. 인식의 대상이 데이터일 때는 개개의 단위 데이터로 식별할 수 있다는 관점을 중시하여 엔티티(Entity: 개체)라고 한다. 앞서 설명한 바와 같이 현실 세계에서 우리가 인식하는 '고객', '기업', '제품' 등은 데이터 관점에서 각각 엔티티(고객 엔티티, 기업 엔티티, 제품 엔티티)라고 한다. 엔티티는 어떤 대상의 데이터를 명쾌하게 인식할 수 있는 단위 데이터이다. 다른 데이터와 구별하기 쉽고, 관리가 용이한 단위로 인식하는 데이터이다.

엔티티는 적어도 한 개, 보통은 십수 개에서 많게는 수백 개의 속성을 가지고 있다. 속성은 데이터 모델의 최하위 구성 요소이다. 우리가 인식할 수 있고, 데이터를 식별하고 관리할 수 있는 최소 단위의 요소 데이터이다.

제1장 「데이터 모델링이 뭐지?」에서 기억해야 할 세 개의 키워드는 구조, 엔티티, 속성이었다. 속성 승계로 형성되는 관계 구조를 배제하면 데이터 모델은 전적으로 엔티티와 속성으로 이루어진다. 앞서 예시한 '업소' 엔티티는 업소 ID, 업소명, 사업자등록번호, 전화번호, 업종코드, 행정동코드, 지번주소, 우편번호, 개업일자 등의 속성으로 구성되어 있음을 확인할 수 있다.

[업소 엔티티/속성 명(용어) 정의 예시]

속성에 대한 명칭, 즉 속성명을 다른 말로 한글 컬럼명이라고도 한다.[3] 컴퓨터를 기

---

3) 논리 데이터 모델의 속성명은 물리 데이터 모델의 컬럼명에 상응한다. 그런데 실제로는 데이터베이스 업계 종사자 대부분이 속성명을 한글 컬럼명으로 지칭하고 있다. 필요에 따라 어느 명칭을 사용해도 무방하다.

반으로 정보 시스템 개발을 선도한 서구 영어권에서 정보 시스템의 한 축인 Database에 관한 기술 용어를 Entity, Attribute, Table, Column 등으로 정하였다. Entity와 Attribute는 논리 데이터 모델(Logicl Data Model) 설계 용어이고, Table과 Column은 물리 데이터 모델(Physical Data Model) 설계 용어다. 논리 모델은 데이터 설계자와 개발자 그리고 사용자가 데이터를 이해하기 쉽도록 인간에 친근한 방식으로 설계하는 모델이고, 물리 모델(Physical Model)은 컴퓨터가 데이터 처리를 하도록 정해진 규약에 따라 실계하는 모델이다.

인간의 이해 관점에서 설계하는 데이터 모델을 해당 국가의 언어로 표현하는 것은 당연하다. 따라서 논리 모델은 당연히 한글로 설계한다. 논리 데이터 모델의 구성 요소인 Entity, Attribute를 외래어 '엔티티'와 우리말 '속성'으로 표기하고, '엔티티명'과 '속성명'으로 각각의 이름을 지칭하는 배경이다.

속성명은 하나 이상의 단어로 이루어진 용어로 정의된다. 이에 상응하는 물리 데이터 모델의 컬럼명은 영어 단어를 약어화(化)한 영문 약어들의 조합으로 정의하여 사용한다. 위 Naming 표준화 개념도는 속성명과 이에 상응하는 컬럼명을 데이터 표준화 지침을 준용하여 정의하는 방법에 대한 개요를 나타낸 것이다. 흰색 박스에 기술된 4개 절차 가운데 두 번째 박스의 '동일한 의미의 컬럼을 하나로 통일하여 의미 전달이 쉬운 '표준 용어' 정의'가 데이터 표준화에 방점을 찍는 중요한 일이다.

실전 핵심 요약

1. (데이터를 명확히 식별하기 위하여) 데이터의 명칭을 최대한 알기 쉬운 용어로 정의해야 한다.
2. 엔티티명과 속성명은 'DB 메타데이터'이다.
3. DB 메타데이터인 엔티티와 속성의 명칭을 명명 규칙에 따라 최대한 알기 쉬운 용어로 정의하는 것이 데이터 표준화의 요체이다.
4. 데이터 표준화는 최선의 데이터 모델링을 위한 필수 요건이다.

기존 시스템 데이터 표준화 vs 신규 시스템 데이터 표준화

속성명 표준화의 첫 번째 스텝인 'As-Is DB[4]의 유효 테이블을 대상으로 스키마 정보를 추출하여 속성명(= 컬럼 Comment) 기준으로 Sorting'은 기존 정보 시스템의 DB 메타데이터를 표준화하는 경우에 필요한 절차이다. 신규 정보 시스템 개발 또는 기존 정보 시스템 안에 새로 개발하는 애플리케이션에서 사용할 데이터를 설계하는 경우에는 불필요하다.

As-Is DB 스키마 정보 추출하기

유효 테이블이란 현행 정보 시스템에서 필수적으로 사용하는 데이터베이스 테이블을 말한다. 인사마스터 테이블, 거래처 테이블, 계정코드 테이블, 제품 마스터 테이블 … 등과 같이 기업의 상시 업무 수행과 관리에 필요한 모든 데이터베이스 테이블들에 해당한다. 정보 시스템의 데이터베이스에는 시스템 관리용 테이블, 임시 테이블, 데이터 유효기간이 지난 테이블 등 기간 업무나 상시 업무에 사용하지 않는 데이터들이 함께 존재한다.[5]

As-Is DB의 스키마[6] 정보 추출이란 As-Is 정보 시스템의 데이터베이스 테이블 명세서나 ERD가 없을 때[7] SQL 실행을 통해 DB 메타데이터(테이블명, 엔티티명, 컬럼명, 속성명 등)를 추출하는 것을 말한다.

---

4) As-Is DB란 현존하는 정보 시스템의 데이터베이스를 가리킨다. 영문 As-Is보다 '현행'이라는 표현을 선호하여 현행 시스템, 현행 DB라고 하는 기관이나 조직도 많다.

5) 주기적인 DB테이블 데이터 정리 작업을 수행하지 않는 모기관 정보 시스템의 데이터베이스는 2천여 개의 테이블 가운데 유효 테이블이 2백여 개에 불과했다. 더 놀라운 것은 유효 테이블에 대한 최신화된 ERD와 테이블 명세서가 없는 것을 당연하게 여기는 정보 시스템 관리 조직의 부서장 이하 조직원들의 마인드였다.

6) 스키마는 'DB 구조와 제약 조건에 대하여 정의한 메타데이터'로 이해하는 것이 알기 쉽다. 앞에서 DB 메타데이터라고 이해한 테이블명, 엔티티명, 컬럼명, 속성명을 생각하면 된다. 참고로 IBM 한국어 웹페이지(https://www.ibm.com/kr-ko/topics/database-schema)에서는 다음과 같이 설명한다. "데이터베이스 스키마는 관계형 데이터베이스에서 데이터가 구조화되는 방식을 정의한다. 여기에는 테이블 이름, 필드, 데이터 유형, 그리고 이러한 엔티티 간의 관계 등 논리적 제약 조건이 포함된다. 일반적으로 스키마는 시각적 표현으로 데이터베이스의 아키텍처를 전달한다. 이 데이터베이스 스키마 설계 프로세스를 데이터 모델링이라고도 한다."

7) ERD(Entity Relationship Diagram)는 데이터 모델 설계도로써 데이터의 전체적인 구조를 한눈에 알아볼 수 있게 해 주는 청사진과 같다. 정보 시스템 관리 조직에 최신화된 ERD가 없을 때 데이터베이스 스키마 정보를 추출하여 유효 테이블에 대한 ERD를 만드는 일이 긴요하다. 이 일은 Reverse Engineering의 일종이며, 데이터 모델 현행화라고도 한다.

DB 관리자 계정(administrator account) 또는 사용자 계정으로 해당 정보 시스템 데이터베이스에 접속한 후, 사용하는 DBMS에서 데이터베이스 스키마(DB 메타데이터)를 저장하고 있는 테이블들을 먼저 조회해 보는 것이 순서다. 혼선을 피하기 위하여 여기서는 오라클 DBMS 사용자 계정으로 접속하였을 때 해당 계정으로 생성, 관리되는 테이블 스키마 정보를 조회하는 SQL문 몇 가지를 소개하는 방법으로 설명한다. 다음은 오라클 DBMS 사용자 계정에서 테이블 스키마 정보를 조회하는 SQL들이다.

SELECT * FROM USER_TABLES – 테이블명을 비롯한 테이블에 대한 물리적 정보 조회

SELECT * FROM USER_TAB_COMMENTS – 테이블명을 비롯한 테이블 코멘트(테이블 한글명) 조회

SELECT * FROM USER_TAB_COLUMNS – 테이블명을 비롯한 컬럼 정보(컬럼 타입, 길이, null 허용 여부 등) 조회

SELECT * FROM USER_COL_COMMENTS – 테이블명을 비롯한 컬럼 코멘트(속성명) 조회

이외에도 다양한 데이터베이스 스키마 정보 테이블이 있지만 데이터 모델링에 필요한 DB 메타데이터 표준화 항목은 위 4개 스키마 정보 테이블만 참조해도 충분히 추출할 수 있다. 실전에서는 복잡한 SQL문을 작성하여 DB 스키마 정보를 다양하게 추출하지만, 이 책에서는 가장 쉬운 예시로써 SQL에 대한 기본적인 이해만 있으면 작성할 수 있는 SQL문을 다음과 같이 제시한다. USER_TAB_COLUMNS, USER_TAB_COMMENTS, USER_COL_COMMENTS 3개 테이블을 참조하여 테이블명, 엔티티명, 컬럼명, 속성명을 추출하는 간단한 SQL문이다.

SELECT TN.TABLE_NAME, TC.COMMENTS, TN.COLUMN_NAME, CC.COMMENTS[8]

FROM USER_TAB_COLUMNS TN

LEFT JOIN USER_TAB_COMMENTS TC

ON TN.TABLE_NAME = TC.TABLE_NAME

LEFT JOIN USER_COL_COMMENTS CC

ON TN.TABLE_NAME = CC.TABLE_NAME AND TC.COLUMN_NAME = CC.COLUMN_NAME

---

8) 오라클, MySQL 등 관계형 DBMS에서는 테이블 스키마 정보를 관리하는 테이블에 'COMMENTS' 컬럼을 제공한다. 우리나라 같은 비영어권 나라에서는 이 COMMENTS 컬럼을 이용해 엔티티명과 속성명(한글 컬럼명)을 정의한다.^^

DB 스키마 정보(엔티티명, 테이블명, 컬럼명, 속성명) 표준화 엑셀 작업

추출된 결과를 엑셀로 변환하고, 유효 테이블들에 대하여 속성명을 기준으로 Sorting한 후, 다음 STEP인 '동일한 의미의 컬럼을 하나로 통일하여 의미 전달이 쉬운 '표준 용어 정의' 작업을 수행한다. 아래 제시한 그림은 이러한 방법으로 속성명 표준화(표준 용어 정의)를 수행한 결과를 보여주는 예시로써 모 연구 기관 데이터 웨어하우스 구축을 위한 데이터 표준화 사례의 일부이다.

시스템	엔티티명	테이블명	순번	컬럼명	속성명	표준용어명
e-R&D	과제참여인력저역서	TMN_BOOK	12	MNG_NO	관리번호	관리번호
e-R&D	과제참여인력특허	TMN_PAT	12	MNG_NO	관리번호	관리번호
e-R&D	과제참여인력논문	TMN_PPR	13	MNG_NO	관리번호	관리번호
KRI	표준모형연구자논문	NKRDD205	2	MNG_NO	관리 번호	관리번호
KRI	표준모형연구자논문참여자	NKRDD206	2	MNG_NO	관리 번호	관리번호
KRI	표준모형연구자저역서	NKRDD208	2	MNG_NO	관리 번호	관리번호
e-R&D	기관마스터	TCM_AGC	11	INEX_DVS_CD	국내외구분코드	국내외구분코드
e-R&D	접수과제	TAC_ACP_SBJT	2	KR_SBJT_NM	국문과제명	국문과제명
e-R&D	단계연차과제	TMN_STEP_ANU_SBJT	11	KR_SBJT_NM	국문과제명	국문과제명
e-R&D	접수과제요약내용	TAC_SMMR_CNTN	2	KR_ENG_DVS_CD	국문영문구분코드	국문영문구분코드
e-R&D	과제키워드	TMN_KWD	2	KR_ENG_DVS_CD	국문영문구분코드	국문영문구분코드
KRI	대학연구자마스터	NKRDM301	1	AGC_ID	기관_ID	기관ID
e-R&D	기관마스터	TCM_AGC	1	AGC_ID	기관ID	기관ID
e-R&D	과제참여인력	TMN_SBJT_TPl_HR	4	AGC_ID	기관ID	기관ID
e-R&D	단계연차과제	TMN_STEP_ANU_SBJT	2	AGC_ID	기관ID	기관ID
KCI	연구기관마스터	KCDM100	1	M100_INSl_ID	기관ID	기관ID
KCI	연구기관학술지	KCDM140	1	M100_INSl_ID	기관ID	기관ID
KCI	KCI논문마스터	KCDM310	13	M100_INSl_ID	기관ID	기관ID
e-R&D	기관마스터	TCM_AGC	8	AGC_DVS_CD	기관구분코드	기관구분코드
KCI	연구기관마스터	KCDM100	3	M100_INSl_DIV_CD	기관구분코드	기관구분코드
KCI	연구기관마스터	KCDM100	4	M100_INSl_KOR_NM	기관국문명	기관명
e-R&D	기관마스터	TCM_AGC	3	AGC_NM	기관명	기관명
KCI	저자별인용지수	KCDM376	4	M376_INSl_NM	기관명	기관명
e-R&D	기관마스터	TCM_AGC	13	AGC_DTL_ADDR	기관상세주소	기관상세주소

[기존 시스템 데이터 표준화 절차-1: 속성명 표준화]

신규 시스템을 개발할 때는 이러한 방법과 다르다. 신규 시스템의 애플리케이션에서 사용할 데이터들에 대한 명칭, 곧 용어를 데이터 표준화 지침에 따라 최대한 의미 전달이 쉽게 정의하는 일이 '속성명 표준화'에 해당한다. 우리나라에서 데이터 전문 기업을 표방하는 W사, D사, B사, G사의 데이터 표준화 가이드에 제시된 데이터 표준화 절차 및 방법은 신규 시스템 개발에 필요한 프로세스 위주이다. 이를테면 다음 그림과 같은 프로세스이다.

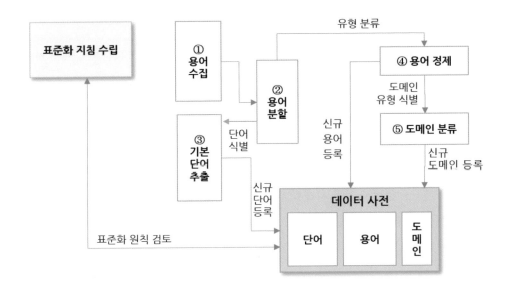

[신규 시스템 데이터 표준화 프로세스 예시]

위 그림에서 단어, 용어, 도메인으로 구성된 데이터 사전은 엑셀 시트이거나 메타데이터 관리 시스템(Metadata Management System)의 관계형 DB 테이블이다. 기존 시스템 데이터 표준화는 DB 스키마를 추출하여 표준화 대상 DB 메타데이터를 수집하고, 신규 시스템 데이터 표준화는 위 그림 ①로 표기된 용어 수집 프로세스에서 수집한 용어(사용자 조직에서 입수한 각종 보고서, 문서, 업무 매뉴얼, 출력 자료, 양식 등에서 수집한 용어)를 표준화 대상으로 삼는다. 이후 프로세스는 기존 시스템과 신규 시스템이 동일하다.

실전 핵심 요약

1. 기존 시스템의 DB 메타데이터 표준화와 신규 시스템의 데이터 표준화는 프로세스가 다르다.
2. 기존 시스템의 DB 메타데이터 표준화는 DB 스키마 정보 추출에서 시작한다.
3. 신규 시스템의 데이터 표준화는 사용자 조직에서 수집한 용어를 대상으로 DB 메타데이터를 정의하는 과정이다.
4. 메타데이터 관리 시스템이 없다면 DB 메타데이터 표준화는 전적으로 엑셀 작업으로 수행한다.

데이터 표준화 최악의 케이스

데이터 표준화 측면에서 기존 시스템의 데이터 모델이 엉망일 때 (DB 메타)데이터 표준화가 얼마나 힘든 일인지 실감하게 된다. Comments 컬럼이 Null이거나, 코멘트가 부정확하거나 엉뚱하게 기술되어 데이터 의미를 파악하기 어려운 테이블과 컬럼이 허다한 경우이다. 이와 같은 최악의 케이스[9]는 데이터 표준화가 보통의 경우보다 몇 배 더 어렵다.

최악의 케이스에 대한 실전 사례를 통해 우리나라 기관 데이터 수준의 실체적 진실과 데이터 표준화 작업의 진수를 간접적으로나마 체험해 볼 수 있는 시간을 가져 본다.

사례에 나오는 임상 DW 구축 프로젝트의 주체는 지방의 유명 K 병원이다. 이 프로젝트는 정부 예산으로 발주되었고, 모 국립 의료원이 주관하였다. 프로젝트 수행 당시 K 병원은 의료 인공지능(AI)과 헬스 케어 데이터를 내세운 첨단 의료서비스를 한창 홍보 중이었고, 임상 DW 구축 프로젝트는 그 일환이었다.

K 병원 의료 정보 시스템의 데이터베이스에 접속하여 데이터를 열어 보니 경악스러웠다. 한마디로 쓰레기에 비유할 만했다. 앞에서 말한 대로 데이터베이스 테이블 대부분의 Comments 컬럼이 Null 아니면 정확한 의미 파악이 어려운 용어로 채워져 있었고, 엔티티명이 없거나 데이터 내용과 다르게 정의된 테이블이 허다했다. ERD는 물론 데이터베이스 설계 문서가 전무했다. 악전고투 끝에 임상 DW 구축에 필요한 소스 테이블로써 임상데이터 테이블 백여 개를 표준화하였다. 표준화 작업은 해당 DB 스키마정보[10]를 추출하여 엑셀 파일로 저장한 후 테이블 컬럼의 의미를 파악하는 일로부터 시작하였다.

---

9) 데이터의 중요성에 대한 인식이 확산되면서 지난 10년 동안 정부 산하 공기업과 공공기관 정보화 사업의 일환으로 데이터 품질 진단을 통한 데이터 정비 프로젝트가 수행되었다. 그 결과 정부 기관의 데이터 품질 수준이 전반적으로 향상되었다. 소위 '공공데이터'로 불리는 공공기관 데이터를 민간에서 활용하여 가치를 창출하는 일에 사용하도록 하는 정부 주도의 데이터 정책이 법률(공공데이터의 제공 및 이용 활성화에 관한 법률)로 제정되어 매년 예산이 책정되고 있는 것이 배경이다. 그럼에도 불구하고 지난 10여 년간 수행한 프로젝트에서 공공기관 데이터베이스를 분석해 본 경험에 의하면 최악의 케이스는 아니더라도 데이터 품질이 수준 미달인 공공기관이 적지 않았다. 데이터 표준화에 대하여 소위 데이터 전문 업체들이 제시하는 표준적인 절차와 방법을 알고 엑셀을 잘 다루면 초급자도 수행할 수 있다고 보는 관련 업체의 관리자나 데이터 표준화 수행자는 이런 최악의 케이스를 만나면 큰 혼란에 빠지게 된다. 그렇다고 인원을 추가 투입하여 해결하려는 것은 기회손실 비용만 키우는 결과를 낳는다. 표준 용어 정의, 영문 약어 정의, 표준 도메인 정의와 같은 일은 성격상 팀플레이가 어렵기 때문이다. 표준화 작업을 여러 명이 하면 혼선을 초래하기 십상이라 여간해서 시간을 줄이기가 쉽지 않다. 데이터 표준화는 고숙련자나 전문가 한 명이 수행하는 것이 최선 또는 최적이다.

10) DB 구조 및 제약조건 등에 대하여 정의한 메타데이터의 집합으로써, 개체(Entity), 속성(Attribute), 관계(Relationship) 및 데이터 처리 제약 조건 등을 정의한 DB 메타데이터이다.

컬럼의 의미를 온전히 파악하기란 대단히 어려운 일이다. 다른 분야도 마찬가지지만 임상 DW 구축 사업의 경우 의료 용어에 익숙하지 않고 의료 정보 시스템 구축 경험이 없으면 더욱 어렵다. 여하튼 표준화를 수행한 백여 개의 테이블 가운데 4개 테이블을 샘플로 하여 DB 메타데이터(엔티티명, 테이블명, 속성명, 컬럼명, 컬럼 도메인)를 표준화하는 과정을 다음 코스인 Case Study에서 상세히 다루어 보도록 한다.

다음의 네 페이지는 의료 정보 시스템 DB 스키마 정보를 추출한 후 엑셀 파일로 저장한 백여 개의 테이블 스키마 가운데 DB 메타데이터를 표준화하는 과정을 설명하기 위한 샘플로써 4개 테이블 스키마의 원본이다.

엔터티명	테이블명	컬럼명	컬럼 Comments	데이터타입
	EMR_CHART_MASTER	BEDNO	입원시-침상번호	NUMBER(2)
	EMR_CHART_MASTER	DCDATE	퇴원일자	DATE
	EMR_CHART_MASTER	DCTIME	퇴원시각	DATE
	EMR_CHART_MASTER	DEPTCODE	진료과	CHAR(4)
	EMR_CHART_MASTER	DRCODE		CHAR(6)
	EMR_CHART_MASTER	ENTERDATE	작성일자	DATE
	EMR_CHART_MASTER	GBIO	입원구분	CHAR(1)
	EMR_CHART_MASTER	INDATE	입원일자	DATE
	EMR_CHART_MASTER	INDEPTCODE	입원시-진료과	CHAR(4)
	EMR_CHART_MASTER	INDRCODE	입원시-의사코드	CHAR(6)
	EMR_CHART_MASTER	INTIME	입원시각	DATE
	EMR_CHART_MASTER	PART	DRG 환자 여부	VARCHAR2(6)
	EMR_CHART_MASTER	PTNO	등록번호	CHAR(8)
	EMR_CHART_MASTER	ROOMCODE	입원시-호실	CHAR(4)
	EMR_CHART_MASTER	STATUS	입원 상태	CHAR(1)
	EMR_CHART_MASTER	WARDCODE	입원시-병동	CHAR(4)
환자작성서식	MRR_FRM_CLNINFO	VLD_GB		CHAR(1)
환자작성서식	MRR_FRM_CLNINFO	TEST		CHAR(1)
환자작성서식	MRR_FRM_CLNINFO	RTF_FILE_NM		VARCHAR2(100)
환자작성서식	MRR_FRM_CLNINFO	READ_GB		CHAR(1)
환자작성서식	MRR_FRM_CLNINFO	PTNT_NO		VARCHAR2(10)
환자작성서식	MRR_FRM_CLNINFO	ORD_SEQ_NO		NUMBER(10)
환자작성서식	MRR_FRM_CLNINFO	ORD_NO		NUMBER(10)
환자작성서식	MRR_FRM_CLNINFO	OP_SEQ		NUMBER(10)
환자작성서식	MRR_FRM_CLNINFO	OP_DATE		DATE
환자작성서식	MRR_FRM_CLNINFO	MFY_IP		VARCHAR2(40)
환자작성서식	MRR_FRM_CLNINFO	MFY_EMPL_NO		VARCHAR2(20)
환자작성서식	MRR_FRM_CLNINFO	MFY_DT		DATE
환자작성서식	MRR_FRM_CLNINFO	MED_TIME		DATE
환자작성서식	MRR_FRM_CLNINFO	MED_DR		VARCHAR2(20)
환자작성서식	MRR_FRM_CLNINFO	MED_DEPT		VARCHAR2(10)
환자작성서식	MRR_FRM_CLNINFO	MED_DATE		DATE
환자작성서식	MRR_FRM_CLNINFO	HOS_CD		VARCHAR2(10)
환자작성서식	MRR_FRM_CLNINFO	FRM_MFY_YN		VARCHAR2(1)
환자작성서식	MRR_FRM_CLNINFO	FRM_KEY		NUMBER(10)
환자작성서식	MRR_FRM_CLNINFO	FRM_FILE_NM		VARCHAR2(100)
환자작성서식	MRR_FRM_CLNINFO	FRM_DT		DATE
환자작성서식	MRR_FRM_CLNINFO	FRM_CD		CHAR(8)
환자작성서식	MRR_FRM_CLNINFO	FRMCLN_REP_KEY		NUMBER(10)
환자작성서식	MRR_FRM_CLNINFO	FRMCLN_KEY		NUMBER(10)
환자작성서식	MRR_FRM_CLNINFO	FILE_SVR_URL		VARCHAR2(100)
환자작성서식	MRR_FRM_CLNINFO	FILE_PATH		VARCHAR2(100)
환자작성서식	MRR_FRM_CLNINFO	ESIGN_TRGT_EMPL_NO		VARCHAR2(20)
환자작성서식	MRR_FRM_CLNINFO	ESIGN_FILE_NM		VARCHAR2(100)
환자작성서식	MRR_FRM_CLNINFO	ESIGN_EMPL_NO		VARCHAR2(20)
환자작성서식	MRR_FRM_CLNINFO	ENT_IP		VARCHAR2(20)
환자작성서식	MRR_FRM_CLNINFO	ENT_EMPL_NO		VARCHAR2(20)

엔터티명	테이블명	컬럼명	컬럼 Comments	데이터타입
환자작성서식	MRR_FRM_CLNINFO	ENT_DT		DATE
환자작성서식	MRR_FRM_CLNINFO	DEPT_CD		VARCHAR2(10)
환자작성서식	MRR_FRM_CLNINFO	CONFIRM_GB		CHAR(1)
환자작성서식	MRR_FRM_CLNINFO	CONFIRM_DATE		DATE
환자작성서식	MRR_FRM_CLNINFO	COESIGN_TRGT_EMPL_NO		VARCHAR2(20)
환자작성서식	MRR_FRM_CLNINFO	COESIGN_FILE_NM		VARCHAR2(100)
환자작성서식	MRR_FRM_CLNINFO	COESIGN_EMPL_NO		VARCHAR2(20)
환자작성서식	MRR_FRM_CLNINFO	CLN_TYPE		VARCHAR2(1)
환자작성서식	MRR_FRM_CLNINFO	CHR_FILE_NM		VARCHAR2(100)
환자작성서식	MRR_FRM_CLNINFO	CHOS_NO		NUMBER(5)
입원환자처방전	TWOCS_IORDER	WARDCODE	병동코드	CHAR(4)
입원환자처방전	TWOCS_IORDER	SUCODE	수가코드	CHAR(8)
입원환자처방전	TWOCS_IORDER	STAFFID	주치의 ID	CHAR(6)
입원환자처방전	TWOCS_IORDER	SLIPNO	SLIP NO	CHAR(4)
입원환자처방전	TWOCS_IORDER	SEQNO	오더입력 일련번호	NUMBER(8)
입원환자처방전	TWOCS_IORDER	ROOMCODE	병실코드	CHAR(4)
입원환자처방전	TWOCS_IORDER	RETWARDQTY	병동반납수량	NUMBER(6,2)
입원환자처방전	TWOCS_IORDER	RETWARDNAL	병동반납날수	NUMBER(3)
입원환자처방전	TWOCS_IORDER	RETWARD	반납사유	CHAR(1)
입원환자처방전	TWOCS_IORDER	RETPARMQTY	약국DC수량	NUMBER(6,2)
입원환자처방전	TWOCS_IORDER	RETPARMNAL		NUMBER(6,2)
입원환자처방전	TWOCS_IORDER	RETPARM	1,2,0,null	CHAR(1)
입원환자처방전	TWOCS_IORDER	REMARK	비고	VARCHAR2(200)
입원환자처방전	TWOCS_IORDER	REALQTY	오더수량	CHAR(6)
입원환자처방전	TWOCS_IORDER	REALNAL	오더일수	NUMBER(3)
입원환자처방전	TWOCS_IORDER	RDATE	검사예약일자	DATE
입원환자처방전	TWOCS_IORDER	QTY	사용수량	NUMBER(6,2)
입원환자처방전	TWOCS_IORDER	PTNO	병록번호	CHAR(8)
입원환자처방전	TWOCS_IORDER	PARMATC	약국 ATC	CHAR(4)
입원환자처방전	TWOCS_IORDER	ORDERSITE	오더입력 부서	VARCHAR2(4)
입원환자처방전	TWOCS_IORDER	ORDERNO	오더 No	NUMBER
입원환자처방전	TWOCS_IORDER	ORDERCODE	오더코드	CHAR(8)
입원환자처방전	TWOCS_IORDER	NURSEID	병동 DC및 처치 오더간호사	CHAR(8)
입원환자처방전	TWOCS_IORDER	NAL	사용일수	NUMBER(3)
입원환자처방전	TWOCS_IORDER	GBTFLAG	퇴원약구분	CHAR(1)
입원환자처방전	TWOCS_IORDER	GBSTATUS	입력구분	VARCHAR2(2)
입원환자처방전	TWOCS_IORDER	GBSPC	특진여부	CHAR(1)
입원환자처방전	TWOCS_IORDER	GBSEND	전송여부	CHAR(1)
입원환자처방전	TWOCS_IORDER	GBSELF	급여구분	CHAR(1)
입원환자처방전	TWOCS_IORDER	GBSEL	선택진료비대상여부	CHAR(1)
입원환자처방전	TWOCS_IORDER	GBPRT2	프린트구분2	CHAR(1)
입원환자처방전	TWOCS_IORDER	GBPRT1	프린트구분1	CHAR(1)
입원환자처방전	TWOCS_IORDER	GBPRN	??구분	CHAR(1)
입원환자처방전	TWOCS_IORDER	GBPOSITION	전송위치	VARCHAR2(4)
입원환자처방전	TWOCS_IORDER	GBPORT	Portable여부	CHAR(1)
입원환자처방전	TWOCS_IORDER	GBORDER	오더구분	CHAR(1)
입원환자처방전	TWOCS_IORDER	GBNGT	야간 및 수술 구분	CHAR(1)
입원환자처방전	TWOCS_IORDER	GBINFO	검사방법	VARCHAR2(20)
입원환자처방전	TWOCS_IORDER	GBGROUP	주사,투약의 Mix Group Number	CHAR(2)
입원환자처방전	TWOCS_IORDER	GBER	응급구분	CHAR(1)
입원환자처방전	TWOCS_IORDER	GBDIV	투약 및 주사횟수	NUMBER(4,1)
입원환자처방전	TWOCS_IORDER	GBBOTH	주사행위구분	CHAR(1)
입원환자처방전	TWOCS_IORDER	GBACT	Acting여부	CHAR(1)

엔터티명	테이블명	컬럼명	컬럼 Comments	데이터타입
입원환자처방전	TWOCS_IORDER	ENTDATE	입력일자	DATE
입원환자처방전	TWOCS_IORDER	EMRKEY2	간호진술문처방Key	NUMBER
입원환자처방전	TWOCS_IORDER	EMRKEY1	의무기록사본처방Key	NUMBER
입원환자처방전	TWOCS_IORDER	DRCODE	의사코드	CHAR(6)
입원환자처방전	TWOCS_IORDER	DOSCODE	용법코드	CHAR(8)
입원환자처방전	TWOCS_IORDER	DEPTCODE	진료과목	CHAR(4)
입원환자처방전	TWOCS_IORDER	CONTENTS		NUMBER(6,2)
입원환자처방전	TWOCS_IORDER	BUN	분류	CHAR(2)
입원환자처방전	TWOCS_IORDER	BI	환자구분	CHAR(2)
입원환자처방전	TWOCS_IORDER	BDATE	발생일자	DATE
입원환자처방전	TWOCS_IORDER	BCONTENTS		NUMBER(6,2)
입원환자처방전	TWOCS_IORDER	ACTDATE	회계일자	DATE
환자정보	TWBAS_PATIENT	TUYAKMONTH		CHAR(2)
환자정보	TWBAS_PATIENT	TUYAKJULDATE		NUMBER(3)
환자정보	TWBAS_PATIENT	TUYAKILSU		NUMBER(3)
환자정보	TWBAS_PATIENT	TUYAKGWA		CHAR(2)
환자정보	TWBAS_PATIENT	TEL2		VARCHAR2(14)
환자정보	TWBAS_PATIENT	TEL1		VARCHAR2(14)
환자정보	TWBAS_PATIENT	TEL		VARCHAR2(14)
환자정보	TWBAS_PATIENT	STARTDATE		DATE
환자정보	TWBAS_PATIENT	SNAME		VARCHAR2(40)
환자정보	TWBAS_PATIENT	SEX		CHAR(1)
환자정보	TWBAS_PATIENT	SABUN		VARCHAR2(8)
환자정보	TWBAS_PATIENT	REMARK		VARCHAR2(50)
환자정보	TWBAS_PATIENT	RELIGION		CHAR(1)
환자정보	TWBAS_PATIENT	PTNO		CHAR(8)
환자정보	TWBAS_PATIENT	POSTCODE2		CHAR(3)
환자정보	TWBAS_PATIENT	POSTCODE1		CHAR(3)
환자정보	TWBAS_PATIENT	PNAME		VARCHAR2(10)
환자정보	TWBAS_PATIENT	PJUMIN		CHAR(13)
환자정보	TWBAS_PATIENT	LASTDATE		DATE
환자정보	TWBAS_PATIENT	KIHO		VARCHAR2(12)
환자정보	TWBAS_PATIENT	KIDNEYOPDATE		DATE
환자정보	TWBAS_PATIENT	JUSO		VARCHAR2(40)
환자정보	TWBAS_PATIENT	JUMIN2		CHAR(7)
환자정보	TWBAS_PATIENT	JUMIN1		CHAR(6)
환자정보	TWBAS_PATIENT	JIYUKCODE		CHAR(2)
환자정보	TWBAS_PATIENT	JINILSU		NUMBER(3)
환자정보	TWBAS_PATIENT	JINAMT		NUMBER(6)
환자정보	TWBAS_PATIENT	GKIHO		VARCHAR2(18)
환자정보	TWBAS_PATIENT	GBSPC		CHAR(8)
환자정보	TWBAS_PATIENT	GBGWANGE		CHAR(1)
환자정보	TWBAS_PATIENT	GBGAMEK		CHAR(1)
환자정보	TWBAS_PATIENT	GBBOHUN		CHAR(1)
환자정보	TWBAS_PATIENT	GBAREA		CHAR(1)
환자정보	TWBAS_PATIENT	EMBPRT		CHAR(1)
환자정보	TWBAS_PATIENT	EMAIL		VARCHAR2(30)

엔티티명	테이블명	컬럼명	컬럼 Comments	데이터타입
환자정보	TWBAS_PATIENT	DRCODE		CHAR(6)
환자정보	TWBAS_PATIENT	DEPTCODE		CHAR(4)
환자정보	TWBAS_PATIENT	CONSULT		VARCHAR2(30)
환자정보	TWBAS_PATIENT	CONSILL		VARCHAR2(30)
환자정보	TWBAS_PATIENT	CONSHOSPI		VARCHAR2(30)
환자정보	TWBAS_PATIENT	CONSDOCTOR		VARCHAR2(10)
환자정보	TWBAS_PATIENT	CONSDATE		DATE
환자정보	TWBAS_PATIENT	CONSAREA		VARCHAR2(10)
환자정보	TWBAS_PATIENT	CONSAN		VARCHAR2(30)
환자정보	TWBAS_PATIENT	CHECKREMARK		VARCHAR2(40)
환자정보	TWBAS_PATIENT	CHECKFLAG		CHAR(1)
환자정보	TWBAS_PATIENT	CANCER_ID2		VARCHAR2(15)
환자정보	TWBAS_PATIENT	CANCER_ID		VARCHAR2(15)
환자정보	TWBAS_PATIENT	CANCER_DATE2		DATE
환자정보	TWBAS_PATIENT	CANCER_DATE		DATE
환자정보	TWBAS_PATIENT	BTEL		VARCHAR2(14)
환자정보	TWBAS_PATIENT	BNAME		VARCHAR2(10)
환자정보	TWBAS_PATIENT	BIRTHDATE		DATE
환자정보	TWBAS_PATIENT	BI		CHAR(2)
환자정보	TWBAS_PATIENT	AREADATE		DATE

제목 줄의 '테이블명', '테이블 Comments', '컬럼명', '컬럼 Comments', '데이터 타입'이 앞서 배운 DB 메타데이터이다. (실제 프로젝트에서는 DW 모델링에 필요한 'PK 컬럼'과 'Null 여부' DB 메타데이터도 추출하여 컬럼 Comments 우측 열에 포함시켰지만 여기서는 불필요하므로 해당 열을 삭제하였다.) 위 스키마 원본 엑셀에서 테이블 'EMR_CHART_ MASTER'의 Comments(=엔티티명)가 없다는 것과 테이블 'MRR_FRM_CLNINFO'과 'TWBAS_PATIENT'의 컬럼 Comments가 전무하다는 것을 주목해 보자.

최악의 케이스에 대한 DB 메타데이터 표준화 실전 사례 학습은 모두 여섯 코스이다. 쉽지 않지만, 목표 지점에 올라 보면 산 아래 시계가 탁 트일 것이다.

Case Study: K 병원 임상 데이터 표준화

① 엔티티명 정의

엔티티명	테이블명	컬럼명	컬럼 Comments	영문약어1	약어2	약어3	약어4	약어5	데이터타입	표준 컬럼명	표준 도메인
EMR 차트 마스터	EMR_CHART_MASTER	PTNO	등록번호	PTNO					CHAR(8)	환자 번호	환자번호VC8
EMR 차트 마스터	EMR_CHART_MASTER	INDATE	입원일자	INDATE					DATE	입원 일자	일자VC8
EMR 차트 마스터	EMR_CHART_MASTER	DCDATE	퇴원일자	DCDATE					DATE	퇴원 일자	일자VC8
EMR 차트 마스터	EMR_CHART_MASTER	GBIO	입원구분	GBIO					CHAR(1)	입원 구분	구분VC1
EMR 차트 마스터	EMR_CHART_MASTER	DEPTCODE	진료과	DEPTCODE					CHAR(4)	진료과 코드	진료과코드VC4
EMR 차트 마스터	EMR_CHART_MASTER	DRCODE		DRCODE					CHAR(6)	의사 코드	의사코드VC6
EMR 차트 마스터	EMR_CHART_MASTER	STATUS	입원 상태	STATUS					CHAR(1)	입원 상태 구분	구분VC1
EMR 차트 마스터	EMR_CHART_MASTER	ENTERDATE	작성일자	ENTERDATE					DATE	작성 일자	일자VC8
EMR 차트 마스터	EMR_CHART_MASTER	INTIME	입원시각	INTIME					DATE	입원 일시	일시DT
EMR 차트 마스터	EMR_CHART_MASTER	DCTIME	퇴원시각	DCTIME					DATE	퇴원 일시	일시DT
EMR 차트 마스터	EMR_CHART_MASTER	INDEPTCODE	입원시-진료과	INDEPTCODE					CHAR(4)	입원 시 진료과 코드	진료과코드VC4
EMR 차트 마스터	EMR_CHART_MASTER	INDRCODE	입원시-의사코드	INDRCODE					CHAR(6)	입원 시 의사 코드	의사코드VC6
EMR 차트 마스터	EMR_CHART_MASTER	WARDCODE	입원시-병동	WARDCODE					CHAR(4)	입원 시 병동 코드	코드VC20
EMR 차트 마스터	EMR_CHART_MASTER	ROOMCODE	입원시-호실	ROOMCODE					CHAR(4)	입원 시 병실 코드	코드VC20
EMR 차트 마스터	EMR_CHART_MASTER	BEDNO	입원시-침상번호	BEDNO					NUMBER(2)	침대 번호	숫자형번호NM10
EMR 차트 마스터	EMR_CHART_MASTER	PART	DRG 여부	PART					VARCHAR2(6)	DRG 환자 구분 코드	분류코드VC6
환자진료서식	MRR_FRM_CLNINFO	FRMCLN_KEY		FRMCLN	KEY				NUMBER(10)	진료 정보 서식 키 값	값NM15
환자진료서식	MRR_FRM_CLNINFO	FRMCLN_REP_KEY		FRMCLN	REP	KEY			NUMBER(10)	진료 정보 서식 수정 키 값	값NM15
환자진료서식	MRR_FRM_CLNINFO	FRM_KEY		FRM	KEY				NUMBER(10)	서식 키 값	값NM15
환자진료서식	MRR_FRM_CLNINFO	FRM_CD		FRM	CD				CHAR(8)	서식 코드	코드VC20
환자진료서식	MRR_FRM_CLNINFO	PTNT_NO		PTNT	NO				VARCHAR2(10)	환자 번호	환자번호VC8
환자진료서식	MRR_FRM_CLNINFO	CLN_TYPE		CLN	TYPE				VARCHAR2(1)	진료 유형 구분	구분VC1
환자진료서식	MRR_FRM_CLNINFO	FRM_DT		FRM	DT				DATE	서식 일자	일자VC8
환자진료서식	MRR_FRM_CLNINFO	MED_DATE		MED	DATE				DATE	검진 일자	일자VC8
환자진료서식	MRR_FRM_CLNINFO	MED_TIME		MED	TIME				DATE	검진 일시	일시DT
환자진료서식	MRR_FRM_CLNINFO	MED_DEPT		MED	DEPT				VARCHAR2(10)	검진 부서 코드	부서코드VC4
환자진료서식	MRR_FRM_CLNINFO	MED_DR		MED	DR				VARCHAR2(20)	검진 의사 코드	의사코드VC6
환자진료서식	MRR_FRM_CLNINFO	CHR_FILE_NM		CHR	FILE	NM			VARCHAR2(100)	특성 파일 명	명VC200
환자진료서식	MRR_FRM_CLNINFO	FRM_FILE_NM		FRM	FILE	NM			VARCHAR2(100)	서식 파일 명	명VC200
환자진료서식	MRR_FRM_CLNINFO	ESIGN_FILE_NM		ESIGN	FILE	NM			VARCHAR2(100)	전자서명 파일 명	명VC200
환자진료서식	MRR_FRM_CLNINFO	READ_GB		READ	GB				CHAR(1)	판독 구분	구분VC1
환자진료서식	MRR_FRM_CLNINFO	VLD_GB		VLD	GB				CHAR(1)	유효 여부	여부VC1
환자진료서식	MRR_FRM_CLNINFO	HOS_CD		HOS	CD				VARCHAR2(10)	병원 코드	코드VC20
환자진료서식	MRR_FRM_CLNINFO	DEPT_CD		DEPT	CD				VARCHAR2(10)	작성 부서 코드	부서코드VC4
환자진료서식	MRR_FRM_CLNINFO	ENT_IP		ENT	IP				VARCHAR2(20)	등록자 IP주소	IP주소VC15
환자진료서식	MRR_FRM_CLNINFO	ESIGN_EMPL_NO		ESIGN	EMPL	NO			VARCHAR2(20)	전자서명 사번	문자형번호VC20
환자진료서식	MRR_FRM_CLNINFO	ESIGN_TRGT_EMPL_NO		ESIGN	TRGT	EMPL	NO		VARCHAR2(20)	전자서명 대상자 직원 번호	문자형번호VC20
환자진료서식	MRR_FRM_CLNINFO	COESIGN_TRGT_EMPL_NO		COESIGN	TRGT	EMPL	NO		VARCHAR2(20)	공동 서명 대상자 직원 번호	문자형번호VC20
환자진료서식	MRR_FRM_CLNINFO	COESIGN_EMPL_NO		COESIGN	EMPL	NO			VARCHAR2(20)	공동 서명 직원 번호	문자형번호VC20
환자진료서식	MRR_FRM_CLNINFO	COESIGN_FILE_NM		COESIGN	FILE	NM			VARCHAR2(100)	공동 서명 파일 명	명VC200
환자진료서식	MRR_FRM_CLNINFO	FILE_PATH		FILE	PATH				VARCHAR2(100)	파일 경로	경로명VC200
환자진료서식	MRR_FRM_CLNINFO	FRM_MFY_YN		FRM	MFY	YN			VARCHAR2(1)	서식 수정 여부	여부VC1
환자진료서식	MRR_FRM_CLNINFO	ORD_NO		ORD	NO				NUMBER(10)	오더 번호	숫자형번호NM10
환자진료서식	MRR_FRM_CLNINFO	ORD_SEQ_NO		ORD	SEQ	NO			NUMBER(10)	오더 순번	숫자형번호NM10
환자진료서식	MRR_FRM_CLNINFO	OP_DATE		OP	DATE				DATE	수술 일시	일시DT
환자진료서식	MRR_FRM_CLNINFO	OP_SEQ		OP	SEQ				NUMBER(10)	수술 일련번호	일련번호VC10
환자진료서식	MRR_FRM_CLNINFO	ENT_EMPL_NO		ENT	EMPL	NO			VARCHAR2(20)	등록자 ID	IDVC50
환자진료서식	MRR_FRM_CLNINFO	ENT_DT		ENT	DT				DATE	등록일시	일시DT
환자진료서식	MRR_FRM_CLNINFO	MFY_EMPL_NO		MFY	EMPL	NO			VARCHAR2(20)	수정자 ID	IDVC50
환자진료서식	MRR_FRM_CLNINFO	MFY_DT		MFY	DT				DATE	수정일시	일시DT
환자진료서식	MRR_FRM_CLNINFO	CONFIRM_GB		CONFIRM	GB				CHAR(1)	확인 구분	구분VC1
환자진료서식	MRR_FRM_CLNINFO	CONFIRM_DATE		CONFIRM	DATE				DATE	확인 일시	일시DT
환자진료서식	MRR_FRM_CLNINFO	RTF_FILE_NM		RTF	FILE	NM			VARCHAR2(100)	치료 파일 명	명VC200
환자진료서식	MRR_FRM_CLNINFO	FILE_SVR_URL		FILE	SVR	URL			VARCHAR2(100)	파일 서버 URL	경로명VC200
환자진료서식	MRR_FRM_CLNINFO	TEST		TEST					CHAR(1)	시험 여부	여부VC1
환자진료서식	MRR_FRM_CLNINFO	CHOS_NO		CHOS	NO				NUMBER(5)	선택진료 번호	숫자형번호NM10
환자진료서식	MRR_FRM_CLNINFO	MFY_IP		MFY	IP				VARCHAR2(40)	수정자 IP	IP주소VC15
입원환자처방전	TWOCS_IORDER	PTNO	병록번호	PTNO					CHAR(8)	환자 번호	환자번호VC8
입원환자처방전	TWOCS_IORDER	BDATE	발생일자	BDATE					DATE	진단 일자	일자VC8
입원환자처방전	TWOCS_IORDER	SEQNO	오더입력 일련번호	SEQNO					NUMBER(8)	접수 일련번호	일련번호VC10
입원환자처방전	TWOCS_IORDER	DEPTCODE	진료과목	DEPTCODE					CHAR(4)	진료 과 코드	진료과코드VC4
입원환자처방전	TWOCS_IORDER	DRCODE	의사코드	DRCODE					CHAR(6)	의사 코드	의사코드VC6
입원환자처방전	TWOCS_IORDER	STAFFID	주치의 ID	STAFFID					CHAR(6)	주치의 ID	IDVC50
입원환자처방전	TWOCS_IORDER	SLIPNO	SLIP NO	SLIPNO					CHAR(4)	슬립 번호	문자형번호VC20
입원환자처방전	TWOCS_IORDER	ORDERCODE	오더코드	ORDERCODE					CHAR(8)	오더 코드	오더코드VC8
입원환자처방전	TWOCS_IORDER	SUCODE	수가코드	SUCODE					CHAR(8)	수가 코드	수가코드VC8

기본 | 엔티티명 정의 | 컬럼 약어 분리 | 속성명 정의 | 도메인 정의 | 속성명 단어분할 & 영문약어 매핑 | 컬럼명 재정의 ⊕

K 병원 임상 DW 구축의 일환인 데이터 표준화 작업은 4개월 이상 소요되었다. 표준 속성명 정의와 데이터 사전을 만드는 데 소요된 시간이 대부분을 차지한다. 학습 효과를 위해 표준화 과정을 생생하게 체험할 수 있는 실데이터 일부를 가공하여 4개 테이블

의 DB 메타데이터를 엑셀 파일로 만들었다. 엑셀 파일 하단의 색상별 Sheet 탭이 표준화 프로세스별 작업 과정을 나타낸다.

[원본] 탭으로 시작하여 '엔티티명 정의', '컬럼 약어 분리', '속성명 정의', '도메인 정의', '속성명 단어 분할 & 영문 약어 매핑', '컬럼명 재정의'까지 DB 메타데이터 표준화 과정을 순차적으로 보여준다.

DB 메타데이터 표준화 과정을 실감 나게 보여주기 위하여 최소한으로 선별한 4개 테이블은 테이블 Comments가 없는 테이블 1개와 테이블 Comments가 각각 '환자 작성 서식', '입원 환자 처방전', '환자 정보'인 3개의 테이블이다. 데이터 모델 설계는 논리 데이터 모델링이 설계의 선악을 결정한다. 물리 모델링은 데이터 처리 성능을 우선시하는 경우 같은 특수한 경우가 아니면 마이너하다. 논리 모델을 우리말 한글로 표현하는 것은 주지하고 있는 바와 같다. 앞서 "데이터 표준화의 방점은 용어 정의에 있다."라고 강조했다. 엔티티(Entity: 개체)는 어떤 대상의 데이터를 명쾌하게 인식할 수 있는 단위 데이터이므로 엔티티명은 개개의 단위 데이터를 식별하기 쉬운 명칭이 되어야 한다. 엔티티명 정의는 데이터 표준화의 시작인 동시에 뒤에 제시할 데이터 아키텍처 청사진 설계를 위한 알파 조건이다.[11]

샘플 테이블 4개의 엔티티명을 의미 있게 정의하기 위해서는 테이블의 사용 목적과 쓰임새를 파악해야 했다. 컬럼 Comments가 정확하다면 그것으로 쓰임새를 유추하여 정의할 수 있지만, 컬럼 Comments를 살펴보니 난망한 수준이었다. 컬럼 Comments가 전혀 없는 테이블이 다수 존재했기 때문이다.

누군가에게 물어서 확인할 길이 없는 상황에서 남은 유일한 방법은 테이블의 모든 컬럼을 추출(select* from ----)하여 컬럼 데이터값을 일일이 분석하여 쓰임새를 유추하는 방법뿐이다. 그렇게 해서 백여 개 테이블의 데이터 값을 뜯어 보면서 엔티티명을 의미 있게 정의해야 하는 악천후 산행이 시작되었다. 오랜 시간 악전고투 끝에 백여 개의 엔티티명을 쓰임새에 맞게 의미 있는 명칭으로 재정의하였다. 여기서 다루는 샘플 테이블 4개의 엔티티명은 그 일환으로 나온 것이다.

---

11) 우리나라 현실 데이터의 실태는 시작이 없는 듯한 모양새다. 수많은 공공기관 정보 시스템 데이터를 분석해 보니, 무엇보다 데이터 품질의 알파격인 엔티티명이 개똥이 쇠똥이 같이 아무렇게나 작명되어 있는 경우가 많았다. 데이터 모델을 누가 설계했는지 모르지만 제 자식의 이름이라면 그렇게 함부로 지을 리 만무하다. 개개의 사람을 '개인'이라고 하듯 지구적 차원에서는 모두 '개체'이다. '엔티티'를 우리말 '개체'로 번역하여 사용하는 배경이다. 사전에서도 하나의 독립된 생물체로 명명하듯, 개체의 이름을 숙고 없이 아무렇게나 명명하는 것은 대상을 하찮게 보는 까닭이다. 한마디로 애정이 없다는 것이다.

- 테이블 Comments가 없는 테이블 ☞ 'EMR 차트 마스터'
- 테이블 Comments '환자 작성 서식' 테이블 ☞ '환자진료서식'
- 테이블 Comments '입원 환자 처방전' 테이블 ☞ '입원환자처방전'
- 테이블 Comments '환자 정보' 테이블 ☞ '환자마스터'

재정의한 엔티티명을 엑셀 시트에 반영하였다.

🗨 유의미한 엔티티명으로 재정의한 'EMR 차트 마스터' 테이블 스키마

엔티티명	테이블명	컬럼명	컬럼 Comments	데이터타입
EMR 차트 마스터	EMR_CHART_MASTER	BEDNO	입원시-침상번호	NUMBER(2)
EMR 차트 마스터	EMR_CHART_MASTER	DCDATE	퇴원일자	DATE
EMR 차트 마스터	EMR_CHART_MASTER	DCTIME	퇴원시각	DATE
EMR 차트 마스터	EMR_CHART_MASTER	DEPTCODE	진료과	CHAR(4)
EMR 차트 마스터	EMR_CHART_MASTER	DRCODE		CHAR(6)
EMR 차트 마스터	EMR_CHART_MASTER	ENTERDATE	작성일자	DATE
EMR 차트 마스터	EMR_CHART_MASTER	GBIO	입원구분	CHAR(1)
EMR 차트 마스터	EMR_CHART_MASTER	INDATE	입원일자	DATE
EMR 차트 마스터	EMR_CHART_MASTER	INDEPTCODE	입원시-진료과	CHAR(4)
EMR 차트 마스터	EMR_CHART_MASTER	INDRCODE	입원시-의사코드	CHAR(6)
EMR 차트 마스터	EMR_CHART_MASTER	INTIME	입원시각	DATE
EMR 차트 마스터	EMR_CHART_MASTER	PART	DRG 환자 여부	VARCHAR2(6)
EMR 차트 마스터	EMR_CHART_MASTER	PTNO	등록번호	CHAR(8)
EMR 차트 마스터	EMR_CHART_MASTER	ROOMCODE	입원시-호실	CHAR(4)
EMR 차트 마스터	EMR_CHART_MASTER	STATUS	입원 상태	CHAR(1)
EMR 차트 마스터	EMR_CHART_MASTER	WARDCODE	입원시-병동	CHAR(4)

💬 유의미한 엔티티명으로 재정의한 '환자진료서식' 테이블 스키마

엔티티명	테이블명	컬럼명	컬럼 Comments	데이터타입
환자진료서식	MRR_FRM_CLNINFO	VLD_GB		CHAR(1)
환자진료서식	MRR_FRM_CLNINFO	TEST		CHAR(1)
환자진료서식	MRR_FRM_CLNINFO	RTF_FILE_NM		VARCHAR2(100)
환자진료서식	MRR_FRM_CLNINFO	READ_GB		CHAR(1)
환자진료서식	MRR_FRM_CLNINFO	PTNT_NO		VARCHAR2(10)
환자친묘시식	MRR_FRM_CLNINFO	ORD_SEQ_NO		NUMBER(10)
환자진료서식	MRR_FRM_CLNINFO	ORD_NO		NUMBER(10)
환자진료서식	MRR_FRM_CLNINFO	OP_SEQ		NUMBER(10)
환자진료서식	MRR_FRM_CLNINFO	OP_DATE		DATE
환자진료서식	MRR_FRM_CLNINFO	MFY_IP		VARCHAR2(40)
환자진료서식	MRR_FRM_CLNINFO	MFY_EMPL_NO		VARCHAR2(20)
환자진료서식	MRR_FRM_CLNINFO	MFY_DT		DATE
환자진료서식	MRR_FRM_CLNINFO	MED_TIME		DATE
환자진료서식	MRR_FRM_CLNINFO	MED_DR		VARCHAR2(20)
환자진료서식	MRR_FRM_CLNINFO	MED_DEPT		VARCHAR2(10)
환자진료서식	MRR_FRM_CLNINFO	MED_DATE		DATE
환자진료서식	MRR_FRM_CLNINFO	HOS_CD		VARCHAR2(10)
환자진료서식	MRR_FRM_CLNINFO	FRM_MFY_YN		VARCHAR2(1)
환자진료서식	MRR_FRM_CLNINFO	FRM_KEY		NUMBER(10)
환자진료서식	MRR_FRM_CLNINFO	FRM_FILE_NM		VARCHAR2(100)
환자진료서식	MRR_FRM_CLNINFO	FRM_DT		DATE
환자진료서식	MRR_FRM_CLNINFO	FRM_CD		CHAR(8)
환자진료서식	MRR_FRM_CLNINFO	FRMCLN_REP_KEY		NUMBER(10)
환자진료서식	MRR_FRM_CLNINFO	FRMCLN_KEY		NUMBER(10)
환자진료서식	MRR_FRM_CLNINFO	FILE_SVR_URL		VARCHAR2(100)
환자진료서식	MRR_FRM_CLNINFO	FILE_PATH		VARCHAR2(100)
환자진료서식	MRR_FRM_CLNINFO	ESIGN_TRGT_EMPL_NO		VARCHAR2(20)
환자진료서식	MRR_FRM_CLNINFO	ESIGN_FILE_NM		VARCHAR2(100)
환자진료서식	MRR_FRM_CLNINFO	ESIGN_EMPL_NO		VARCHAR2(20)
환자진료서식	MRR_FRM_CLNINFO	ENT_IP		VARCHAR2(20)
환자진료서식	MRR_FRM_CLNINFO	ENT_EMPL_NO		VARCHAR2(20)
환자진료서식	MRR_FRM_CLNINFO	ENT_DT		DATE
환자진료서식	MRR_FRM_CLNINFO	DEPT_CD		VARCHAR2(10)
환자진료서식	MRR_FRM_CLNINFO	CONFIRM_GB		CHAR(1)
환자진료서식	MRR_FRM_CLNINFO	CONFIRM_DATE		DATE
환자진료서식	MRR_FRM_CLNINFO	COESIGN_TRGT_EMPL_NO		VARCHAR2(20)
환자진료서식	MRR_FRM_CLNINFO	COESIGN_FILE_NM		VARCHAR2(100)
환자진료서식	MRR_FRM_CLNINFO	COESIGN_EMPL_NO		VARCHAR2(20)
환자진료서식	MRR_FRM_CLNINFO	CLN_TYPE		VARCHAR2(1)
환자진료서식	MRR_FRM_CLNINFO	CHR_FILE_NM		VARCHAR2(100)
환자진료서식	MRR_FRM_CLNINFO	CHOS_NO		NUMBER(5)

🗨 유의미한 엔티티명으로 재정의한 '입원환자처방전' 테이블 스키마

엔티티명	테이블명	컬럼명	컬럼 Comments	데이터타입
입원환자처방전	TWOCS_IORDER	WARDCODE	병동코드	CHAR(4)
입원환자처방전	TWOCS_IORDER	SUCODE	수가코드	CHAR(8)
입원환자처방전	TWOCS_IORDER	STAFFID	주치의 ID	CHAR(6)
입원환자처방전	TWOCS_IORDER	SLIPNO	SLIP NO	CHAR(4)
입원환자처방전	TWOCS_IORDER	SEQNO	오더입력 일련번호	NUMBER(8)
입원환자처방전	TWOCS_IORDER	ROOMCODE	병실코드	CHAR(4)
입원환자처방전	TWOCS_IORDER	RETWARDQTY	병동반납수량	NUMBER(6,2)
입원환자처방전	TWOCS_IORDER	RETWARDNAL	병동반납날수	NUMBER(3)
입원환자처방전	TWOCS_IORDER	RETWARD	반납사유	CHAR(1)
입원환자처방전	TWOCS_IORDER	RETPARMQTY	약국DC수량	NUMBER(6,2)
입원환자처방전	TWOCS_IORDER	RETPARMNAL		NUMBER(6,2)
입원환자처방전	TWOCS_IORDER	RETPARM	1,2,0,null	CHAR(1)
입원환자처방전	TWOCS_IORDER	REMARK	비고	VARCHAR2(200)
입원환자처방전	TWOCS_IORDER	REALQTY	오더수량	CHAR(6)
입원환자처방전	TWOCS_IORDER	REALNAL	오더일수	NUMBER(3)
입원환자처방전	TWOCS_IORDER	RDATE	검사예약일자	DATE
입원환자처방전	TWOCS_IORDER	QTY	사용수량	NUMBER(6,2)
입원환자처방전	TWOCS_IORDER	PTNO	병록번호	CHAR(8)
입원환자처방전	TWOCS_IORDER	PARMATC	약국 ATC	CHAR(4)
입원환자처방전	TWOCS_IORDER	ORDERSITE	오더입력 부서	VARCHAR2(4)
입원환자처방전	TWOCS_IORDER	ORDERNO	오더 No	NUMBER
입원환자처방전	TWOCS_IORDER	ORDERCODE	오더코드	CHAR(8)
입원환자처방전	TWOCS_IORDER	NURSEID	병동 DC및 처치 오더간호사	CHAR(8)
입원환자처방전	TWOCS_IORDER	NAL	사용일수	NUMBER(3)
입원환자처방전	TWOCS_IORDER	GBTFLAG	퇴원약구분	CHAR(1)
입원환자처방전	TWOCS_IORDER	GBSTATUS	입력구분	VARCHAR2(2)
입원환자처방전	TWOCS_IORDER	GBSPC	특진여부	CHAR(1)
입원환자처방전	TWOCS_IORDER	GBSEND	전송여부	CHAR(1)
입원환자처방전	TWOCS_IORDER	GBSELF	급여구분	CHAR(1)
입원환자처방전	TWOCS_IORDER	GBSEL	선택진료비대상여부	CHAR(1)
입원환자처방전	TWOCS_IORDER	GBPRT2	프린트구분2	CHAR(1)
입원환자처방전	TWOCS_IORDER	GBPRT1	프린트구분1	CHAR(1)
입원환자처방전	TWOCS_IORDER	GBPRN	??구분	CHAR(1)
입원환자처방전	TWOCS_IORDER	GBPOSITION	전송위치	VARCHAR2(4)
입원환자처방전	TWOCS_IORDER	GBPORT	Portable여부	CHAR(1)
입원환자처방전	TWOCS_IORDER	GBORDER	오더구분	CHAR(1)
입원환자처방전	TWOCS_IORDER	GBNGT	야간 및 수술 구분	CHAR(1)
입원환자처방전	TWOCS_IORDER	GBINFO	검사방법	VARCHAR2(20)
입원환자처방전	TWOCS_IORDER	GBGROUP	주사,투약의 Mix Group Number	CHAR(2)
입원환자처방전	TWOCS_IORDER	GBER	응급구분	CHAR(1)
입원환자처방전	TWOCS_IORDER	GBDIV	투약 및 주사횟수	NUMBER(4,1)
입원환자처방전	TWOCS_IORDER	GBBOTH	주사행위구분	CHAR(1)
입원환자처방전	TWOCS_IORDER	GBACT	Acting여부	CHAR(1)
입원환자처방전	TWOCS_IORDER	ENTDATE	입력일자	DATE
입원환자처방전	TWOCS_IORDER	EMRKEY2	간호진술문처방Key	NUMBER
입원환자처방전	TWOCS_IORDER	EMRKEY1	의무기록사본처방Key	NUMBER
입원환자처방전	TWOCS_IORDER	DRCODE	의사코드	CHAR(6)
입원환자처방전	TWOCS_IORDER	DOSCODE	용법코드	CHAR(8)
입원환자처방전	TWOCS_IORDER	DEPTCODE	진료과목	CHAR(4)
입원환자처방전	TWOCS_IORDER	CONTENTS		NUMBER(6,2)
입원환자처방전	TWOCS_IORDER	BUN	분류	CHAR(2)
입원환자처방전	TWOCS_IORDER	BI	환자구분	CHAR(2)
입원환자처방전	TWOCS_IORDER	BDATE	발생일자	DATE
입원환자처방전	TWOCS_IORDER	BCONTENTS		NUMBER(6,2)
입원환자처방전	TWOCS_IORDER	ACTDATE	회계일자	DATE

유의미한 엔티티명으로 재정의한 '환자마스터' 테이블 스키마

엔티티명	테이블명	컬럼명	컬럼 Comments	데이터타입
환자마스터	TWBAS_PATIENT	TUYAKMONTH		CHAR(2)
환자마스터	TWBAS_PATIENT	TUYAKJULDATE		NUMBER(3)
환자마스터	TWBAS_PATIENT	TUYAKILSU		NUMBER(3)
환자마스터	TWBAS_PATIENT	TUYAKGWA		CHAR(2)
환자마스터	TWBAS_PATIENT	TEL2		VARCHAR2(14)
환자마스터	TWBAS_PATIENT	TEL1		VARCHAR2(14)
환자마스터	TWBAS_PATIENT	TEL		VARCHAR2(14)
환자마스터	TWBAS_PATIENT	STARTDATE		DATE
환자마스터	TWBAS_PATIENT	SNAME		VARCHAR2(40)
환자마스터	TWBAS_PATIENT	SEX		CHAR(1)
환자마스터	TWBAS_PATIENT	SABUN		VARCHAR2(8)
환자마스터	TWBAS_PATIENT	REMARK		VARCHAR2(50)
환자마스터	TWBAS_PATIENT	RELIGION		CHAR(1)
환자마스터	TWBAS_PATIENT	PTNO		CHAR(8)
환자마스터	TWBAS_PATIENT	POSTCODE2		CHAR(3)
환자마스터	TWBAS_PATIENT	POSTCODE1		CHAR(3)
환자마스터	TWBAS_PATIENT	PNAME		VARCHAR2(10)
환자마스터	TWBAS_PATIENT	PJUMIN		CHAR(13)
환자마스터	TWBAS_PATIENT	LASTDATE		DATE
환자마스터	TWBAS_PATIENT	KIHO		VARCHAR2(12)
환자마스터	TWBAS_PATIENT	KIDNEYOPDATE		DATE
환자마스터	TWBAS_PATIENT	JUSO		VARCHAR2(40)
환자마스터	TWBAS_PATIENT	JUMIN2		CHAR(7)
환자마스터	TWBAS_PATIENT	JUMIN1		CHAR(6)
환자마스터	TWBAS_PATIENT	JIYUKCODE		CHAR(2)
환자마스터	TWBAS_PATIENT	JINILSU		NUMBER(3)
환자마스터	TWBAS_PATIENT	JINAMT		NUMBER(6)
환자마스터	TWBAS_PATIENT	GKIHO		VARCHAR2(18)
환자마스터	TWBAS_PATIENT	GBSPC		CHAR(8)
환자마스터	TWBAS_PATIENT	GBGWANGE		CHAR(1)
환자마스터	TWBAS_PATIENT	GBGAMEK		CHAR(1)
환자마스터	TWBAS_PATIENT	GBBOHUN		CHAR(1)
환자마스터	TWBAS_PATIENT	GBAREA		CHAR(1)
환자마스터	TWBAS_PATIENT	EMBPRT		CHAR(1)
환자마스터	TWBAS_PATIENT	EMAIL		VARCHAR2(30)
환자마스터	TWBAS_PATIENT	DRCODE		CHAR(6)
환자마스터	TWBAS_PATIENT	DEPTCODE		CHAR(4)
환자마스터	TWBAS_PATIENT	CONSULT		VARCHAR2(30)
환자마스터	TWBAS_PATIENT	CONSILL		VARCHAR2(30)
환자마스터	TWBAS_PATIENT	CONSHOSPI		VARCHAR2(30)
환자마스터	TWBAS_PATIENT	CONSDOCTOR		VARCHAR2(10)
환자마스터	TWBAS_PATIENT	CONSDATE		DATE
환자마스터	TWBAS_PATIENT	CONSAREA		VARCHAR2(10)
환자마스터	TWBAS_PATIENT	CONSAN		VARCHAR2(30)
환자마스터	TWBAS_PATIENT	CHECKREMARK		VARCHAR2(40)
환자마스터	TWBAS_PATIENT	CHECKFLAG		CHAR(1)
환자마스터	TWBAS_PATIENT	CANCER_ID2		VARCHAR2(15)
환자마스터	TWBAS_PATIENT	CANCER_ID		VARCHAR2(15)
환자마스터	TWBAS_PATIENT	CANCER_DATE2		DATE
환자마스터	TWBAS_PATIENT	CANCER_DATE		DATE
환자마스터	TWBAS_PATIENT	BTEL		VARCHAR2(14)
환자마스터	TWBAS_PATIENT	BNAME		VARCHAR2(10)
환자마스터	TWBAS_PATIENT	BIRTHDATE		DATE
환자마스터	TWBAS_PATIENT	BI		CHAR(2)
환자마스터	TWBAS_PATIENT	AREADATE		DATE

Case Study: K 병원 임상 데이터 표준화

② 컬럼 약어 분리

　기존 시스템의 데이터 모델이 표준화 측면에서 엉망이 아닌 경우 즉 DB 메타데이터가 그렇게 엉터리가 아니어서 테이블 Comments가 빠짐없이 적절한 엔티티명으로 부여되어 있고, 대부분의 컬럼 Comments(속성명)가 적절한 의미를 지닌 명칭으로 채워져 있되, 동일한 의미의 데이터가 다른 명칭으로 정의된 컬럼들이 다수 존재하는 수준인 경우 「데이터 모델링과 데이터 표준화 그리고 메타데이터」에서 제시한 절차로 데이터 표준화 과정을 수행하는 것이 최선의 방법이다. 그 방법을 다시 쓰면 다음과 같다.

① 기존 시스템 DB 스키마 정보(DB 메타데이터)를 추출하여 속성명을 기준으로 sorting
② 동일한 의미의 속성들을 하나로 통일하여 가장 적절한(의미 전달이 쉬운) 용어로 정의하되 「데이터 표준화 지침서」의 표준 단어와 표준 용어 정의 원칙을 준수
③ 모든 속성명을 단어로 분리하고 「데이터 표준화 지침서」의 영문 약어 정의 원칙에 따라 단어에 대한 영문 약어 정의 ☞ 표준 단어 사전 작성
④ 분류어(도메인 단어)를 대상으로 「데이터 표준화 지침서」의 표준 도메인 정의 원칙에 따라 표준 도메인 정의 ☞ 표준 도메인 정의서 작성
⑤ 모든 컬럼에 대한 도메인 설정

　위와 같이 속성명을 먼저 정의하고 이를 단어로 분리하여 표준 단어 사전을 작성하는 대부분의 케이스와 달리, 엉터리 속성명이 많거나 테이블 Comments와 컬럼 Comments가 누락된 테이블이 많은 최악의 케이스에서는 기존 컬럼명으로부터 속성명을 유추하여 표준 용어로 재정의하는 방법으로 표준화를 시작해야 한다.

　추출한 DB 메타데이터를 표준화하는 과정을 엑셀 Sheet 7개 탭: [원본]-[엔티티명 정의]-[컬럼 약어 분리]-[속성명 정의]-[도메인 정의]-[속성명 단어 분할 & 영문 약어 매핑]-[컬럼명 재정의] 색상별로 구성한 것은 그 방법으로 최대한 쉽게 작업하기 위하여 여

러모로 해보았던 경험의 산물이다. 아래 그림은 표준화가 완료된 [컬럼명 재정의] 시트의 모습이다.

엔터티명	테이블명	컬럼명	데이타타입	표준 도메인	속성명	표준단어1	표준단어2	표준단어3	표준단어4	표준단어5	영문약어1	영문약어2	영문약어3	영문약어4	영문약어5	영문약어6	표준 컬럼명
EMR 차트 마스터	EMR_CHART_MASTER	PTNO	CHAR(8)	환자번호VC8	환자 번호	환자	번호				PT	NO					PT_NO
EMR 차트 마스터	EMR_CHART_MASTER	INDATE	DATE	일자VC8	입원 일자	입원	일자				ADMI	DT					ADMI_DT
EMR 차트 마스터	EMR_CHART_MASTER	OCDATE	DATE	일자VC8	퇴원 일자	퇴원	일자				DSCH	DT					DSCH_DT
EMR 차트 마스터	EMR_CHART_MASTER	GBIO	CHAR(1)	구분VC1	입원 구분	입원	구분				ADMI	SE					ADMI_SE
EMR 차트 마스터	EMR_CHART_MASTER	DEPTCODE	CHAR(4)	진료과코드VC4	진료과 코드	진료과	코드				MDEPT	CD					MDEPT_CD
EMR 차트 마스터	EMR_CHART_MASTER	DRCODE	CHAR(6)	의사코드VC6	의사 코드	의사	코드				DOCTR	CD					DOCTR_CD
EMR 차트 마스터	EMR_CHART_MASTER	STATUS	CHAR(1)	구분VC1	입원 상태 구분	입원	상태	구분			ADMI	STTUS	SE				ADMI_STTUS_SE
EMR 차트 마스터	EMR_CHART_MASTER	ENTERDATE	DATE	일자VC8	작성 일자	작성	일자				DRUP	DT					DRUP_DT
EMR 차트 마스터	EMR_CHART_MASTER	INTIME	DATE	일시DT	입원 일시	입원	일시				ADMI	DTTM					ADMI_DTTM
EMR 차트 마스터	EMR_CHART_MASTER	DCTIME	DATE	일시DT	퇴원 일시	퇴원	일시				DSCH	DTTM					DSCH_DTTM
EMR 차트 마스터	EMR_CHART_MASTER	INDEPTCODE	CHAR(4)	진료과코드VC4	입원 시 진료과 코드	입원	시	진료과	코드		ADMI	OCSN	MU+FT	CD			ADMI_OCSN_MDEPT_CD
EMR 차트 마스터	EMR_CHART_MASTER	INDRCODE	CHAR(6)	의사코드VC6	입원 시 의사 코드	입원	시	의사	코드		ADMI	OCSN	DOCTR	CD			ADMI_OCSN_DOCTR_CD
EMR 차트 마스터	EMR_CHART_MASTER	WARDCODE	CHAR(4)	코드VC20	입원 시 병동 코드	입원	시	병동	코드		ADMI	OCSN	WARD	CD			ADMI_OCSN_WARD_CD
EMR 차트 마스터	EMR_CHART_MASTER	ROOMCODE	CHAR(4)	코드VC20	입원 시 병실 코드	입원	시	병실	코드		ADMI	OCSN	PTRM	CD			ADMI_OCSN_PTRM_CD
EMR 차트 마스터	EMR_CHART_MASTER	BEDNO	NUMBER(2)	숫자형번호NM10	침대 번호	침대	번호				BED	NO					BED_NO
EMR 차트 마스터	EMR_CHART_MASTER	PART	NUMBER(6)	분류코드VC6	DRG 환자 구분 코드	DRG	환자	구분	코드		DRG	PT	SE	CD			DRG_PT_SE_CD
환자진료서식	MRR_FRM_CLNINFO	FRMCLN_KEY	NUMBER(10)	정수INM15	진료 정보 서식 키 값	진료	정보	서식	키	값	MTRT	INFO	FORM	KEY	VALUE		MTRT_INFO_FORM_KEY_VALUE
환자진료서식	MRR_FRM_CLNINFO	FRMCLN_REP_KEY	NUMBER(10)	정수INM15	진료 정보 서식 수정 키 값	진료	정보	서식	수정	키 값	MTRT	INFO	FORM	UPD	KEY	VALUE	MTRT_INFO_FORM_UPD_KEY_VALUE
환자진료서식	MRR_FRM_CLNINFO	FRM_KEY	NUMBER(10)	정수INM15	서식 키 값	서식	키	값			FORM	KEY	VALUE				FORM_KEY_VALUE
환자진료서식	MRR_FRM_CLNINFO	FRM_CD	CHAR(8)	코드VC20	서식 코드	서식	코드				FORM	CD					FORM_CD
환자진료서식	MRR_FRM_CLNINFO	PTNT_NO	VARCHAR2(10)	환자번호VC8	환자 번호	환자	번호				PT	NO					PT_NO
환자진료서식	MRR_FRM_CLNINFO	CLN_TYPE	VARCHAR2(1)	구분VC1	진료 유형 구분	진료	유형	구분			MTRT	TYPE	SE				MTRT_TYPE_SE
환자진료서식	MRR_FRM_CLNINFO	FRM_DT	DATE	일자VC8	서식 일자	서식	일자				FORM	DT					FORM_DT
환자진료서식	MRR_FRM_CLNINFO	MED_DATE	DATE	일자VC8	검진 일자	검진	일자				MDEXMN	DT					MDEXMN_DT
환자진료서식	MRR_FRM_CLNINFO	MED_TIME	DATE	일시DT	검진 일시	검진	일시				MDEXMN	DTTM					MDEXMN_DTTM
환자진료서식	MRR_FRM_CLNINFO	MED_DEPT	VARCHAR2(10)	부서코드VC4	검진 부서 코드	검진	부서	코드			MDEXMN	DEPT	CD				MDEXMN_DEPT_CD
환자진료서식	MRR_FRM_CLNINFO	MED_DR	VARCHAR2(20)	의사코드VC6	검진 의사 코드	검진	의사	코드			MDEXMN	DOCTR	CD				MDEXMN_DOCTR_CD
환자진료서식	MRR_FRM_CLNINFO	CHR_FILE_NM	VARCHAR2(100)	영문VC200	특성 파일 명	특성	파일	명			CHARTR	FILE	NM				CHARTR_FILE_NM
환자진료서식	MRR_FRM_CLNINFO	FRM_FILE_NM	VARCHAR2(200)	영문VC200	서식 파일 명	서식	파일	명			FORM	FILE	NM				FORM_FILE_NM
환자진료서식	MRR_FRM_CLNINFO	ESIGN_FILE_NM	VARCHAR2(100)	영문VC200	전자서명 파일 명	전자서명	파일	명			DGSG	FILE	NM				DGSG_FILE_NM
환자진료서식	MRR_FRM_CLNINFO	READ_GB	CHAR(1)	여부VC1	판독 구분	판독	구분				INTPR	SE					INTPR_SE
환자진료서식	MRR_FRM_CLNINFO	VLD_GB	CHAR(1)	여부VC1	유효 여부	유효	여부				VALID	YN					VALID_YN
환자진료서식	MRR_FRM_CLNINFO	HOS_CD	VARCHAR2(10)	코드VC20	병원 코드	병원	코드				HSPTL	CD					HSPTL_CD
환자진료서식	MRR_FRM_CLNINFO	DEPT_CD	VARCHAR2(10)	부서코드VC4	작성 부서 코드	작성	부서	코드			DRUP	DEPT	CD				DRUP_DEPT_CD
환자진료서식	MRR_FRM_CLNINFO	ENT_IP	VARCHAR2(20)	IP주소VC15	등록자 IP주소	등록자	IP주소				REGISTNT	IPADDR					REGISTNT_IPADDR
환자진료서식	MRR_FRM_CLNINFO	ESIGN_EMPL_NO	VARCHAR2(20)	문자형번호VC20	전자서명 사번	전자서명	사번				DGSG	EMPNO					DGSG_EMPNO
환자진료서식	MRR_FRM_CLNINFO	ESIGN_TRGT_EMPL_NO	VARCHAR2(20)	문자형번호VC20	공동 서명 대상자 직원 번호	공동	서명	직원	번호		COPERTN	SINT	TRPP	EMPL	NO		DGSG_TRPP_EMPL_NO
환자진료서식	MRR_FRM_CLNINFO	CDESIGN_EMPL_NO	VARCHAR2(20)	문자형번호VC20	공동 서명 직원 번호	공동	서명	직원	번호		COPERTN	SINT	EMPL	NO			COPERTN_SINT_EMPL_NO
환자진료서식	MRR_FRM_CLNINFO	CDESIGN_FILE_NM	VARCHAR2(100)	영문VC200	공동 서명 파일 명	공동	서명	파일	명		COPERTN	SINT	FILE	NM			COPERTN_SINT_FILE_NM
환자진료서식	MRR_FRM_CLNINFO	FILE_PATH	VARCHAR2(100)	경로영VC200	파일 경로	파일	경로				FILE	ROUT					FILE_ROUT
환자진료서식	MRR_FRM_CLNINFO	FRM_MFY_YN	VARCHAR2(1)	여부VC1	서식 수정 여부	서식	수정	여부			FORM	UPD	YN				FORM_UPD_YN
환자진료서식	MRR_FRM_CLNINFO	ORD_NO	NUMBER(10)	숫자형번호NM10	오더 번호	오더	번호				ORDER	NO					ORDER_NO
환자진료서식	MRR_FRM_CLNINFO	ORD_SEQ_NO	NUMBER(10)	숫자형번호NM10	오더 순번	오더	순번				ORDER	SEQNO					ORDER_SEQNO
환자진료서식	MRR_FRM_CLNINFO	OP_DATE	DATE	일시DT	수술 일자	수술	일자				OPRT	DTTM					OPRT_DTTM

다음은 원본(기존 시스템 DB 메타데이터)의 컬럼명을 이루는 영문 약어를 구분자 '_'(underbar)를 기준으로 분리한 모습이다.

📧 'EMR 차트 마스터' 컬럼 영문 약어 분리

엔터티명	테이블명	컬럼명	컬럼 Comments	영문약어1	약어2	약어3	약어4	약어5	데이타타입
EMR 차트 마스터	EMR_CHART_MASTER	PTNO	등록번호	PTNO					CHAR(8)
EMR 차트 마스터	EMR_CHART_MASTER	INDATE	입원일자	INDATE					DATE
EMR 차트 마스터	EMR_CHART_MASTER	DCDATE	퇴원일자	DCDATE					DATE
EMR 차트 마스터	EMR_CHART_MASTER	GBIO	입원구분	GBIO					CHAR(1)
EMR 차트 마스터	EMR_CHART_MASTER	DEPTCODE	진료과	DEPTCODE					CHAR(4)
EMR 차트 마스터	EMR_CHART_MASTER	DRCODE		DRCODE					CHAR(6)
EMR 차트 마스터	EMR_CHART_MASTER	STATUS	입원 상태	STATUS					CHAR(1)
EMR 차트 마스터	EMR_CHART_MASTER	ENTERDATE	작성일자	ENTERDATE					DATE
EMR 차트 마스터	EMR_CHART_MASTER	INTIME	입원시각	INTIME					DATE
EMR 차트 마스터	EMR_CHART_MASTER	DCTIME	퇴원시각	DCTIME					DATE
EMR 차트 마스터	EMR_CHART_MASTER	INDEPTCODE	입원시-진료과	INDEPTCODE					CHAR(4)
EMR 차트 마스터	EMR_CHART_MASTER	INDRCODE	입원시-의사코드	INDRCODE					CHAR(6)
EMR 차트 마스터	EMR_CHART_MASTER	WARDCODE	입원시-병동	WARDCODE					CHAR(4)
EMR 차트 마스터	EMR_CHART_MASTER	ROOMCODE	입원시-호실	ROOMCODE					CHAR(4)
EMR 차트 마스터	EMR_CHART_MASTER	BEDNO	입원시-침상번호	BEDNO					NUMBER(2)
EMR 차트 마스터	EMR_CHART_MASTER	PART	DRG 환자 여부	PART					VARCHAR2(6)

🗨 '환자진료서식' 컬럼 영문 약어 분리

엔티티명	테이블명	컬럼명	컬럼 Comments	영문약어1	약어2	약어3	약어4	약어5	데이터타입
환자진료서식	MRR_FRM_CLNINFO	FRMCLN_KEY		FRMCLN	KEY				NUMBER(10)
환자진료서식	MRR_FRM_CLNINFO	FRMCLN_REP_KEY		FRMCLN	REP	KEY			NUMBER(10)
환자진료서식	MRR_FRM_CLNINFO	FRM_KEY		FRM	KEY				NUMBER(10)
환자진료서식	MRR_FRM_CLNINFO	FRM_CD		FRM	CD				CHAR(8)
환자진료서식	MRR_FRM_CLNINFO	PTNT_NO		PTNT	NO				VARCHAR2(10)
환자진료서식	MRR_FRM_CLNINFO	CLN_TYPE		CLN	TYPE				VARCHAR2(1)
환자진료서식	MRR_FRM_CLNINFO	FRM_DT		FRM	DT				DATE
환자진료서식	MRR_FRM_CLNINFO	MED_DATE		MED	DATE				DATE
환자진료서식	MRR_FRM_CLNINFO	MED_TIME		MED	TIME				DATE
환자진료서식	MRR_FRM_CLNINFO	MED_DEPT		MED	DEPT				VARCHAR2(10)
환자진료서식	MRR_FRM_CLNINFO	MED_DR		MED	DR				VARCHAR2(20)
환자진료서식	MRR_FRM_CLNINFO	CHR_FILE_NM		CHR	FILE	NM			VARCHAR2(100)
환자진료서식	MRR_FRM_CLNINFO	FRM_FILE_NM		FRM	FILE	NM			VARCHAR2(100)
환자진료서식	MRR_FRM_CLNINFO	ESIGN_FILE_NM		ESIGN	FILE	NM			VARCHAR2(100)
환자진료서식	MRR_FRM_CLNINFO	READ_GB		READ	GB				CHAR(1)
환자진료서식	MRR_FRM_CLNINFO	VLD_GB		VLD	GB				CHAR(1)
환자진료서식	MRR_FRM_CLNINFO	HOS_CD		HOS	CD				VARCHAR2(10)
환자진료서식	MRR_FRM_CLNINFO	DEPT_CD		DEPT	CD				VARCHAR2(10)
환자진료서식	MRR_FRM_CLNINFO	ENT_IP		ENT	IP				VARCHAR2(20)
환자진료서식	MRR_FRM_CLNINFO	ESIGN_EMPL_NO		ESIGN	EMPL	NO			VARCHAR2(20)
환자진료서식	MRR_FRM_CLNINFO	ESIGN_TRGT_EMPL_NO		ESIGN	TRGT	EMPL	NO		VARCHAR2(20)
환자진료서식	MRR_FRM_CLNINFO	COESIGN_TRGT_EMPL_NO		COESIGN	TRGT	EMPL	NO		VARCHAR2(20)
환자진료서식	MRR_FRM_CLNINFO	COESIGN_EMPL_NO		COESIGN	EMPL	NO			VARCHAR2(20)
환자진료서식	MRR_FRM_CLNINFO	COESIGN_FILE_NM		COESIGN	FILE	NM			VARCHAR2(100)
환자진료서식	MRR_FRM_CLNINFO	FILE_PATH		FILE	PATH				VARCHAR2(100)
환자진료서식	MRR_FRM_CLNINFO	FRM_MFY_YN		FRM	MFY	YN			VARCHAR2(1)
환자진료서식	MRR_FRM_CLNINFO	ORD_NO		ORD	NO				NUMBER(10)
환자진료서식	MRR_FRM_CLNINFO	ORD_SEQ_NO		ORD	SEQ	NO			NUMBER(10)
환자진료서식	MRR_FRM_CLNINFO	OP_DATE		OP	DATE				DATE
환자진료서식	MRR_FRM_CLNINFO	OP_SEQ		OP	SEQ				NUMBER(10)
환자진료서식	MRR_FRM_CLNINFO	ENT_EMPL_NO		ENT	EMPL	NO			VARCHAR2(20)
환자진료서식	MRR_FRM_CLNINFO	ENT_DT		ENT	DT				DATE
환자진료서식	MRR_FRM_CLNINFO	MFY_EMPL_NO		MFY	EMPL	NO			VARCHAR2(20)
환자진료서식	MRR_FRM_CLNINFO	MFY_DT		MFY	DT				DATE
환자진료서식	MRR_FRM_CLNINFO	CONFIRM_GB		CONFIRM	GB				CHAR(1)
환자진료서식	MRR_FRM_CLNINFO	CONFIRM_DATE		CONFIRM	DATE				DATE
환자진료서식	MRR_FRM_CLNINFO	RTF_FILE_NM		RTF	FILE	NM			VARCHAR2(100)
환자진료서식	MRR_FRM_CLNINFO	FILE_SVR_URL		FILE	SVR	URL			VARCHAR2(100)
환자진료서식	MRR_FRM_CLNINFO	TEST		TEST					CHAR(1)
환자진료서식	MRR_FRM_CLNINFO	CHOS_NO		CHOS	NO				NUMBER(5)
환자진료서식	MRR_FRM_CLNINFO	MFY_IP		MFY	IP				VARCHAR2(40)

📋 '입원환자처방전' 컬럼 영문 약어 분리

엔터티명	테이블명	컬럼명	컬럼 Comments	영문약어1	약어2	약어3	약어4	약어5	데이터타입
입원환자처방전	TWOCS_IORDER	PTNO	병록번호	PTNO					CHAR(8)
입원환자처방전	TWOCS_IORDER	BDATE	발생일자	BDATE					DATE
입원환자처방전	TWOCS_IORDER	SEQNO	오더입력 일련번호	SEQNO					NUMBER(8)
입원환자처방전	TWOCS_IORDER	DEPTCODE	진료과목	DEPTCODE					CHAR(4)
입원환자처방전	TWOCS_IORDER	DRCODE	의사코드	DRCODE					CHAR(6)
입원환자처방전	TWOCS_IORDER	STAFFID	주치의 ID	STAFFID					CHAR(6)
입원환자처방전	TWOCS_IORDER	SLIPNO	SLIP NO	SLIPNO					CHAR(4)
입원사서방친	TWOCS_IORDER	ORDERCODE	오더코드	ORDERCODE					CHAR(8)
입원환자처방전	TWOCS_IORDER	SUCODE	수가코드	SUCODE					CHAR(8)
입원환자처방전	TWOCS_IORDER	BUN	분류	BUN					CHAR(2)
입원환자처방전	TWOCS_IORDER	GBORDER	오더구분	GBORDER					CHAR(1)
입원환자처방전	TWOCS_IORDER	CONTENTS		CONTENTS					NUMBER(6,2)
입원환자처방전	TWOCS_IORDER	BCONTENTS		BCONTENTS					NUMBER(6,2)
입원환자처방전	TWOCS_IORDER	REALQTY	오더수량	REALQTY					CHAR(6)
입원환자처방전	TWOCS_IORDER	QTY	사용수량	QTY					NUMBER(6,2)
입원환자처방전	TWOCS_IORDER	REALNAL	오더일수	REALNAL					NUMBER(3)
입원환자처방전	TWOCS_IORDER	NAL	사용일수	NAL					NUMBER(3)
입원환자처방전	TWOCS_IORDER	DOSCODE	용법코드	DOSCODE					CHAR(8)
입원환자처방전	TWOCS_IORDER	GBINFO	검사방법	GBINFO					VARCHAR2(20)
입원환자처방전	TWOCS_IORDER	GBSELF	급여구분	GBSELF					CHAR(1)
입원환자처방전	TWOCS_IORDER	GBSPC	특진여부	GBSPC					CHAR(1)
입원환자처방전	TWOCS_IORDER	GBNGT	야간 및 수술 구분	GBNGT					CHAR(1)
입원환자처방전	TWOCS_IORDER	GBER	응급구분	GBER					CHAR(1)
입원환자처방전	TWOCS_IORDER	GBPRN	??구분	GBPRN					CHAR(1)
입원환자처방전	TWOCS_IORDER	GBDIV	투약 및 주사횟수	GBDIV					NUMBER(4,1)
입원환자처방전	TWOCS_IORDER	GBBOTH	주사행위구분	GBBOTH					CHAR(1)
입원환자처방전	TWOCS_IORDER	GBACT	Acting여부	GBACT					CHAR(1)
입원환자처방전	TWOCS_IORDER	GBTFLAG	퇴원약구분	GBTFLAG					CHAR(1)
입원환자처방전	TWOCS_IORDER	GBSEND	전송여부	GBSEND					CHAR(1)
입원환자처방전	TWOCS_IORDER	GBPOSITION	전송위치	GBPOSITION					VARCHAR2(4)
입원환자처방전	TWOCS_IORDER	GBSTATUS	입력구분	GBSTATUS					VARCHAR2(2)
입원환자처방전	TWOCS_IORDER	NURSEID	병동 DC및 처치 오더간호사	NURSEID					CHAR(8)
입원환자처방전	TWOCS_IORDER	ENTDATE	입력일자	ENTDATE					DATE
입원환자처방전	TWOCS_IORDER	WARDCODE	병동코드	WARDCODE					CHAR(4)
입원환자처방전	TWOCS_IORDER	ROOMCODE	병실코드	ROOMCODE					CHAR(4)
입원환자처방전	TWOCS_IORDER	BI	환자구분	BI					CHAR(2)
입원환자처방전	TWOCS_IORDER	ORDERNO	오더 No	ORDERNO					NUMBER
입원환자처방전	TWOCS_IORDER	REMARK	비고	REMARK					VARCHAR2(200)
입원환자처방전	TWOCS_IORDER	ACTDATE	회계일자	ACTDATE					DATE
입원환자처방전	TWOCS_IORDER	GBGROUP	주사,투약의 Mix Group Number	GBGROUP					CHAR(2)
입원환자처방전	TWOCS_IORDER	GBPORT	Portable여부	GBPORT					CHAR(1)
입원환자처방전	TWOCS_IORDER	ORDERSITE	오더입력 부서	ORDERSITE					VARCHAR2(4)
입원환자처방전	TWOCS_IORDER	GBPRT1	프린트구분1	GBPRT1					CHAR(1)
입원환자처방전	TWOCS_IORDER	GBPRT2	프린트구분2	GBPRT2					CHAR(1)
입원환자처방전	TWOCS_IORDER	PARMATC	약국 ATC	PARMATC					CHAR(4)
입원환자처방전	TWOCS_IORDER	RETWARDQTY	병동반납수량	RETWARDQTY					NUMBER(6,2)
입원환자처방전	TWOCS_IORDER	RETWARDNAL	병동반납날수	RETWARDNAL					NUMBER(3)
입원환자처방전	TWOCS_IORDER	RETWARD	반납사유	RETWARD					CHAR(1)
입원환자처방전	TWOCS_IORDER	RETPARMQTY	약국DC수량	RETPARMQTY					NUMBER(6,2)
입원환자처방전	TWOCS_IORDER	RETPARMNAL		RETPARMNAL					NUMBER(6,2)
입원환자처방전	TWOCS_IORDER	RETPARM	1,2,0,null	RETPARM					CHAR(1)
입원환자처방전	TWOCS_IORDER	GBSEL	선택진료비대상여부	GBSEL					CHAR(1)
입원환자처방전	TWOCS_IORDER	EMRKEY1	의무기록사본처방Key	EMRKEY1					NUMBER
입원환자처방전	TWOCS_IORDER	EMRKEY2	간호진술문처방Key	EMRKEY2					NUMBER
입원환자처방전	TWOCS_IORDER	RDATE	검사예약일자	RDATE					DATE

📋 '환자마스터' 컬럼 영문 약어 분리

엔티티명	테이블명	컬럼명	컬럼 Comments	영문약어1	약어2	약어3	약어4	약어5	데이터타입
환자마스터	TWBAS_PATIENT	PTNO		PTNO					CHAR(8)
환자마스터	TWBAS_PATIENT	SNAME		SNAME					VARCHAR2(40)
환자마스터	TWBAS_PATIENT	SEX		SEX					CHAR(1)
환자마스터	TWBAS_PATIENT	BIRTHDATE		BIRTHDATE					DATE
환자마스터	TWBAS_PATIENT	JUMIN1		JUMIN1					CHAR(6)
환자마스터	TWBAS_PATIENT	JUMIN2		JUMIN2					CHAR(7)
환자마스터	TWBAS_PATIENT	STARTDATE		STARTDATE					DATE
환자마스터	TWBAS_PATIENT	LASTDATE		LASTDATE					DATE
환자마스터	TWBAS_PATIENT	POSTCODE1		POSTCODE1					CHAR(3)
환자마스터	TWBAS_PATIENT	POSTCODE2		POSTCODE2					CHAR(3)
환자마스터	TWBAS_PATIENT	JUSO		JUSO					VARCHAR2(40)
환자마스터	TWBAS_PATIENT	JIYUKCODE		JIYUKCODE					CHAR(2)
환자마스터	TWBAS_PATIENT	TEL		TEL					VARCHAR2(14)
환자마스터	TWBAS_PATIENT	SABUN		SABUN					VARCHAR2(8)
환자마스터	TWBAS_PATIENT	EMBPRT		EMBPRT					CHAR(1)
환자마스터	TWBAS_PATIENT	BI		BI					CHAR(2)
환자마스터	TWBAS_PATIENT	PNAME		PNAME					VARCHAR2(10)
환자마스터	TWBAS_PATIENT	GBGWANGE		GBGWANGE					CHAR(1)
환자마스터	TWBAS_PATIENT	KIHO		KIHO					VARCHAR2(12)
환자마스터	TWBAS_PATIENT	GKIHO		GKIHO					VARCHAR2(18)
환자마스터	TWBAS_PATIENT	GBAREA		GBAREA					CHAR(1)
환자마스터	TWBAS_PATIENT	AREADATE		AREADATE					DATE
환자마스터	TWBAS_PATIENT	KIDNEYOPDATE		KIDNEYOPDATE					DATE
환자마스터	TWBAS_PATIENT	CHECKFLAG		CHECKFLAG					CHAR(1)
환자마스터	TWBAS_PATIENT	CHECKREMARK		CHECKREMARK					VARCHAR2(40)
환자마스터	TWBAS_PATIENT	GBBOHUN		GBBOHUN					CHAR(1)
환자마스터	TWBAS_PATIENT	RELIGION		RELIGION					CHAR(1)
환자마스터	TWBAS_PATIENT	DEPTCODE		DEPTCODE					CHAR(4)
환자마스터	TWBAS_PATIENT	DRCODE		DRCODE					CHAR(6)
환자마스터	TWBAS_PATIENT	GBSPC		GBSPC					CHAR(8)
환자마스터	TWBAS_PATIENT	GBGAMEK		GBGAMEK					CHAR(1)
환자마스터	TWBAS_PATIENT	REMARK		REMARK					VARCHAR2(50)
환자마스터	TWBAS_PATIENT	JINILSU		JINILSU					NUMBER(3)
환자마스터	TWBAS_PATIENT	JINAMT		JINAMT					NUMBER(6)
환자마스터	TWBAS_PATIENT	TUYAKGWA		TUYAKGWA					CHAR(2)
환자마스터	TWBAS_PATIENT	TUYAKMONTH		TUYAKMONTH					CHAR(2)
환자마스터	TWBAS_PATIENT	TUYAKJULDATE		TUYAKJULDATE					NUMBER(3)
환자마스터	TWBAS_PATIENT	TUYAKILSU		TUYAKILSU					NUMBER(3)
환자마스터	TWBAS_PATIENT	CONSULT		CONSULT					VARCHAR2(30)
환자마스터	TWBAS_PATIENT	CONSHOSPI		CONSHOSPI					VARCHAR2(30)
환자마스터	TWBAS_PATIENT	CONSAN		CONSAN					VARCHAR2(30)
환자마스터	TWBAS_PATIENT	CONSDOCTOR		CONSDOCTOR					VARCHAR2(10)
환자마스터	TWBAS_PATIENT	CONSILL		CONSILL					VARCHAR2(30)
환자마스터	TWBAS_PATIENT	CONSAREA		CONSAREA					VARCHAR2(10)
환자마스터	TWBAS_PATIENT	CONSDATE		CONSDATE					DATE
환자마스터	TWBAS_PATIENT	TEL1		TEL1					VARCHAR2(14)
환자마스터	TWBAS_PATIENT	TEL2		TEL2					VARCHAR2(14)
환자마스터	TWBAS_PATIENT	EMAIL		EMAIL					VARCHAR2(30)
환자마스터	TWBAS_PATIENT	PJUMIN		PJUMIN					CHAR(13)
환자마스터	TWBAS_PATIENT	BNAME		BNAME					VARCHAR2(10)
환자마스터	TWBAS_PATIENT	BTEL		BTEL					VARCHAR2(14)
환자마스터	TWBAS_PATIENT	CANCER_ID		CANCER	ID				VARCHAR2(15)
환자마스터	TWBAS_PATIENT	CANCER_DATE		CANCER	DATE				DATE
환자마스터	TWBAS_PATIENT	CANCER_ID2		CANCER	ID2				VARCHAR2(15)
환자마스터	TWBAS_PATIENT	CANCER_DATE2		CANCER	DATE2				DATE

'환자진료서식' 테이블을 제외하면 구분자가 없으므로 컬럼명 자체가 첫 번째 영문 약어가 되었다. 컬럼명을 영문 약어로 분리하는 목적은 개개의 영문 약어들의 의미를 먼저 파악하는 것이 (영문 약어의 조합으로 구성된) 컬럼의 의미 파악에 있어 더 쉬운 접근 방법이기 때문이다. 하지만 보이는 바와 같이 컬럼명이 구분자 없이 한 단어처럼 정의된 테이블들이 많았다.

Case Study: K 병원 임상 데이터 표준화

③ 속성명(표준 용어) 정의

데이터 표준화의 방점은 용어 정의에 있음을 강조했다. DB 메타데이터에서 속성명은 곧 용어다. 의료용어에 익숙하지 않고 기존 시스템 데이터 모델 설계자의 협조가 불가능한 조건에서 속성명을 사용자가 알기 쉬운 용어로 표준화하는 일은 인내를 요하는 일이다. 컬럼의 의미 파악을 위해 유사한 컬럼명들에 대한 데이터 값을 수없이 select하여 비교하며 종합하는 과정을 통해 최적의 속성명을 표준 용어로 정의하였다. (우측 끝 열)

📋 'EMR 차트 마스터' 속성명 표준화

엔티티명	테이블명	컬럼명	컬럼 Comments	영문약어1	약어2	약어3	약어4	약어5	데이터타입	표준용어명
EMR 차트 마스터	EMR_CHART_MASTER	PTNO	등록번호	PTNO					CHAR(8)	환자 번호
EMR 차트 마스터	EMR_CHART_MASTER	INDATE	입원일자	INDATE					DATE	입원 일자
EMR 차트 마스터	EMR_CHART_MASTER	DCDATE	퇴원일자	DCDATE					DATE	퇴원 일자
EMR 차트 마스터	EMR_CHART_MASTER	GBIO	입원구분	GBIO					CHAR(1)	입원 구분
EMR 차트 마스터	EMR_CHART_MASTER	DEPTCODE	진료과	DEPTCODE					CHAR(4)	진료과 코드
EMR 차트 마스터	EMR_CHART_MASTER	DRCODE		DRCODE					CHAR(6)	의사 코드
EMR 차트 마스터	EMR_CHART_MASTER	STATUS	입원 상태	STATUS					CHAR(1)	입원 상태 구분
EMR 차트 마스터	EMR_CHART_MASTER	ENTERDATE	작성일자	ENTERDATE					DATE	작성 일자
EMR 차트 마스터	EMR_CHART_MASTER	INTIME	입원시각	INTIME					DATE	입원 일시
EMR 차트 마스터	EMR_CHART_MASTER	DCTIME	퇴원시각	DCTIME					DATE	퇴원 일시
EMR 차트 마스터	EMR_CHART_MASTER	INDEPTCODE	입원시-진료과	INDEPTCODE					CHAR(4)	입원 시 진료과 코드
EMR 차트 마스터	EMR_CHART_MASTER	INDRCODE	입원시-의사코드	INDRCODE					CHAR(6)	입원 시 의사 코드
EMR 차트 마스터	EMR_CHART_MASTER	WARDCODE	입원시-병동	WARDCODE					CHAR(4)	입원 시 병동 코드
EMR 차트 마스터	EMR_CHART_MASTER	ROOMCODE	입원시-호실	ROOMCODE					CHAR(4)	입원 시 병실 코드
EMR 차트 마스터	EMR_CHART_MASTER	BEDNO	입원시-침상번호	BEDNO					NUMBER(2)	침대 번호
EMR 차트 마스터	EMR_CHART_MASTER	PART	DRG 환자 여부	PART					VARCHAR2(6)	DRG 환자 구분 코드

'환자진료서식' 속성명 표준화

엔터티명	테이블명	컬럼명	컬럼 Comments	영문약어1	약어2	약어3	약어4	약어5	데이터타입	표준용어명
환자진료서식	MRR_FRM_CLNINFO	FRMCLN_KEY		FRMCLN	KEY				NUMBER(10)	진료 정보 서식 키 값
환자진료서식	MRR_FRM_CLNINFO	FRMCLN_REP_KEY		FRMCLN	REP	KEY			NUMBER(10)	진료 정보 서식 수정 키 값
환자진료서식	MRR_FRM_CLNINFO	FRM_KEY		FRM	KEY				NUMBER(10)	서식 키 값
환자진료서식	MRR_FRM_CLNINFO	FRM_CD		FRM	CD				CHAR(8)	서식 코드
환자진료서식	MRR_FRM_CLNINFO	PTNT_NO		PTNT	NO				VARCHAR2(10)	환자 번호
환자진료서식	MRR_FRM_CLNINFO	CLN_TYPE		CLN	TYPE				VARCHAR2(1)	진료 유형 구분
환자진료서식	MRR_FRM_CLNINFO	FRM_DT		FRM	DT				DATE	서식 일자
환자진료서식	MRR_FRM_CLNINFO	MED_DATE		MED	DATE				DATE	검진 일자
환자진료서식	MRR_FRM_CLNINFO	MED_TIME		MED	TIME				DATE	검진 일시
환자진료서식	MRR_FRM_CLNINFO	MED_DEPT		MED	DEPT				VARCHAR2(10)	검진 부서 코드
환자진료서식	MRR_FRM_CLNINFO	MED_DR		MED	DR				VARCHAR2(20)	검진 의사 코드
환자진료서식	MRR_FRM_CLNINFO	CHR_FILE_NM		CHR	FILE	NM			VARCHAR2(100)	특성 파일 명
환자진료서식	MRR_FRM_CLNINFO	FRM_FILE_NM		FRM	FILE	NM			VARCHAR2(100)	서식 파일 명
환자진료서식	MRR_FRM_CLNINFO	ESIGN_FILE_NM		ESIGN	FILE	NM			VARCHAR2(100)	전자서명 파일 명
환자진료서식	MRR_FRM_CLNINFO	READ_GB		READ	GB				CHAR(1)	판독 구분
환자진료서식	MRR_FRM_CLNINFO	VLD_GB		VLD	GB				CHAR(1)	유효 여부
환자진료서식	MRR_FRM_CLNINFO	HOS_CD		HOS	CD				VARCHAR2(10)	병원 코드
환자진료서식	MRR_FRM_CLNINFO	DEPT_CD		DEPT	CD				VARCHAR2(10)	작성 부서 코드
환자진료서식	MRR_FRM_CLNINFO	ENT_IP		ENT	IP				VARCHAR2(20)	등록자 IP주소
환자진료서식	MRR_FRM_CLNINFO	ESIGN_EMPL_NO		ESIGN	EMPL	NO			VARCHAR2(20)	전자서명 사번
환자진료서식	MRR_FRM_CLNINFO	ESIGN_TRGT_EMPL_NO		ESIGN	TRGT	EMPL	NO		VARCHAR2(20)	전자서명 대상자 직원 번호
환자진료서식	MRR_FRM_CLNINFO	COESIGN_TRGT_EMPL_NO		COESIGN	TRGT	EMPL	NO		VARCHAR2(20)	공동 서명 대상자 직원 번호
환자진료서식	MRR_FRM_CLNINFO	COESIGN_EMPL_NO		COESIGN	EMPL	NO			VARCHAR2(20)	공동 서명 직원 번호
환자진료서식	MRR_FRM_CLNINFO	COESIGN_FILE_NM		COESIGN	FILE	NM			VARCHAR2(100)	공동 서명 파일 명
환자진료서식	MRR_FRM_CLNINFO	FILE_PATH		FILE	PATH				VARCHAR2(100)	파일 경로
환자진료서식	MRR_FRM_CLNINFO	FRM_MFY_YN		FRM	MFY	YN			VARCHAR2(1)	서식 수정 여부
환자진료서식	MRR_FRM_CLNINFO	ORD_NO		ORD	NO				NUMBER(10)	오더 번호
환자진료서식	MRR_FRM_CLNINFO	ORD_SEQ_NO		ORD	SEQ	NO			NUMBER(10)	오더 순번
환자진료서식	MRR_FRM_CLNINFO	OP_DATE		OP	DATE				DATE	수술 일시
환자진료서식	MRR_FRM_CLNINFO	OP_SEQ		OP	SEQ				NUMBER(10)	수술 일련번호
환자진료서식	MRR_FRM_CLNINFO	ENT_EMPL_NO		ENT	EMPL	NO			VARCHAR2(20)	등록자 ID
환자진료서식	MRR_FRM_CLNINFO	ENT_DT		ENT	DT				DATE	등록일시
환자진료서식	MRR_FRM_CLNINFO	MFY_EMPL_NO		MFY	EMPL	NO			VARCHAR2(20)	수정자 ID
환자진료서식	MRR_FRM_CLNINFO	MFY_DT		MFY	DT				DATE	수정일시
환자진료서식	MRR_FRM_CLNINFO	CONFIRM_GB		CONFIRM	GB				CHAR(1)	확인 구분
환자진료서식	MRR_FRM_CLNINFO	CONFIRM_DATE		CONFIRM	DATE				DATE	확인 일시
환자진료서식	MRR_FRM_CLNINFO	RTF_FILE_NM		RTF	FILE	NM			VARCHAR2(100)	치료 파일 명
환자진료서식	MRR_FRM_CLNINFO	FILE_SVR_URL		FILE	SVR	URL			VARCHAR2(100)	파일 서버 URL
환자진료서식	MRR_FRM_CLNINFO	TEST		TEST					CHAR(1)	시험 여부
환자진료서식	MRR_FRM_CLNINFO	CHOS_NO		CHOS	NO				NUMBER(5)	선택진료 번호
환자진료서식	MRR_FRM_CLNINFO	MFY_IP		MFY	IP				VARCHAR2(40)	수정자 IP

📋 '입원환자처방전' 속성명 표준화

엔터티명	테이블명	컬럼명	컬럼 Comments	영문약어1	약어2	약어3	약어4	약어5	데이터타입	표준용어명
입원환자처방전	TWOCS_IORDER	PTNO	병록번호	PTNO					CHAR(8)	환자 번호
입원환자처방전	TWOCS_IORDER	BDATE	발생일자	BDATE					DATE	진단 일자
입원환자처방전	TWOCS_IORDER	SEQNO	오더입력 일련번호	SEQNO					NUMBER(2)	접수 일련번호
입원환자처방전	TWOCS_IORDER	DEPTCODE	진료과목	DEPTCODE					CHAR(4)	진료과 코드
입원환자처방전	TWOCS_IORDER	DRCODE	의사코드	DRCODE					CHAR(6)	의사 코드
입원환자처방전	TWOCS_IORDER	STAFFID	주치의 ID	STAFFID					CHAR(6)	주치의 ID
입원환자처방전	TWOCS_IORDER	SLIPNO	SLIP NO	SLIPNO					CHAR(4)	슬립 번호
입원환자처방전	TWOCS_IORDER	ORDERCODE	오더코드	ORDERCODE					CHAR(8)	오더 코드
입원환자처방전	TWOCS_IORDER	SUCODE	수가코드	SUCODE					CHAR(8)	수가 코드
입원환자처방전	TWOCS_IORDER	BUN	분류	BUN					CHAR(2)	분류 코드
입원환자처방전	TWOCS_IORDER	GBORDER	오더구분	GBORDER					CHAR(1)	오더 구분
입원환자처방전	TWOCS_IORDER	CONTENTS		CONTENTS					NUMBER(6,2)	내용 구분 값
입원환자처방전	TWOCS_IORDER	BCONTENTS		BCONTENTS					NUMBER(6,2)	발생 구분 값
입원환자처방전	TWOCS_IORDER	REALQTY	오더수량	REALQTY					CHAR(6)	오더 수량
입원환자처방전	TWOCS_IORDER	QTY	사용수량	QTY					NUMBER(6,2)	수량
입원환자처방전	TWOCS_IORDER	REALNAL	오더일수	REALNAL					NUMBER(3)	오더 일수
입원환자처방전	TWOCS_IORDER	NAL	사용일수	NAL					NUMBER(3)	사용 일수
입원환자처방전	TWOCS_IORDER	DOSCODE	용법코드	DOSCODE					CHAR(8)	용법 코드
입원환자처방전	TWOCS_IORDER	GBINFO	검사방법	GBINFO					VARCHAR2(20)	검사 정보
입원환자처방전	TWOCS_IORDER	GBSELF	급여구분	GBSELF					CHAR(1)	급여 구분
입원환자처방전	TWOCS_IORDER	GBSPC	특진여부	GBSPC					CHAR(1)	특진 구분
입원환자처방전	TWOCS_IORDER	GBNGT	야간 및 수술 구분	GBNGT					CHAR(1)	당직 구분
입원환자처방전	TWOCS_IORDER	GBER	응급구분	GBER					CHAR(1)	응급 구분
입원환자처방전	TWOCS_IORDER	GBPRN	투약 및 주사횟수	GBPRN					CHAR(1)	프린트 구분
입원환자처방전	TWOCS_IORDER	GBDIV	투약 및 주사 횟수	GBDIV					NUMBER(4,1)	투약 주사 횟수
입원환자처방전	TWOCS_IORDER	GBBOTH	주사행위구분	GBBOTH					CHAR(1)	주사 행위 구분
입원환자처방전	TWOCS_IORDER	GBACT	Acting여부	GBACT					CHAR(1)	액팅 여부
입원환자처방전	TWOCS_IORDER	GBTFLAG	퇴원약구분	GBTFLAG					CHAR(1)	퇴원 약 구분
입원환자처방전	TWOCS_IORDER	GBSEND	전송여부	GBSEND					CHAR(1)	전송 여부
입원환자처방전	TWOCS_IORDER	GBPOSITION	전송위치	GBPOSITION					VARCHAR2(4)	전송 위치 명
입원환자처방전	TWOCS_IORDER	GBSTATUS	입력구분	GBSTATUS					VARCHAR2(2)	입력 구분
입원환자처방전	TWOCS_IORDER	NURSEID	병동 DC및 처치 오더간호사	NURSEID					CHAR(8)	병동 DC 처치 오더 간호사 ID
입원환자처방전	TWOCS_IORDER	ENTDATE	입력일자	ENTDATE					DATE	입력일시
입원환자처방전	TWOCS_IORDER	WARDCODE	병동코드	WARDCODE					CHAR(4)	병동 코드
입원환자처방전	TWOCS_IORDER	ROOMCODE	병실코드	ROOMCODE					CHAR(4)	병실 코드
입원환자처방전	TWOCS_IORDER	BI	환자구분	BI					CHAR(2)	환자 구분
입원환자처방전	TWOCS_IORDER	ORDERNO	오더 No	ORDERNO					NUMBER	오더 번호
입원환자처방전	TWOCS_IORDER	REMARK	비고	REMARK					VARCHAR2(200)	의사 코멘트
입원환자처방전	TWOCS_IORDER	ACTDATE	회계일자	ACTDATE					DATE	실행 일자
입원환자처방전	TWOCS_IORDER	GBGROUP	주사,투약의 Mix Group Number	GBGROUP					CHAR(2)	혼합 주사제 그룹 번호
입원환자처방전	TWOCS_IORDER	GBPORT	Portable여부	GBPORT					CHAR(1)	이동장비 여부
입원환자처방전	TWOCS_IORDER	ORDERSITE	오더입력 부서	ORDERSITE					VARCHAR2(4)	오더 입력 부서 코드
입원환자처방전	TWOCS_IORDER	GBPRT1	프린트구분1	GBPRT1					CHAR(1)	프린트 구분 1
입원환자처방전	TWOCS_IORDER	GBPRT2	프린트구분2	GBPRT2					CHAR(1)	프린트 구분 2
입원환자처방전	TWOCS_IORDER	PARMATC	약국 ATC	PARMATC					CHAR(4)	약국 ATC
입원환자처방전	TWOCS_IORDER	RETWARDQTY	병동반납수량	RETWARDQTY					NUMBER(6,2)	병동 반납 수량
입원환자처방전	TWOCS_IORDER	RETWARDNAL	병동반납날수	RETWARDNAL					NUMBER(3)	병동 반납 일수
입원환자처방전	TWOCS_IORDER	RETWARD	반납사유	RETWARD					CHAR(1)	반납 사유 구분
입원환자처방전	TWOCS_IORDER	RETPARMQTY	약국DC수량	RETPARMQTY					NUMBER(6,2)	약국 할인 수량
입원환자처방전	TWOCS_IORDER	RETPARMNAL		RETPARMNAL					NUMBER(6,2)	약국 할인 일수
입원환자처방전	TWOCS_IORDER	RETPARM	1,2,0,null	RETPARM					CHAR(1)	약국 할인 구분
입원환자처방전	TWOCS_IORDER	GBSEL	선택진료비대상여부	GBSEL					CHAR(1)	선택진료비 대상 여부
입원환자처방전	TWOCS_IORDER	EMRKEY1	의무기록사본처방Key	EMRKEY1					NUMBER	검체 이미지 서식 키 값
입원환자처방전	TWOCS_IORDER	EMRKEY2	간호진술문처방Key	EMRKEY2					NUMBER	검사 의뢰 서식 키 값

📋 '환자마스터' 속성명 표준화

엔터티명	테이블명	컬럼명	컬럼 Comments	영문약어1	약어2	약어3	약어4	약어5	데이터타입	표준용어명
환자마스터	TWBAS_PATIENT	PTNO		PTNO					CHAR(8)	환자 번호
환자마스터	TWBAS_PATIENT	SNAME		SNAME					VARCHAR2(40)	수진자 명
환자마스터	TWBAS_PATIENT	SEX		SEX					CHAR(1)	성별
환자마스터	TWBAS_PATIENT	BIRTHDATE		BIRTHDATE					DATE	생년월일
환자마스터	TWBAS_PATIENT	JUMIN1		JUMIN1					CHAR(6)	주민등록앞번호
환자마스터	TWBAS_PATIENT	JUMIN2		JUMIN2					CHAR(7)	주민등록뒷번호
환자마스터	TWBAS_PATIENT	STARTDATE		STARTDATE					DATE	시작일자
환자마스터	TWBAS_PATIENT	LASTDATE		LASTDATE					DATE	종료일자
환자마스터	TWBAS_PATIENT	POSTCODE1		POSTCODE1					CHAR(3)	우편번호 1
환자마스터	TWBAS_PATIENT	POSTCODE2		POSTCODE2					CHAR(3)	우편번호 2
환자마스터	TWBAS_PATIENT	JUSO		JUSO					VARCHAR2(40)	현주소
환자마스터	TWBAS_PATIENT	JIYUKCODE		JIYUKCODE					CHAR(2)	지역 코드
환자마스터	TWBAS_PATIENT	TEL		TEL					VARCHAR2(14)	전화번호
환자마스터	TWBAS_PATIENT	SABUN		SABUN					VARCHAR2(8)	사원 번호
환자마스터	TWBAS_PATIENT	EMBPRT		EMBPRT					CHAR(1)	출력 구분
환자마스터	TWBAS_PATIENT	BI		BI					CHAR(2)	환자 구분
환자마스터	TWBAS_PATIENT	PNAME		PNAME					VARCHAR2(10)	피보험자 성명
환자마스터	TWBAS_PATIENT	GBGWANGE		GBGWANGE					CHAR(1)	관계 구분
환자마스터	TWBAS_PATIENT	KIHO		KIHO					VARCHAR2(12)	조합 기호
환자마스터	TWBAS_PATIENT	GKIHO		GKIHO					VARCHAR2(18)	증명서 번호
환자마스터	TWBAS_PATIENT	GBAREA		GBAREA					CHAR(1)	지역 구분
환자마스터	TWBAS_PATIENT	AREADATE		AREADATE					DATE	지역 거주 일자
환자마스터	TWBAS_PATIENT	KIDNEYOPDATE		KIDNEYOPDATE					DATE	신장 수술 일자
환자마스터	TWBAS_PATIENT	CHECKFLAG		CHECKFLAG					CHAR(1)	점검 구분
환자마스터	TWBAS_PATIENT	CHECKREMARK		CHECKREMARK					VARCHAR2(40)	점검 참고사항
환자마스터	TWBAS_PATIENT	GBBOHUN		GBBOHUN					CHAR(1)	보훈 여부
환자마스터	TWBAS_PATIENT	RELIGION		RELIGION					CHAR(1)	종교 여부
환자마스터	TWBAS_PATIENT	DEPTCODE		DEPTCODE					CHAR(4)	진료과 코드
환자마스터	TWBAS_PATIENT	DRCODE		DRCODE					CHAR(6)	의사 코드
환자마스터	TWBAS_PATIENT	GBSPC		GBSPC					CHAR(8)	특진 기호
환자마스터	TWBAS_PATIENT	GBGAMEK		GBGAMEK					CHAR(1)	감액 구분
환자마스터	TWBAS_PATIENT	REMARK		REMARK					VARCHAR2(50)	코멘트
환자마스터	TWBAS_PATIENT	JINILSU		JINILSU					NUMBER(3)	진료 일수
환자마스터	TWBAS_PATIENT	JINAMT		JINAMT					NUMBER(6)	진료비
환자마스터	TWBAS_PATIENT	TUYAKGWA		TUYAKGWA					CHAR(2)	투약 과 코드
환자마스터	TWBAS_PATIENT	TUYAKMONTH		TUYAKMONTH					CHAR(2)	투약 월
환자마스터	TWBAS_PATIENT	TUYAKJULDATE		TUYAKJULDATE					NUMBER(3)	투약 일수 2
환자마스터	TWBAS_PATIENT	TUYAKILSU		TUYAKILSU					NUMBER(3)	투약 일수
환자마스터	TWBAS_PATIENT	CONSULT		CONSULT					VARCHAR2(30)	원외 의뢰 의사 관리번호
환자마스터	TWBAS_PATIENT	CONSHOSPI		CONSHOSPI					VARCHAR2(30)	원외 의뢰 병원 명
환자마스터	TWBAS_PATIENT	CONSAN		CONSAN					VARCHAR2(30)	원외 의뢰 진료 명
환자마스터	TWBAS_PATIENT	CONSDOCTOR		CONSDOCTOR					VARCHAR2(10)	원외 의뢰 의사 명
환자마스터	TWBAS_PATIENT	CONSILL		CONSILL					VARCHAR2(30)	원외 의뢰 진료 병 명
환자마스터	TWBAS_PATIENT	CONSAREA		CONSAREA					VARCHAR2(10)	원외 의뢰 진료 지역 명
환자마스터	TWBAS_PATIENT	CONSDATE		CONSDATE					DATE	원외 의뢰 진료 일자
환자마스터	TWBAS_PATIENT	TEL1		TEL1					VARCHAR2(14)	전화번호 1
환자마스터	TWBAS_PATIENT	TEL2		TEL2					VARCHAR2(14)	전화번호 2
환자마스터	TWBAS_PATIENT	EMAIL		EMAIL					VARCHAR2(30)	메일 주소
환자마스터	TWBAS_PATIENT	PJUMIN		PJUMIN					CHAR(13)	피보험자 주민등록번호
환자마스터	TWBAS_PATIENT	BNAME		BNAME					VARCHAR2(10)	분류 명
환자마스터	TWBAS_PATIENT	BTEL		BTEL					VARCHAR2(14)	본적 전화번호
환자마스터	TWBAS_PATIENT	CANCER_ID		CANCER	ID				VARCHAR2(15)	암 ID
환자마스터	TWBAS_PATIENT	CANCER_DATE		CANCER	DATE				DATE	보험환자 암 등록일자
환자마스터	TWBAS_PATIENT	CANCER_ID2		CANCER	ID2				VARCHAR2(15)	암 ID 2
환자마스터	TWBAS_PATIENT	CANCER_DATE2		CANCER	DATE2				DATE	의료급여 암 등록일자

Case Study: K 병원 임상 데이터 표준화

④ 컬럼 도메인 정의

데이터 관점에서 볼 때 도메인의 사전적 정의는 '관계형 데이터베이스에서 테이블의 각 속성이 가질 수 있는 값의 집합'이다. 구글링으로 찾아보면 나름의 개념 정의 뒤에 상황한 설명이 뒤따른다. '데이터 타입과 길이, 포맷 등이 같은 값의 집합', '속성들의 동일 정보 속성을 표현한 최소의 단위로 데이터 타입, 크기, 데이터 제약으로 구성' 등과 같은 개념 정의이다. 도메인 개념은 온전히 이해하기가 쉽지 않다. 도메인 개념이 생소한 사람은 '데이터 인식의 최소 단위인 테이블 속성이 가질 수 있는 데이터 값의 범위와 조건' 정도로 이해하면 무난할 것이다.

다음은 실제 도메인 정의서의 일부를 보여주는 예시이다.

도메인 분류	도메인	데이터 타입	도메인 설명 및 사용 예
ID	IDVC50	VARCHAR2(50)	사람을 비롯한 특정 객체를 식별하기 위해 부여되는 고유식별자 (예) 사용자 ID, 등록자 ID, 주치의 ID
금액	가격NM14	NUMBER(14)	물건의 가격에 대한 표현 (예) ~가격, ~가, ~요금 등
	금액NM16	NUMBER(16)	돈의 액수를 나타내는 수치로써 정수 값을 표현 (예) ~금액, ~금, ~액, ~비(용), ~료, ~대 등
	금액NM18.4	NUMBER(18,4)	돈의 액수에 대한 전반적인 수치를 표현 (예) ~금액, ~금, ~액, ~비(용), ~료, ~대 등
	단가NM18.6	NUMBER(18,6)	물건의 단위 당 가격 (예) ~단가
	수수료NM14	NUMBER(14)	수수료에 대한 표현 (예) ~수수료
날짜	년도VC4	VARCHAR2(4)	~년, ~년도 등 YYYY 형식의 연도를 표현 (예) 입사 년도, 사망 년도 등
	년월VC6	VARCHAR2(6)	YYYYMM 형식의 년월을 표현 (예) 발생 년월, 기준 년월 등
	분VC2	VARCHAR2(2)	분(MINUTE) 2자리로 특정 시간의 분을 표현 (예) 사망 시각 등
	분기VC1	VARCHAR2(1)	1분기/2분기/3분기/4분기 가운데 하나를 표현 (예) 분기, 분기코드
	시VC2	VARCHAR2(2)	시간(HOUR) 2자리로 특정 시(時)를 표현 (예) 취침 시간, 복용 시간 등
	시각VC6	VARCHAR2(6)	HH24MISS 형식으로 하루 중에 특정 시각을 표현 (예) 사망 시각 등
	월VC2	VARCHAR2(2)	1년 중 특정 월을 표현 (예) 통계 월, 납부 월 등
	일VC2	VARCHAR2(2)	한달 중 특정 일을 표현 (예) 결산일, 마감일 등
	일시DT	DATE	일자(YYYYMMDD)+(HHMMSS)시각을 표현하는 칼럼에 사용 (예) 검사 일시, 조치 완료 일시 등
	일자VC8	VARCHAR2(8)	YYYYMMDD 형식의 날짜를 표현 (예) 접수 일자, 등록 일자, 완료 일자 등
	적재일시TMS	TIMESTAMP	시스템에서 제공하는 일시(오라클의 경우 SYSDATE)를 적용하는 경우에 사용 (예) 검사 일시, 조치 완료 일시 등

데이터 사전(단어 사전)에는 '분류어' 또는 '도메인 단어'로 명명된 열이 있다. 날짜, 금액, 코드 등 데이터가 제한된 범위 또는 조건의 값을 갖는다는 의미를 내포하는 단어임을 표시하기 위한 열이다. 분류어로 지정되어 있는 단어를 도메인 단어라고 하며, 모든 테이블 속성은 도메인 단어가 용어의 마지막 단어로 구성되도록 정의해야 한다.

다음은 데이터 사전의 일부로써 표준 단어 정의를 보여주는 단어 사전의 예시이다. '도메인 단어 여부' 열이 'Y'인 경우 '도메인 분류명' 열에 앞 페이지 「도메인 정의서」 예시 첫 번째 열 '도메인 분류'가 기재되어 있다.

표준단어사전

NO	표준단어	영문약어	영문명	정의	도메인단어여부	도메인분류명	이음동의어	금칙어여부	출처
71	GIS	GIS	Geographic Information System	GIS. 지리정보시스템(Geographic Information System) 지도에 관한 속성 정보를 컴퓨터를 이용해서 해석하는 지도 정보 시스템	N				공공데이터공통표준
72	ID	ID	identifiable	특정한 목적에 사용되기 명에 쉽게 숫자 또는 문자의 나열	Y	ID			자체정의
73	IP주소	IP	Internet Protocol	OSI 모델의 제3계층(네트워크층)에 해당되는 프로토콜로 IP주소에 따라 다른 네트워크 간 패킷의 전송, 즉 라우팅을 위한 규약	Y	IP주소			자체정의
74	POI	POI	Points of interest	관심지점	N				자체정의
75	SMS	SMS	Short Message Service	컴퓨터, 휴대폰과 이용자들이 별도의 부가장비 없이도 간단한 단문의 메시지를 주고받을 수 있는 문자 서비스	N				공공데이터공통표준
76	URL	URL	Uniform Resource Locator	확인된 리소스가 어디에 있는지 또 그를 탐색하는 메커니즘이 어디에 있는지에 대해 규정하는 URL	N				공공데이터공통표준
77	가격	PRC	Price	물건이 지니고 있는 가치를 돈으로 나타낸 것	Y	가격			표준국어대사전
78	가구	HHLD	household	현실적으로 주거 및 생계를 같이하는 사람의 집단	N				표준국어대사전
79	가능	PSBLTY	Possibility	可能, 할 수 있거나 될 수 있음	N				공공데이터공통표준
80	가동	OPRTNG	Operating	稼動, 사람이나 기계 따위가 움직여 일함. 또는 기계 따위를 움직여 일하게 함	N				공공데이터공통표준
81	가맹점	AFA	affiliate	加盟店, 어떤 조직의 동맹이나 연맹에 든 가게나 상점	N		프랜차이즈		공공데이터공통표준
82	가사	HOUSWK	housework	家事, 살림살이에 관한 일	N				공공데이터공통표준
83	가산	ADTN	Addition	加算, 더하여 셈함. 몇 개의 수나 식 따위를 합하여 계산함. 또는 그런 셈	N				공공데이터공통표준
84	가산세	ADDTX	Additional Tax	加算稅, 규정한 세금을 납부하지 않았을 때 본래 부과된 금액에 일정 비율을 곱하여 금액을 부과하는 세금	Y	금액			공공데이터공통표준
85	가상	VR	Virtual	假想, 사실이 아니거나 사실 여부가 분명하지 않은 것을 사실이라고 가정하여 생각함	N				공공데이터공통표준
86	가시성	VSBLT	visibility	可視性, 눈에 띄는 정도를 말하며, 관련된 부분을 눈에 보이게 하고 비가시적인 것을 가시적으로 만들어 의도된 행위와 실제의 조작에 대응하도록 한다.	N				공공데이터공통표준
87	가입	JOIN	Join	加入, 조직이나 단체 따위에 들어가거나, 서비스를 제공하는 상점 따위를 신청함	N				공공데이터공통표준
88	가족	FAM	Family	家族, 주로 부부를 중심으로 한, 친족 관계에 있는 사람들의 집단 또는 그 구성원. 혼인, 혈연, 입양 등	N				공공데이터공통표준
89	가중치	WGT	Weighted	1. 일반적으로 평균치를 산출할 때 개별적에 부여되는 중요도 2. 여러 가지 상품이나 대안 중에서 상대적인 중요성을 나타내는 수치	Y	가중치			공공데이터공통표준
90	가단	SIMPLE	simple	簡單, 단순하고 간략하다.	N				공공데이터공통표준
91	간선시설	ATLFCS	Arterial Facilities	幹線施設, 도로·상하수도·전기시설·가스시설·통신시설 및 지역난방시설 등 주택단지 안의 기간시설을 그 주택단지 밖에 있는 같은 종류의 기간시설에 연결하는 시설	N				공공데이터공통표준
92	간이	SMPLTY	simplicity	簡易, 간단하고 편리함. 물건의 내용, 형식이나 시설 따위를 줄이거나 간편하게 하여 이용하기 쉽게 한 상태.	N				공공데이터공통표준
93	간판	SIGN	sign	看板, 기관, 상점, 영업소 따위에서 이름이나 판매 상품, 업종 따위를 써서 사람들의 눈에 잘 뜨이게 걸거나 붙이는 표지	N				공공데이터공통표준
94	감가상각	DPRC	Depreciation	減價償却, 고정자산(固定資産)의 가치감소를 산정(算定)하여 그 액수를 고정자산의 금액에서 공제함과 동시에 비용으로 계상(計上)하는 절차	N				공공데이터공통표준
95	값	VL	Value	어떤 사물의 중요성이나 의의	N				공공데이터공통표준
96	강사	INSTR	Instructor	講師, 학교나 학원 따위에서 위촉을 받아 강의를 하는 사람	N				표준국어대사전
97	개방	OPEN	Open	開放, 문이나 어떠한 공간 따위를 열어 자유롭게 드나들고 이용하게 함.	N				공공데이터공통표준
98	개별	INDIV	Individual	個別, 여럿 중에서 하나씩 따로 나뉘어 있는 상태	N				공공데이터공통표준
99	개설	ESTBL	Establishment	開設, 설비나 제도 따위를 새로 마련하고 그에 관한 일을 시작함	N				공공데이터공통표준
100	개시	STRT	Start	開始, 행동이나 일 따위를 시작함	N				공공데이터공통표준
101	개업	OPBIZ	Opening of Business	開業, 영업을 처음 시작함	N				공공데이터공통표준
102	개월	MONS	month	달을 세는 단위	N				공공데이터공통표준
103	개인	INDVDL	Individual	個人, 국가나 사회, 단체 등을 구성하는 낱낱의 사람.	N				공공데이터공통표준
104	개인식별	PRIDTF	Personal Identification	個人識別, 성명을 알 수 없는 사람이나 시체의 신원을 지문, 혈액형, 발치국, 글씨 따위를 조사하여 알아내는 말	N				표준국어대사전

모든 테이블 컬럼은 반드시 하나의 도메인을 가져야 한다. 이는 데이터 표준화의 중요한 원칙이다. 도메인이 없는 기존 시스템의 모든 컬럼에 도메인을 지정하는 일은 용어 정의에 버금가게 지난한 과정이다. 컬럼을 select하여 데이터값을 일일이 확인해 볼 필요가 있기 때문이다. 기존 데이터 타입을 보고 도메인을 정할 수 있는 컬럼은 일부에 불과하다.

가장 난감한 일은 컬럼의 데이터 타입이 무색하게 엉뚱한 데이터 값이 들어가 있는 경우다. 기존 시스템에 데이터가 이렇게 엉터리로 들어가 있는 컬럼이 많을 때는 속칭 쓰레기로 불리기 마련이다. 예를 들어 데이터 타입이 VARCHAR2(100)으로 잡혀 있는 거래처명 컬럼의 데이터값이 10자리 미만의 거래처 코드가 잔뜩 들어가 있는 경우도 있고, 속성명이 '코드'로 끝나는 VARCHAR2(10) 데이터 타입을 가진 코드 도메인 컬럼을 열어 보니 코드값이 아닌 명칭이 들어가 있는 경우도 있었다.[12]

두 번째 난코스인 도메인 정의 구간을 지났다. 오른쪽 끝에 고난의 발자취가 보인다. '표준 도메인' 열에 정의된 도메인명들이다.

💬 'EMR 차트 마스터' 컬럼 도메인 정의

엔터티명	테이블명	컬럼명	컬럼 Comments	영문약어1	약어2	약어3	약어4	약어5	데이터타입	표준 컬럼명	표준 도메인
EMR 차트 마스터	EMR_CHART_MASTER	PTNO	등록번호	PTNO					CHAR(8)	환자 번호	환자번호VC8
EMR 차트 마스터	EMR_CHART_MASTER	INDATE	입원일자	INDATE					DATE	입원 일자	일자VC8
EMR 차트 마스터	EMR_CHART_MASTER	DCDATE	퇴원일자	DCDATE					DATE	퇴원 일자	일자VC8
EMR 차트 마스터	EMR_CHART_MASTER	GBIO	입원구분	GBIO					CHAR(1)	구분	구분VC1
EMR 차트 마스터	EMR_CHART_MASTER	DEPTCODE	진료과	DEPTCODE					CHAR(4)	진료과 코드	진료과코드VC4
EMR 차트 마스터	EMR_CHART_MASTER	DRCODE		DRCODE					CHAR(6)	의사 코드	의사코드VC6
EMR 차트 마스터	EMR_CHART_MASTER	STATUS	입원 상태	STATUS					CHAR(1)	입원 상태 구분	구분VC1
EMR 차트 마스터	EMR_CHART_MASTER	ENTERDATE	작성일자	ENTERDATE					DATE	작성 일자	일자VC8
EMR 차트 마스터	EMR_CHART_MASTER	INTIME	입원시각	INTIME					DATE	입원 일시	일시DT
EMR 차트 마스터	EMR_CHART_MASTER	DCTIME	퇴원시각	DCTIME					DATE	퇴원 일시	일시DT
EMR 차트 마스터	EMR_CHART_MASTER	INDEPTCODE	입원시-진료과	INDEPTCODE					CHAR(4)	입원 시 진료과 코드	진료과코드VC4
EMR 차트 마스터	EMR_CHART_MASTER	INDRCODE	입원시-의사코드	INDRCODE					CHAR(6)	입원 시 의사 코드	의사코드VC6
EMR 차트 마스터	EMR_CHART_MASTER	WARDCODE	입원시-병동	WARDCODE					CHAR(4)	입원 시 병동 코드	코드VC20
EMR 차트 마스터	EMR_CHART_MASTER	ROOMCODE	입원시-호실	ROOMCODE					CHAR(4)	입원 시 병실 코드	코드VC20
EMR 차트 마스터	EMR_CHART_MASTER	BEDNO	입원시-정상번호	BEDNO					NUMBER(2)	침대 번호	숫자형번호NM10
EMR 차트 마스터	EMR_CHART_MASTER	PART	DRG 환자 여부	PART					VARCHAR2(6)	DRG 환자 구분 코드	분류코드VC6

---

12) 이런 쓰레기 수준의 데이터를 가지고 있는 기존 시스템은 소위 '차세대'가 붙는 정보화 사업에서 데이터 표준화와 DB 재설계를 통한 대대적인 데이터 정비 작업이 이뤄져야 한다. 하지만 지난 십수 년 동안의 차세대 정보화 사업의 결과로써, 데이터 아키텍처 개선 관점에서 성공한 데이터 정비 사례는 없었다고 해도 과언이 아니다. 더욱이 최근 유행처럼 'AI'와 '빅데이터'를 사업명에 포함시켜 발주하는 정보화 사업들이 데이터 정비를 사업 요건으로 명시하지만, 데이터 아키텍처 관점에서는 실패가 기정사실화되어 있다. 데이터 아키텍처의 세 측면(구조/표준/품질) 가운데 요체인 데이터 구조 개선 측면을 외면하는 까닭이다. 기존 데이터를 새로운 모델에 맞게 이행하는 일이 지극히 어렵기 때문이다.

📋 '환자진료서식' 컬럼 도메인 정의

엔티티명	테이블명	칼럼명	칼럼 Comments	영문약어1	약어2	약어3	약어4	약어5	데이터타입	표준 칼럼명	표준 도메인
환자진료서식	MRR_FRM_CLNINFO	FRMCLN_KEY		FRMCLN	KEY				NUMBER(10)	진료 정보 서식 키 값	값NM15
환자진료서식	MRR_FRM_CLNINFO	FRMCLN_REP_KEY		FRMCLN	REP	KEY			NUMBER(10)	진료 정보 서식 수정 키 값	값NM15
환자진료서식	MRR_FRM_CLNINFO	FRM_KEY		FRM	KEY				NUMBER(10)	서식 키 값	값NM15
환자진료서식	MRR_FRM_CLNINFO	FRM_CD		FRM	CD				CHAR(8)	서식 코드	코드VC20
환자진료서식	MRR_FRM_CLNINFO	PTNT_NO		PTNT	NO				VARCHAR2(10)	환자 번호	환자번호VC8
환자진료서식	MRR_FRM_CLNINFO	CLN_TYPE		CLN	TYPE				VARCHAR2(1)	진료 유형 구분	구분VC1
환자진료서식	MRR_FRM_CLNINFO	FRM_DT		FRM	DT				DATE	서식 일자	일자VC8
환자진료서식	MRR_FRM_CLNINFO	MED_DATE		MED	DATE				DATE	검진 일자	일자VC8
환자진료서식	MRR_FRM_CLNINFO	MED_TIME		MED	TIME				DATE	검진 일시	일시DT
환자진료서식	MRR_FRM_CLNINFO	MED_DEPT		MED	DEPT				VARCHAR2(10)	검진 부서 코드	부서코드VC4
환자진료서식	MRR_FRM_CLNINFO	MED_DR		MED	DR				VARCHAR2(20)	검진 의사 코드	의사코드VC6
환자진료서식	MRR_FRM_CLNINFO	CHR_FILE_NM		CHR	FILE	NM			VARCHAR2(100)	특성 파일 명	명VC200
환자진료서식	MRR_FRM_CLNINFO	FRM_FILE_NM		FRM	FILE	NM			VARCHAR2(100)	서식 파일 명	명VC200
환자진료서식	MRR_FRM_CLNINFO	ESIGN_FILE_NM		ESIGN	FILE	NM			VARCHAR2(100)	전자서명 파일 명	명VC200
환자진료서식	MRR_FRM_CLNINFO	READ_GB		READ	GB				CHAR(1)	판독 구분	구분VC1
환자진료서식	MRR_FRM_CLNINFO	VLD_GB		VLD	GB				CHAR(1)	유효 여부	여부VC1
환자진료서식	MRR_FRM_CLNINFO	HOS_CD		HOS	CD				VARCHAR2(10)	병원 코드	코드VC20
환자진료서식	MRR_FRM_CLNINFO	DEPT_CD		DEPT	CD				VARCHAR2(10)	작성 부서 코드	부서코드VC4
환자진료서식	MRR_FRM_CLNINFO	ENT_IP		ENT	IP				VARCHAR2(20)	등록자 IP주소	IP주소VC15
환자진료서식	MRR_FRM_CLNINFO	ESIGN_EMPL_NO		ESIGN	EMPL	NO			VARCHAR2(20)	전자서명 사번	문자형번호VC20
환자진료서식	MRR_FRM_CLNINFO	ESIGN_TRGT_EMPL_NO		ESIGN	TRGT	EMPL	NO		VARCHAR2(20)	전자서명 대상자 직원 번호	문자형번호VC20
환자진료서식	MRR_FRM_CLNINFO	COESIGN_TRGT_EMPL_NO		COESIGN	TRGT	EMPL	NO		VARCHAR2(20)	공동 서명 대상자 직원 번호	문자형번호VC20
환자진료서식	MRR_FRM_CLNINFO	COESIGN_EMPL_NO		COESIGN	EMPL	NO			VARCHAR2(20)	공동 서명 직원 번호	문자형번호VC20
환자진료서식	MRR_FRM_CLNINFO	COESIGN_FILE_NM		COESIGN	FILE	NM			VARCHAR2(100)	공동 서명 파일 명	명VC200
환자진료서식	MRR_FRM_CLNINFO	FILE_PATH		FILE	PATH				VARCHAR2(100)	파일 경로	경로명VC200
환자진료서식	MRR_FRM_CLNINFO	FRM_MFY_YN		FRM	MFY	YN			VARCHAR2(1)	서식 수정 여부	여부VC1
환자진료서식	MRR_FRM_CLNINFO	ORD_NO		ORD	NO				NUMBER(10)	오더 번호	숫자형번호NM10
환자진료서식	MRR_FRM_CLNINFO	ORD_SEQ_NO		ORD	SEQ	NO			NUMBER(10)	오더 순번	숫자형번호NM10
환자진료서식	MRR_FRM_CLNINFO	OP_DATE		OP	DATE				DATE	수술 일시	일시DT
환자진료서식	MRR_FRM_CLNINFO	OP_SEQ		OP	SEQ				NUMBER(10)	수술 일련번호	일련번호VC10
환자진료서식	MRR_FRM_CLNINFO	ENT_EMPL_NO		ENT	EMPL	NO			VARCHAR2(20)	등록자 ID	IDVC50
환자진료서식	MRR_FRM_CLNINFO	ENT_DT		ENT	DT				DATE	등록 일시	일시DT
환자진료서식	MRR_FRM_CLNINFO	MFY_EMPL_NO		MFY	EMPL	NO			VARCHAR2(20)	수정자 ID	IDVC50
환자진료서식	MRR_FRM_CLNINFO	MFY_DT		MFY	DT				DATE	수정 일시	일시DT
환자진료서식	MRR_FRM_CLNINFO	CONFIRM_GB		CONFIRM	GB				CHAR(1)	확인 구분	구분VC1
환자진료서식	MRR_FRM_CLNINFO	CONFIRM_DATE		CONFIRM	DATE				DATE	확인 일시	일시DT
환자진료서식	MRR_FRM_CLNINFO	RTF_FILE_NM		RTF	FILE	NM			VARCHAR2(100)	치료 파일 명	명VC200
환자진료서식	MRR_FRM_CLNINFO	FILE_SVR_URL		FILE	SVR	URL			VARCHAR2(100)	파일 서버 URL	경로명VC200
환자진료서식	MRR_FRM_CLNINFO	TEST		TEST					CHAR(1)	시험 여부	여부VC1
환자진료서식	MRR_FRM_CLNINFO	CHOS_NO		CHOS	NO				NUMBER(5)	선택진료 번호	숫자형번호NM10
환자진료서식	MRR_FRM_CLNINFO	MFY_IP		MFY	IP				VARCHAR2(40)	수정자 IP	IP주소VC15

📨 '입원환자처방전' 컬럼 도메인 정의

엔티티명	테이블명	컬럼명	컬럼 Comments	영문약어1	약어2	약어3	약어4	약어5	데이터타입	표준 컬럼명	표준 도메인
입원환자처방전	TWOCS_IORDER	PTNO	병록번호	PTNO					CHAR(8)	환자 번호	환자번호VC8
입원환자처방전	TWOCS_IORDER	BDATE	발생일자	BDATE					DATE	진단 일자	일자VC8
입원환자처방전	TWOCS_IORDER	SEQNO	오더입력 일련번호	SEQNO					NUMBER(8)	접수 일련번호	일련번호VC10
입원환자처방전	TWOCS_IORDER	DEPTCODE	진료과목	DEPTCODE					CHAR(4)	진료과 코드	진료과코드VC4
입원환자처방전	TWOCS_IORDER	DRCODE	의사코드	DRCODE					CHAR(6)	의사 코드	의사코드VC6
입원환자처방전	TWOCS_IORDER	STAFFID	주치의 ID	STAFFID					CHAR(6)	주치의 ID	IDVC50
입원환자처방전	TWOCS_IORDER	SLIPNO	SLIP NO	SLIPNO					CHAR(4)	슬립 번호	문자형번호VC20
입원환자처방전	TWOCS_IORDER	ORDERCODE	오더코드	ORDERCODE					CHAR(8)	오더 코드	오더코드VC8
입원환자처방전	TWOCS_IORDER	SUCODE	수가코드	SUCODE					CHAR(8)	수가 코드	수가코드VC8
입원환자처방전	TWOCS_IORDER	BUN	분류	BUN					CHAR(2)	분류 코드	분류코드VC6
입원환자처방전	TWOCS_IORDER	GBORDER	오더구분	GBORDER					CHAR(1)	오더 구분	구분VC2
입원환자처방전	TWOCS_IORDER	CONTENTS		CONTENTS					NUMBER(6,2)	내용 구분 값	값NM18.3
입원환자처방전	TWOCS_IORDER	BCONTENTS		BCONTENTS					NUMBER(6,2)	발생 구분 값	값NM18.3
입원환자처방전	TWOCS_IORDER	REALQTY	오더수량	REALQTY					NUMBER(6)	오더 수량	수량VC12
입원환자처방전	TWOCS_IORDER	QTY	사용수량	QTY					NUMBER(6,2)	수량	수량NM15.3
입원환자처방전	TWOCS_IORDER	REALNAL	오더일수	REALNAL					NUMBER(3)	오더 일수	날짜수NM5
입원환자처방전	TWOCS_IORDER	NAL	사용일수	NAL					NUMBER(3)	사용 일수	날짜수NM5
입원환자처방전	TWOCS_IORDER	DOSCODE	용법코드	DOSCODE					CHAR(8)	용법 코드	코드VC20
입원환자처방전	TWOCS_IORDER	GBINFO	검사방법	GBINFO					VARCHAR2(20)	검사 정보	설명VC4000
입원환자처방전	TWOCS_IORDER	GBSELF	급여구분	GBSELF					CHAR(1)	급여 구분	구분VC1
입원환자처방전	TWOCS_IORDER	GBSPC	특진여부	GBSPC					CHAR(1)	특진 구분	구분VC1
입원환자처방전	TWOCS_IORDER	GBNGT	야간 및 수술 구분	GBNGT					CHAR(1)	당직 구분	구분VC1
입원환자처방전	TWOCS_IORDER	GBER	응급구분	GBER					CHAR(1)	응급 구분	구분VC1
입원환자처방전	TWOCS_IORDER	GBPRN	??구분	GBPRN					CHAR(1)	프린트 구분	구분VC1
입원환자처방전	TWOCS_IORDER	GBDIV	투약 및 주사횟수	GBDIV					NUMBER(4,1)	투약 주사 횟수	수NM10
입원환자처방전	TWOCS_IORDER	GBBOTH	주사행위구분	GBBOTH					CHAR(1)	주사 행위 구분	구분VC1
입원환자처방전	TWOCS_IORDER	GBACT	Acting여부	GBACT					CHAR(1)	액팅 여부	여부VC1
입원환자처방전	TWOCS_IORDER	GBTFLAG	퇴원약구분	GBTFLAG					CHAR(1)	퇴원 약 구분	구분VC1
입원환자처방전	TWOCS_IORDER	GBSEND	전송여부	GBSEND					CHAR(1)	전송 여부	여부VC1
입원환자처방전	TWOCS_IORDER	GBPOSITION	전송위치	GBPOSITION					VARCHAR2(4)	전송 위치 명	명VC200
입원환자처방전	TWOCS_IORDER	GBSTATUS	입력구분	GBSTATUS					VARCHAR2(2)	입력 구분	구분VC2
입원환자처방전	TWOCS_IORDER	NURSEID	병동 DC및 처치 오더간호사	NURSEID					CHAR(8)	병동 DC 처치 오더 간호사 ID	IDVC50
입원환자처방전	TWOCS_IORDER	ENTDATE	입력일자	ENTDATE					DATE	입력일시	일시DT
입원환자처방전	TWOCS_IORDER	WARDCODE	병동코드	WARDCODE					CHAR(4)	병동 코드	코드VC20
입원환자처방전	TWOCS_IORDER	ROOMCODE	병실코드	ROOMCODE					CHAR(4)	병실 코드	코드VC20
입원환자처방전	TWOCS_IORDER	BI	환자구분	BI					CHAR(2)	환자 구분	구분VC2
입원환자처방전	TWOCS_IORDER	ORDERNO	오더 No	ORDERNO					NUMBER	오더 번호	숫자형번호NM10
입원환자처방전	TWOCS_IORDER	REMARK	비고	REMARK					VARCHAR2(200)	의사 코멘트	내용VC4000
입원환자처방전	TWOCS_IORDER	ACTDATE	회계일자	ACTDATE					DATE	실행 일자	일자VC8
입원환자처방전	TWOCS_IORDER	GBGROUP	주사,투약의 Mix Group Number	GBGROUP					CHAR(2)	혼합 주사제 그룹 번호	문자형번호VC20
입원환자처방전	TWOCS_IORDER	GBPORT	Portable여부	GBPORT					CHAR(1)	이동장비 여부	여부VC1
입원환자처방전	TWOCS_IORDER	ORDERSITE	오더입력 부서	ORDERSITE					VARCHAR2(4)	오더 입력 부서 코드	부서코드VC6
입원환자처방전	TWOCS_IORDER	GBPRT1	프린트구분1	GBPRT1					CHAR(1)	프린트 구분 1	구분VC1
입원환자처방전	TWOCS_IORDER	GBPRT2	프린트구분2	GBPRT2					CHAR(1)	프린트 구분 2	구분VC1
입원환자처방전	TWOCS_IORDER	PARMATC	약국 ATC	PARMATC					CHAR(4)	약국 ATC	단위VC20
입원환자처방전	TWOCS_IORDER	RETWARDQTY	병동반납수량	RETWARDQTY					NUMBER(6,2)	병동 반납 수량	수량NM12
입원환자처방전	TWOCS_IORDER	RETWARDNAL	병동반납날수	RETWARDNAL					NUMBER(3)	병동 반납 일수	날짜수NM5
입원환자처방전	TWOCS_IORDER	RETWARD	반납사유	RETWARD					CHAR(1)	반납 사유 구분	구분VC1
입원환자처방전	TWOCS_IORDER	RETPARMQTY	약국DC수량	RETPARMQTY					NUMBER(6,2)	약국 할인 수량	수량NM12
입원환자처방전	TWOCS_IORDER	RETPARMNAL		RETPARMNAL					NUMBER(6,2)	약국 할인 일수	날짜수NM5
입원환자처방전	TWOCS_IORDER	RETPARM	1,2,0,null	RETPARM					CHAR(1)	약국 할인 구분	구분VC1
입원환자처방전	TWOCS_IORDER	GBSEL	선택진료비대상여부	GBSEL					CHAR(1)	선택진료비 대상 여부	여부VC1
입원환자처방전	TWOCS_IORDER	EMRKEY1	의무기록사본처방Key	EMRKEY1					NUMBER	결제 이미지 서식 키 값	값NM15
입원환자처방전	TWOCS_IORDER	EMRKEY2	간호진호문저방Key	EMRKEY2					NUMBER	검사 의회 서식 키 값	값NM15
입원환자처방전	TWOCS_IORDER	RDATE	검사예약일자	RDATE					DATE	예약 일자	일자VC8

🗨 '환자마스터' 컬럼 도메인 정의

엔터티명	테이블명	컬럼명	컬럼 Comments	영문약어1	약어2	약어3	약어4	약어5	데이터타입	표준 컬럼명	표준 도메인
환자마스터	TWBAS_PATIENT	PTNO		PTNO					CHAR(8)	환자 번호	환자번호VC8
환자마스터	TWBAS_PATIENT	SNAME		SNAME					VARCHAR2(40)	수진자 명	성명VC30
환자마스터	TWBAS_PATIENT	SEX		SEX					CHAR(1)	성별	구분VC1
환자마스터	TWBAS_PATIENT	BIRTHDATE		BIRTHDATE					DATE	생년월일	일자VC8
환자마스터	TWBAS_PATIENT	JUMIN1		JUMIN1					CHAR(6)	주민등록앞번호	주민등록번호앞자리VC6
환자마스터	TWBAS_PATIENT	JUMIN2		JUMIN2					CHAR(7)	주민등록뒷번호	주민등록번호뒷자리VC7
환자마스터	TWBAS_PATIENT	STARTDATE		STARTDATE					DATE	시작일자	일자VC8
환자마스터	TWBAS_PATIENT	LASTDATE		LASTDATE					DATE	종료일자	일자VC8
환자마스터	TWBAS_PATIENT	POSTCODE1		POSTCODE1					CHAR(3)	우편번호 1	우편번호VC7
환자마스터	TWBAS_PATIENT	POSTCODE2		POSTCODE2					CHAR(3)	우편번호 2	우편번호VC7
환자마스터	TWBAS_PATIENT	JUSO		JUSO					VARCHAR2(40)	현주소	주소VC180
환자마스터	TWBAS_PATIENT	JIYUKCODE		JIYUKCODE					CHAR(2)	지역 코드	코드VC20
환자마스터	TWBAS_PATIENT	TEL		TEL					VARCHAR2(14)	전화번호	전화번호VC20
환자마스터	TWBAS_PATIENT	SABUN		SABUN					VARCHAR2(8)	사원 번호	문자형번호VC20
환자마스터	TWBAS_PATIENT	EMBPRT		EMBPRT					CHAR(1)	출력 구분	구분VC1
환자마스터	TWBAS_PATIENT	BI		BI					CHAR(2)	환자 구분	구분VC2
환자마스터	TWBAS_PATIENT	PNAME		PNAME					VARCHAR2(10)	피보험자 성명	성명VC30
환자마스터	TWBAS_PATIENT	GBGWANGE		GBGWANGE					CHAR(1)	관계 구분	구분VC1
환자마스터	TWBAS_PATIENT	KIHO		KIHO					VARCHAR2(12)	조합 기호	기호VC30
환자마스터	TWBAS_PATIENT	GKIHO		GKIHO					VARCHAR2(18)	증명서 번호	문자형번호VC20
환자마스터	TWBAS_PATIENT	GBAREA		GBAREA					CHAR(1)	지역 구분	구분VC1
환자마스터	TWBAS_PATIENT	AREADATE		AREADATE					DATE	지역 거주 일자	일자VC8
환자마스터	TWBAS_PATIENT	KIDNEYOPDATE		KIDNEYOPDATE					DATE	신장 수술 일자	일자VC8
환자마스터	TWBAS_PATIENT	CHECKFLAG		CHECKFLAG					CHAR(1)	점검 구분	구분VC1
환자마스터	TWBAS_PATIENT	CHECKREMARK		CHECKREMARK					VARCHAR2(40)	점검 참고사항	내용VC4000
환자마스터	TWBAS_PATIENT	GBBOHUN		GBBOHUN					CHAR(1)	보훈 여부	여부VC1
환자마스터	TWBAS_PATIENT	RELIGION		RELIGION					CHAR(1)	종교 여부	여부VC1
환자마스터	TWBAS_PATIENT	DEPTCODE		DEPTCODE					CHAR(4)	진료과 코드	진료과코드VC4
환자마스터	TWBAS_PATIENT	DRCODE		DRCODE					CHAR(6)	의사 코드	의사코드VC6
환자마스터	TWBAS_PATIENT	GBSPC		GBSPC					CHAR(8)	특진 기호	기호VC30
환자마스터	TWBAS_PATIENT	GBGAMEK		GBGAMEK					CHAR(1)	감액 구분	구분VC1
환자마스터	TWBAS_PATIENT	REMARK		REMARK					VARCHAR2(50)	코멘트	내용VC4000
환자마스터	TWBAS_PATIENT	JINILSU		JINILSU					NUMBER(3)	진료 일수	날짜수NM5
환자마스터	TWBAS_PATIENT	JINAMT		JINAMT					NUMBER(6)	진료비	금액NM16
환자마스터	TWBAS_PATIENT	TUYAKGWA		TUYAKGWA					CHAR(2)	투약 과 코드	부서코드VC4
환자마스터	TWBAS_PATIENT	TUYAKMONTH		TUYAKMONTH					CHAR(2)	투약 월	월VC2
환자마스터	TWBAS_PATIENT	TUYAKJULDATE		TUYAKJULDATE					NUMBER(3)	투약 일수 2	날짜수NM5
환자마스터	TWBAS_PATIENT	TUYAKILSU		TUYAKILSU					NUMBER(3)	투약 일수	날짜수NM5
환자마스터	TWBAS_PATIENT	CONSULT		CONSULT					VARCHAR2(30)	원외 의뢰 의사 관리번호	관리번호VC15
환자마스터	TWBAS_PATIENT	CONSHOSPI		CONSHOSPI					VARCHAR2(30)	원외 의뢰 병원 명	명VC200
환자마스터	TWBAS_PATIENT	CONSAN		CONSAN					VARCHAR2(30)	원외 의뢰 진료 명	명VC200
환자마스터	TWBAS_PATIENT	CONSDOCTOR		CONSDOCTOR					VARCHAR2(30)	원외 의뢰 진료 의사 명	성명VC30
환자마스터	TWBAS_PATIENT	CONSILL		CONSILL					VARCHAR2(30)	원외 의뢰 진료 병 명	명VC200
환자마스터	TWBAS_PATIENT	CONSAREA		CONSAREA					VARCHAR2(10)	원외 의뢰 진료 지역 명	명VC200
환자마스터	TWBAS_PATIENT	CONSDATE		CONSDATE					DATE	원외 의뢰 진료 일자	일자VC8
환자마스터	TWBAS_PATIENT	TEL1		TEL1					VARCHAR2(14)	전화번호 1	전화번호VC20
환자마스터	TWBAS_PATIENT	TEL2		TEL2					VARCHAR2(14)	전화번호 2	전화번호VC20
환자마스터	TWBAS_PATIENT	EMAIL		EMAIL					VARCHAR2(30)	메일 주소	이메일주소VC50
환자마스터	TWBAS_PATIENT	PJUMIN		PJUMIN					CHAR(13)	피보험자 주민등록번호	주민등록VC13
환자마스터	TWBAS_PATIENT	BNAME		BNAME					VARCHAR2(10)	분류 명	명VC200
환자마스터	TWBAS_PATIENT	BTEL		BTEL					VARCHAR2(14)	분자 전화번호	전화번호VC20
환자마스터	TWBAS_PATIENT	CANCER_ID		CANCER	ID				VARCHAR2(15)	암 ID	IDVC50
환자마스터	TWBAS_PATIENT	CANCER_DATE		CANCER	DATE				DATE	보험환자 암 등록일자	일자VC8
환자마스터	TWBAS_PATIENT	CANCER_ID2		CANCER	ID2				VARCHAR2(15)	암 ID 2	IDVC50
환자마스터	TWBAS_PATIENT	CANCER_DATE2		CANCER	DATE2				DATE	의료급여 암 등록일자	일자VC8

Case Study: K 병원 임상 데이터 표준화

⑤ 속성명 단어 분할 & 영문 약어 매핑

[속성명 단어 분할 & 영문 약어 매핑] sheet는 표준 용어로 정의한 속성명을 단어로 분할한 후 단어 사전에 정의된 영문 약어와 mapping을 통하여 표준 컬럼명을 자동으로 생성(정의)하는 스텝이다. 단어 분할은 엑셀 [데이터] 탭 리본 메뉴에 있는 '텍스트 나누기' 기능을 이용하고, 한글 단어 vs 영문 약어 매핑은 엑셀 함수 VLOOKUP을 사용하면 된다. 분할된 한글 단어 vs 영문 약어를 매핑한 모습은 다음과 같다.

📧 'EMR 차트 마스터' 속성명 단어 분할 & 영문 약어 매핑

엔티티명	테이블명	컬럼명	데이터타입	표준 도메인	속성명	표준단어1	표준단어2	표준단어3	표준단어4	표준단어5	영문약어1	영문약어2	영문약어3	영문약어4	영문약어5
EMR 차트 마스터	EMR_CHART_MASTER	PTNO	CHAR(8)	환자번호VC8	환자 번호	환자	번호				PT	NO	#N/A	#N/A	#N/A
EMR 차트 마스터	EMR_CHART_MASTER	INDATE	DATE	일자VC8	입원 일자	입원	일자				ADMI	DT	#N/A	#N/A	#N/A
EMR 차트 마스터	EMR_CHART_MASTER	DCDATE	DATE	일자VC8	퇴원 일자	퇴원	일자				DSCH	DT	#N/A	#N/A	#N/A
EMR 차트 마스터	EMR_CHART_MASTER	GBID	CHAR(1)	구분VC1	입원 구분	입원	구분				ADMI	SE	#N/A	#N/A	#N/A
EMR 차트 마스터	EMR_CHART_MASTER	DEPTCODE	CHAR(4)	진료과코드VC4	진료과 코드	진료과	코드				MDEPT	CD	#N/A	#N/A	#N/A
EMR 차트 마스터	EMR_CHART_MASTER	DRCODE	CHAR(6)	의사코드VC6	의사 코드	의사	코드				DOCTR	CD	#N/A	#N/A	#N/A
EMR 차트 마스터	EMR_CHART_MASTER	STATUS	CHAR(1)	구분VC1	입원 상태 구분	입원	상태	구분			ADMI	STTUS	SE	#N/A	#N/A
EMR 차트 마스터	EMR_CHART_MASTER	ENTERDATE	DATE	일자VC8	작성 일자	작성	일자				DRUP	DT	#N/A	#N/A	#N/A
EMR 차트 마스터	EMR_CHART_MASTER	INTIME	DATE	일시IDT	입원 일시	입원	일시				ADMI	DTTM	#N/A	#N/A	#N/A
EMR 차트 마스터	EMR_CHART_MASTER	DCTIME	DATE	일시IDT	퇴원 일시	퇴원	일시				DSCH	DTTM	#N/A	#N/A	#N/A
EMR 차트 마스터	EMR_CHART_MASTER	INDEPTCODE	CHAR(4)	진료과코드VC4	입원 시 진료과 코드	입원	시	진료과	코드		ADMI	OCSN	MDEPT	CD	#N/A
EMR 차트 마스터	EMR_CHART_MASTER	INDRCODE	CHAR(6)	의사코드VC6	입원 시 의사 코드	입원	시	의사	코드		ADMI	OCSN	DOCTR	CD	#N/A
EMR 차트 마스터	EMR_CHART_MASTER	WARDCODE	CHAR(4)	코드VC20	입원 시 병동 코드	입원	시	병동	코드		ADMI	OCSN	WARD	CD	#N/A
EMR 차트 마스터	EMR_CHART_MASTER	ROOMCODE	CHAR(4)	코드VC20	입원 시 병실 코드	입원	시	병실	코드		ADMI	OCSN	PTRM	CD	#N/A
EMR 차트 마스터	EMR_CHART_MASTER	BEDNO	NUMBER(2)	순차형번호NM10	침대 번호	침대	번호				BED	NO	#N/A	#N/A	#N/A
EMR 차트 마스터	EMR_CHART_MASTER	PART	VARCHAR2(6)	분류코드VC6	DRG 환자 구분 코드	DRG	환자	구분	코드		DRG	PT	SE	CD	#N/A

📧 '환자진료서식' 속성명 단어 분할 & 영문 약어 매핑

엔티티명	테이블명	컬럼명	데이터타입	표준 도메인	속성명	표준단어1	표준단어2	표준단어3	표준단어4	표준단어5	영문약어1	영문약어2	영문약어3	영문약어4	영문약어5
환자진료서식	MRR_FRM_CLNINFO	FRMCLN_KEY	NUMBER(10)	일련번호NM15	진료 정보 서식 키 값	진료	정보	서식	키	값	MTRT	INFO	FORM	KEY	VALUE
환자진료서식	MRR_FRM_CLNINFO	FRMCLN_REP_KEY	NUMBER(10)	일련번호NM15	진료 정보 서식 수정 키 값	진료	정보	서식	수정	키	MTRT	INFO	FORM	UPD	REY
환자진료서식	MRR_FRM_CLNINFO	FRM_KEY	NUMBER(10)	일련번호NM15	서식 키 값	서식	키	값			FORM	KEY	VALUE	#N/A	#N/A
환자진료서식	MRR_FRM_CLNINFO	FRM_CD	CHAR(8)	코드VC20	서식 코드	서식	코드				FORM	CD	#N/A	#N/A	#N/A
환자진료서식	MRR_FRM_CLNINFO	PTNT_NO	VARCHAR2(10)	환자번호VC8	환자 번호	환자	번호				PT	NO	#N/A	#N/A	#N/A
환자진료서식	MRR_FRM_CLNINFO	CLN_TYPE	VARCHAR2(1)	구분VC1	진료 유형 구분	진료	유형	구분			MTRT	TYPE	SE	#N/A	#N/A
환자진료서식	MRR_FRM_CLNINFO	FRM_DT	DATE	일자VC8	서식 일자	서식	일자				FORM	DT	#N/A	#N/A	#N/A
환자진료서식	MRR_FRM_CLNINFO	MED_DATE	DATE	일자VC8	검진 일자	검진	일자				MDEXMN	DT	#N/A	#N/A	#N/A
환자진료서식	MRR_FRM_CLNINFO	MED_TIME	DATE	일시IDT	검진 일시	검진	일시				MDEXMN	DTTM	#N/A	#N/A	#N/A
환자진료서식	MRR_FRM_CLNINFO	MED_DEPT	VARCHAR2(10)	부서코드VC4	검진 부서 코드	검진	부서	코드			MDEXMN	DEPT	CD	#N/A	#N/A
환자진료서식	MRR_FRM_CLNINFO	MED_DR	VARCHAR2(10)	의사코드VC6	검진 의사 코드	검진	의사	코드			MDEXMN	DOCTR	CD	#N/A	#N/A
환자진료서식	MRR_FRM_CLNINFO	CHR_FILE_NM	VARCHAR2(200)	명VC200	특성 파일 명	특성	파일	명			CHARTR	FILE	NM	#N/A	#N/A
환자진료서식	MRR_FRM_CLNINFO	FRM_FILE_NM	VARCHAR2(100)	명VC200	서식 파일 명	서식	파일	명			FORM	FILE	NM	#N/A	#N/A
환자진료서식	MRR_FRM_CLNINFO	ESIGN_FILE_NM	VARCHAR2(100)	명VC200	전자서명 파일 명	전자서명	파일	명			DGSG	FILE	NM	#N/A	#N/A
환자진료서식	MRR_FRM_CLNINFO	READ_GB	CHAR(1)	구분VC1	판독 구분	판독	구분				INTPRL	SE	#N/A	#N/A	#N/A
환자진료서식	MRR_FRM_CLNINFO	VLD_GB	CHAR(1)	여부VC1	유효 여부	유효	여부				VALID	YN	#N/A	#N/A	#N/A
환자진료서식	MRR_FRM_CLNINFO	HOS_CD	VARCHAR2(10)	코드VC20	병원 코드	병원	코드				HSPTL	CD	#N/A	#N/A	#N/A
환자진료서식	MRR_FRM_CLNINFO	DEPT_CD	VARCHAR2(10)	부서코드VC4	작성 부서 코드	작성	부서	코드			DRUP	DEPT	CD	#N/A	#N/A
환자진료서식	MRR_FRM_CLNINFO	ENT_IP	VARCHAR2(15)	IP주소VC15	등록자 IP주소	등록자	IP주소				REGISTNT	IPADDR	#N/A	#N/A	#N/A
환자진료서식	MRR_FRM_CLNINFO	ESIGN_EMPL_NO	VARCHAR2(20)	환자번호VC20	전자서명 사번	전자서명	사번				DGSG	EMPNO	#N/A	#N/A	#N/A
환자진료서식	MRR_FRM_CLNINFO	ESIGN_TRGT_EMPL_NO	VARCHAR2(20)	환자번호VC20	공동 서명 대상자 직원 번호	공동	서명	대상자	직원	번호	COPERTN	SINT	TRPP	EMPL	NO
환자진료서식	MRR_FRM_CLNINFO	COESIGN_EMPL_NO	VARCHAR2(20)	문자형번호VC8	공동 서명 직원 번호	공동	서명	직원	번호		COPERTN	SINT	EMPL	NO	#N/A
환자진료서식	MRR_FRM_CLNINFO	COESIGN_FILE_NM	VARCHAR2(100)	명VC200	공동 서명 파일 명	공동	서명	파일	명		COPERTN	SINT	FILE	NM	#N/A
환자진료서식	MRR_FRM_CLNINFO	FILE_PATH	VARCHAR2(100)	경로명VC200	파일 경로	파일	경로				FILE	ROUT	#N/A	#N/A	#N/A
환자진료서식	MRR_FRM_CLNINFO	FRM_MFY_YN	VARCHAR2(1)	여부VC1	서식 수정 여부	서식	수정	여부			FORM	UPD	YN	#N/A	#N/A
환자진료서식	MRR_FRM_CLNINFO	ORD_NO	NUMBER(10)	순차형번호NM10	오더 번호	오더	번호				ORDER	NO	#N/A	#N/A	#N/A
환자진료서식	MRR_FRM_CLNINFO	ORD_SEQ_NO	NUMBER(10)	순차형번호NM10	오더 순번	오더	순번				ORDER	SEQNO	#N/A	#N/A	#N/A
환자진료서식	MRR_FRM_CLNINFO	OP_DATE	DATE	일자VC8	수술 일자	수술	일자				OPRT	DT	#N/A	#N/A	#N/A
환자진료서식	MRR_FRM_CLNINFO	OP_SEQ	NUMBER(10)	일련번호VC10	수술 일련번호	수술	일련번호				OPRT	SRNO	#N/A	#N/A	#N/A
환자진료서식	MRR_FRM_CLNINFO	ENT_EMPL_NO	VARCHAR2(20)	IDVC50	등록자 ID	등록자	ID				REGISTNT	ID	#N/A	#N/A	#N/A
환자진료서식	MRR_FRM_CLNINFO	ENT_DT	DATE	일자IDT	등록일시	등록	일시				REGISTM	DT	#N/A	#N/A	#N/A
환자진료서식	MRR_FRM_CLNINFO	MFY_EMPL_NO	VARCHAR2(20)	IDVC50	수정자 ID	수정자	ID				UPDPSN	ID	#N/A	#N/A	#N/A
환자진료서식	MRR_FRM_CLNINFO	MFY_DT	DATE	일자IDT	수정일시	수정	일시				UPDTM	DT	#N/A	#N/A	#N/A
환자진료서식	MRR_FRM_CLNINFO	CONFIRM_GB	CHAR(1)	구분VC1	확인 구분	확인	구분				CNFR	SE	#N/A	#N/A	#N/A
환자진료서식	MRR_FRM_CLNINFO	CONFIRM_DATE	DATE	일자IDT	확인 일시	확인	일시				CNFR	DTTM	#N/A	#N/A	#N/A
환자진료서식	MRR_FRM_CLNINFO	RTF_FILE_NM	VARCHAR2(100)	명VC200	치료 파일 명	치료	파일	명			TRTM	FILE	NM	#N/A	#N/A
환자진료서식	MRR_FRM_CLNINFO	FILE_SVR_URL	VARCHAR2(100)	경로명VC200	파일 서버 URL	파일	서버	URL			FILE	SRVR	URL	#N/A	#N/A
환자진료서식	MRR_FRM_CLNINFO	TEST	CHAR(1)	여부VC1	시험 여부	시험	여부				TEST	YN	#N/A	#N/A	#N/A
환자진료서식	MRR_FRM_CLNINFO	CHOS_NO	NUMBER(5)	순차형번호NM10	선택진료 번호	선택진료	번호				SPCTR	NO	#N/A	#N/A	#N/A
환자진료서식	MRR_FRM_CLNINFO	MFY_IP	VARCHAR2(40)	IP주소VC15	수정자 IP	수정자	IP				UPDPSN	IP	#N/A	#N/A	#N/A

'입원환자처방전' 속성명 단어 분할 & 영문 약어 매핑

엔티티명	테이블명	컬럼명	데이터타입	표준 도메인	속성명	표준단어1	표준단어2	표준단어3	표준단어4	표준단어5	표준단어6	영문약어1	영문약어2	영문약어3	영문약어4	영문약어5	영문약어6
입원환자처방전	TWOCS_IORDER	PTNO	CHAR(8)	환자번호VC8	환자 번호	환자	번호					PT	NO	#N/A	#N/A	#N/A	#N/A
입원환자처방전	TWOCS_IORDER	BDATE	DATE	일자VC8	진단 일자	진단	일자					DIAG	DT	#N/A	#N/A	#N/A	#N/A
입원환자처방전	TWOCS_IORDER	SEQNO	NUMBER(8)	일련번호VC10	접수 일련번호	접수	일련번호					RCEPT	SRNO	#N/A	#N/A	#N/A	#N/A
입원환자처방전	TWOCS_IORDER	DEPTCODE	CHAR(4)	진료과코드VC4	진료과 코드	진료과	코드					MDEPT	CD	#N/A	#N/A	#N/A	#N/A
입원환자처방전	TWOCS_IORDER	DRCODE	CHAR(6)	의사코드VC6	의사 코드	의사	코드					DOCTR	CD	#N/A	#N/A	#N/A	#N/A
입원환자처방전	TWOCS_IORDER	STAFFID	CHAR(6)	IDVC50	주치의 ID	주치의	ID					ATPD	ID	#N/A	#N/A	#N/A	#N/A
입원환자처방전	TWOCS_IORDER	SLIPNO	CHAR(4)	문자형번호VC20	슬립 번호	슬립	번호					SLIP	NO	#N/A	#N/A	#N/A	#N/A
입원환자처방전	TWOCS_IORDER	ORDERCODE	CHAR(8)	오더코드VC8	오더 코드	오더	코드					ORDER	CD	#N/A	#N/A	#N/A	#N/A
입원환자처방전	TWOCS_IORDER	SUCODE	CHAR(8)	수가코드VC8	수가 코드	수가	코드					MDCHRG	CD	#N/A	#N/A	#N/A	#N/A
입원환자처방전	TWOCS_IORDER	BUN	CHAR(2)	분류코드VC6	분류 코드	분류	코드					CLS	CD	#N/A	#N/A	#N/A	#N/A
입원환자처방전	TWOCS_IORDER	GBORDER	CHAR(1)	구분VC2	오더 구분	오더	구분					ORDER	SE	#N/A	#N/A	#N/A	#N/A
입원환자처방전	TWOCS_IORDER	CONTENTS	NUMBER(6,2)	값NM18.3	내용 구분 값	내용	구분	값				CONT	SE	VALUE	#N/A	#N/A	#N/A
입원환자처방전	TWOCS_IORDER	BCONTENTS	NUMBER(6,2)	값NM18.3	발생 구분 값	발생	구분	값				OCRN	SE	VALUE	#N/A	#N/A	#N/A
입원환자처방전	TWOCS_IORDER	REALQTY	CHAR(6)	수량VC12	오더 수량	오더	수량					ORDER	QY	#N/A	#N/A	#N/A	#N/A
입원환자처방전	TWOCS_IORDER	QTY	NUMBER(6,2)	수량NM15.3	수량	수량						QY	#N/A	#N/A	#N/A	#N/A	#N/A
입원환자처방전	TWOCS_IORDER	REALNAL	NUMBER(3)	날짜수NM5	오더 일수	오더	일수					ORDER	DDCNT	#N/A	#N/A	#N/A	#N/A
입원환자처방전	TWOCS_IORDER	NAL	NUMBER(3)	날짜수NM5	사용 일수	사용	일수					USE	DDCNT	#N/A	#N/A	#N/A	#N/A
입원환자처방전	TWOCS_IORDER	DOSCODE	CHAR(8)	코드VC20	용법 코드	용법	코드					USG	CD	#N/A	#N/A	#N/A	#N/A
입원환자처방전	TWOCS_IORDER	GBINFO	VARCHAR2(20)	설명VC4000	검사 정보	검사	정보					EXAM	INFO	#N/A	#N/A	#N/A	#N/A
입원환자처방전	TWOCS_IORDER	GBSELF	CHAR(1)	구분VC1	급여 구분	급여	구분					SLRY	SE	#N/A	#N/A	#N/A	#N/A
입원환자처방전	TWOCS_IORDER	GBSPC	CHAR(1)	구분VC1	특진 구분	특진	구분					SPCTRT	SE	#N/A	#N/A	#N/A	#N/A
입원환자처방전	TWOCS_IORDER	GBNGT	CHAR(1)	구분VC1	당직 구분	당직	구분					NDUTY	SE	#N/A	#N/A	#N/A	#N/A
입원환자처방전	TWOCS_IORDER	GBER	CHAR(1)	구분VC1	응급 구분	응급	구분					EMRG	SE	#N/A	#N/A	#N/A	#N/A
입원환자처방전	TWOCS_IORDER	GBPRN	CHAR(1)	구분VC1	프린트 구분	프린트	구분					PRNT	SE	#N/A	#N/A	#N/A	#N/A
입원환자처방전	TWOCS_IORDER	GBDIV	NUMBER(4,1)	수NM10	투약 주사 횟수	투약	주사	횟수				MDCT	INJT	CNT	#N/A	#N/A	#N/A
입원환자처방전	TWOCS_IORDER	GBBOTH	CHAR(1)	구분VC1	주사 행위 구분	주사	행위	구분				INJT	ACTION	SE	#N/A	#N/A	#N/A
입원환자처방전	TWOCS_IORDER	GBACT	CHAR(1)	여부VC1	액팅 여부	액팅	여부					ACTNG	YN	#N/A	#N/A	#N/A	#N/A
입원환자처방전	TWOCS_IORDER	GBTFLAG	CHAR(1)	구분VC1	퇴원 약 구분	퇴원	약	구분				DSCH	DRUG	SE	#N/A	#N/A	#N/A
입원환자처방전	TWOCS_IORDER	GBSEND	CHAR(1)	여부VC1	전송 여부	전송	여부					SNDN	YN	#N/A	#N/A	#N/A	#N/A
입원환자처방전	TWOCS_IORDER	GBPOSITION	VARCHAR2(4)	명VC200	전송 위치 명	전송	위치	명				SNDN	LC	NM	#N/A	#N/A	#N/A
입원환자처방전	TWOCS_IORDER	GBSTATUS	VARCHAR2(2)	구분VC2	입력 구분	입력	구분					INPUT	SE	#N/A	#N/A	#N/A	#N/A
입원환자처방전	TWOCS_IORDER	NURSEID	CHAR(8)	IDVC50	병동 DC 처치 오더 간호사 ID	병동	DC	처치	오더	간호사	ID	WARD	DC	TRTN	ORDER	RGNR	ID
입원환자처방전	TWOCS_IORDER	ENTDATE	DATE	일시DT	입력일시	입력일시						INDTM	#N/A	#N/A	#N/A	#N/A	#N/A
입원환자처방전	TWOCS_IORDER	WARDCODE	CHAR(4)	코드VC20	병동 코드	병동	코드					WARD	CD	#N/A	#N/A	#N/A	#N/A
입원환자처방전	TWOCS_IORDER	ROOMCODE	CHAR(4)	코드VC20	병실 코드	병실	코드					PTRM	CD	#N/A	#N/A	#N/A	#N/A
입원환자처방전	TWOCS_IORDER	BI	CHAR(2)	구분VC2	환자 구분	환자	구분					PT	SE	#N/A	#N/A	#N/A	#N/A
입원환자처방전	TWOCS_IORDER	ORDERNO	NUMBER	숫자형번호NM10	오더 번호	오더	번호					ORDER	NO	#N/A	#N/A	#N/A	#N/A
입원환자처방전	TWOCS_IORDER	REMARK	VARCHAR2(200)	내용VC4000	의사 코멘트	의사	코멘트					DOCTR	CMNT	#N/A	#N/A	#N/A	#N/A
입원환자처방전	TWOCS_IORDER	ACTDATE	DATE	일자VC8	실행 일자	실행	일자					EXCT	DT	#N/A	#N/A	#N/A	#N/A
입원환자처방전	TWOCS_IORDER	GBGROUP	CHAR(2)	문자형번호VC20	혼합 주사제 그룹 번호	혼합	주사제	그룹	번호			MIX	INJTNS	GRP	NO	#N/A	#N/A
입원환자처방전	TWOCS_IORDER	GBPORT	CHAR(1)	여부VC1	이동장비 여부	이동장비	여부					PORTBL	YN	#N/A	#N/A	#N/A	#N/A
입원환자처방전	TWOCS_IORDER	ORDERSITE	VARCHAR2(4)	부서코드VC4	오더 입력 부서 코드	오더	입력	부서	코드			ORDER	INPUT	DEPT	CD	#N/A	#N/A
입원환자처방전	TWOCS_IORDER	GBPRT1	CHAR(1)	구분VC1	프린트 구분 1	프린트	구분	1				PRNT	SE	1	#N/A	#N/A	#N/A
입원환자처방전	TWOCS_IORDER	GBPRT2	CHAR(1)	구분VC1	프린트 구분 2	프린트	구분	2				PRNT	SE	2	#N/A	#N/A	#N/A
입원환자처방전	TWOCS_IORDER	PARMATC	CHAR(4)	단위VC20	약국 ATC	약국	ATC					PHRC	ATC	#N/A	#N/A	#N/A	#N/A
입원환자처방전	TWOCS_IORDER	RETWARDQTY	NUMBER(6,2)	수량NM12	병동 반납 수량	병동	반납	수량				WARD	RTRN	QY	#N/A	#N/A	#N/A
입원환자처방전	TWOCS_IORDER	RETWARDNAL	NUMBER(3)	날짜수NM5	병동 반납 일수	병동	반납	일수				WARD	RTRN	DDCNT	#N/A	#N/A	#N/A
입원환자처방전	TWOCS_IORDER	RETWARD	CHAR(1)	구분VC1	반납 사유 구분	반납	사유	구분				RTRN	RSN	SE	#N/A	#N/A	#N/A
입원환자처방전	TWOCS_IORDER	RETPARMQTY	NUMBER(6,2)	수량NM12	약국 할인 수량	약국	할인	수량				PHRC	DC	QY	#N/A	#N/A	#N/A
입원환자처방전	TWOCS_IORDER	RETPARMNAL	NUMBER(6,2)	날짜수NM5	약국 할인 일수	약국	할인	일수				PHRC	DC	DDCNT	#N/A	#N/A	#N/A
입원환자처방전	TWOCS_IORDER	RETPARM	CHAR(1)	구분VC1	약국 할인 구분	약국	할인	구분				PHRC	DC	SE	#N/A	#N/A	#N/A
입원환자처방전	TWOCS_IORDER	GBSEL	CHAR(1)	여부VC1	선택진료비 대상 여부	선택진료비	대상	여부				SPCTREXPN	TRGT	YN	#N/A	#N/A	#N/A
입원환자처방전	TWOCS_IORDER	EMRKEY1	NUMBER	값NM15	검체 이미지 서식 키 값	검체	이미지	서식	키	값		SPCN	IMG	FORM	KEY	VALUE	#N/A
입원환자처방전	TWOCS_IORDER	EMRKEY2	NUMBER	값NM15	검사 의뢰 서식 키 값	검사	의뢰	서식	키	값		EXAM	RQST	FORM	KEY	VALUE	#N/A
입원환자처방전	TWOCS_IORDER	RDATE	DATE	일자VC8	예약 일자	예약	일자					RSV	DT	#N/A	#N/A	#N/A	#N/A

'환자마스터' 속성명 단어 분할 & 영문 약어 매핑

엔티티명	테이블명	컬럼명	데이터타입	표준 도메인	속성명	표준단어1	표준단어2	표준단어3	표준단어4	표준단어5	표준단어6	영문약어1	영문약어2	영문약어3	영문약어4	영문약어5	영문약어6
환자마스터	TWBAS_PATIENT	PTNO	CHAR(8)	환자번호VC8	환자 번호	환자	번호					PT	NO	#N/A	#N/A	#N/A	#N/A
환자마스터	TWBAS_PATIENT	SNAME	VARCHAR2(40)	성명VC30	수진자 명	수진자	명					EXMI	NM	#N/A	#N/A	#N/A	#N/A
환자마스터	TWBAS_PATIENT	SEX	CHAR(1)	구분VC1	성별	성별						SEX	#N/A	#N/A	#N/A	#N/A	#N/A
환자마스터	TWBAS_PATIENT	BIRTHDATE	DATE	일자VC8	생년월일	생년월일						BRTHYMD	#N/A	#N/A	#N/A	#N/A	#N/A
환자마스터	TWBAS_PATIENT	JUMIN1	CHAR(6)	주민등록번호앞자리VC6	주민등록앞번호	주민등록앞번호						RINN	#N/A	#N/A	#N/A	#N/A	#N/A
환자마스터	TWBAS_PATIENT	JUMIN2	CHAR(7)	주민등록번호뒷자리VC7	주민등록뒷번호	주민등록뒷번호						RINT	#N/A	#N/A	#N/A	#N/A	#N/A
환자마스터	TWBAS_PATIENT	STARTDATE	DATE	일자VC8	시작일자	시작일자						BGNDT	#N/A	#N/A	#N/A	#N/A	#N/A
환자마스터	TWBAS_PATIENT	LASTDATE	DATE	일자VC8	종료일자	종료일자						ENDDT	#N/A	#N/A	#N/A	#N/A	#N/A
환자마스터	TWBAS_PATIENT	POSTCODE1	CHAR(3)	우편번호VC7	우편번호 1	우편번호	1					ZPCD	1	#N/A	#N/A	#N/A	#N/A
환자마스터	TWBAS_PATIENT	POSTCODE2	CHAR(3)	우편번호VC7	우편번호 2	우편번호	2					ZPCD	2	#N/A	#N/A	#N/A	#N/A
환자마스터	TWBAS_PATIENT	JUSO	VARCHAR2(40)	주소VC180	현주소	현주소						CURADDR	#N/A	#N/A	#N/A	#N/A	#N/A
환자마스터	TWBAS_PATIENT	JIYUKCODE	CHAR(2)	코드VC20	지역 코드	지역	코드					AREA	CD	#N/A	#N/A	#N/A	#N/A
환자마스터	TWBAS_PATIENT	TEL	VARCHAR2(14)	전화번호VC20	전화번호	전화번호						TELNO	#N/A	#N/A	#N/A	#N/A	#N/A
환자마스터	TWBAS_PATIENT	SABUN	VARCHAR2(8)	문자형번호VC20	사원 번호	사원	번호					EMPL	NO	#N/A	#N/A	#N/A	#N/A
환자마스터	TWBAS_PATIENT	EMBPRT	CHAR(1)	구분VC1	출력 구분	출력	구분					OUPT	SE	#N/A	#N/A	#N/A	#N/A
환자마스터	TWBAS_PATIENT	BI	CHAR(2)	구분VC2	환자 구분	환자	구분					PT	SE	#N/A	#N/A	#N/A	#N/A
환자마스터	TWBAS_PATIENT	PNAME	VARCHAR2(10)	성명VC30	피보험자 성명	피보험자	성명					INPD	NM	#N/A	#N/A	#N/A	#N/A
환자마스터	TWBAS_PATIENT	GBGWANGE	CHAR(1)	구분VC1	관계 구분	관계	구분					RLTN	SE	#N/A	#N/A	#N/A	#N/A
환자마스터	TWBAS_PATIENT	KIHO	VARCHAR2(12)	기호VC30	조합 기호	조합	기호					ASSC	SYMB	#N/A	#N/A	#N/A	#N/A
환자마스터	TWBAS_PATIENT	GKIHO	VARCHAR2(18)	문자형번호VC20	증명서 번호	증명서	번호					CRTF	NO	#N/A	#N/A	#N/A	#N/A
환자마스터	TWBAS_PATIENT	GBAREA	CHAR(1)	구분VC1	지역 구분	지역	구분					AREA	SE	#N/A	#N/A	#N/A	#N/A
환자마스터	TWBAS_PATIENT	AREADATE	DATE	일자VC8	지역 거주 일자	지역	거주	일자				AREA	RSIDE	DT	#N/A	#N/A	#N/A
환자마스터	TWBAS_PATIENT	KIDNEYOPDATE	DATE	일자VC8	신장 수술 일자	신장	수술	일자				KDNY	OPRT	DT	#N/A	#N/A	#N/A
환자마스터	TWBAS_PATIENT	CHECKFLAG	CHAR(1)	구분VC1	점검 구분	점검	구분					CHCK	SE	#N/A	#N/A	#N/A	#N/A
환자마스터	TWBAS_PATIENT	CHECKREMARK	VARCHAR2(40)	내용VC4000	점검 참고사항	점검	참고사항					CHCK	RFLS	#N/A	#N/A	#N/A	#N/A
환자마스터	TWBAS_PATIENT	GBBOHUN	CHAR(1)	여부VC1	보훈 여부	보훈	여부					RWDMRT	YN	#N/A	#N/A	#N/A	#N/A
환자마스터	TWBAS_PATIENT	RELIGION	CHAR(1)	여부VC1	종교 여부	종교	여부					RLGN	YN	#N/A	#N/A	#N/A	#N/A
환자마스터	TWBAS_PATIENT	DEPTCODE	CHAR(4)	진료과코드VC4	진료과 코드	진료과	코드					MDEPT	CD	#N/A	#N/A	#N/A	#N/A
환자마스터	TWBAS_PATIENT	DRCODE	CHAR(6)	의사코드VC6	의사 코드	의사	코드					DOCTR	CD	#N/A	#N/A	#N/A	#N/A
환자마스터	TWBAS_PATIENT	GBSPC	CHAR(8)	기호VC30	특진 기호	특진	기호					SPCTRT	SYMB	#N/A	#N/A	#N/A	#N/A
환자마스터	TWBAS_PATIENT	GBGAMEK	CHAR(1)	구분VC1	감액 구분	감액	구분					DCRM	SE	#N/A	#N/A	#N/A	#N/A
환자마스터	TWBAS_PATIENT	REMARK	VARCHAR2(50)	내용VC4000	코멘트	코멘트						CMNT	#N/A	#N/A	#N/A	#N/A	#N/A
환자마스터	TWBAS_PATIENT	JINILSU	NUMBER(3)	날짜수NM5	진료 일수	진료	일수					MTRT	DDCNT	#N/A	#N/A	#N/A	#N/A
환자마스터	TWBAS_PATIENT	JINAMT	NUMBER(6)	금액NM16	진료비	진료비						MEXP	#N/A	#N/A	#N/A	#N/A	#N/A
환자마스터	TWBAS_PATIENT	TUYAKGWA	CHAR(2)	부서코드VC4	투약 과 코드	투약	과	코드				MDCT	KWA	CD	#N/A	#N/A	#N/A
환자마스터	TWBAS_PATIENT	TUYAKMONTH	CHAR(2)	월VC2	투약 월	투약	월					MDCT	MM	#N/A	#N/A	#N/A	#N/A
환자마스터	TWBAS_PATIENT	TUYAKJULDATE	NUMBER(3)	날짜수NM5	투약 일수 2	투약	일수	2				MDCT	DDCNT	2	#N/A	#N/A	#N/A
환자마스터	TWBAS_PATIENT	TUYAKILSU	NUMBER(3)	날짜수NM5	투약 일수	투약	일수					MDCT	DDCNT	#N/A	#N/A	#N/A	#N/A
환자마스터	TWBAS_PATIENT	CONSULT	VARCHAR2(30)	관리번호VC15	원외 의뢰 의사 관리번호	원외	의뢰	의사	관리번호			OTHS	RQST	DOCTR	MNGNO	#N/A	#N/A
환자마스터	TWBAS_PATIENT	CONSHOSPI	VARCHAR2(30)	명VC200	원외 의뢰 병원 명	원외	의뢰	병원	명			OTHS	RQST	HSPTL	NM	#N/A	#N/A
환자마스터	TWBAS_PATIENT	CONSAN	VARCHAR2(30)	명VC200	원외 의뢰 진료 명	원외	의뢰	진료	명			OTHS	RQST	MTRT	NM	#N/A	#N/A
환자마스터	TWBAS_PATIENT	CONSDOCTOR	VARCHAR2(10)	성명VC30	원외 의뢰 진료 의사 명	원외	의뢰	진료	의사	명		OTHS	RQST	MTRT	DOCTR	NM	#N/A
환자마스터	TWBAS_PATIENT	CONSILL	VARCHAR2(30)	명VC200	원외 의뢰 진료 병 명	원외	의뢰	진료	병	명		OTHS	RQST	MTRT	DISS	NM	#N/A
환자마스터	TWBAS_PATIENT	CONSAREA	VARCHAR2(10)	명VC200	원외 의뢰 진료 지역 명	원외	의뢰	진료	지역	명		OTHS	RQST	MTRT	AREA	NM	#N/A
환자마스터	TWBAS_PATIENT	CONSDATE	DATE	일자VC8	원외 의뢰 진료 일자	원외	의뢰	진료	일자			OTHS	RQST	MTRT	DT	#N/A	#N/A
환자마스터	TWBAS_PATIENT	TEL1	VARCHAR2(14)	전화번호VC20	전화번호 1	전화번호	1					TELNO	1	#N/A	#N/A	#N/A	#N/A
환자마스터	TWBAS_PATIENT	TEL2	VARCHAR2(14)	전화번호VC20	전화번호 2	전화번호	2					TELNO	2	#N/A	#N/A	#N/A	#N/A
환자마스터	TWBAS_PATIENT	EMAIL	VARCHAR2(30)	이메일주소VC50	메일 주소	메일	주소					EMAIL	ADRS	#N/A	#N/A	#N/A	#N/A
환자마스터	TWBAS_PATIENT	PJUMIN	CHAR(13)	주민등록번호VC13	피보험자 주민등록번호	피보험자	주민등록번호					INPD	RIND	#N/A	#N/A	#N/A	#N/A
환자마스터	TWBAS_PATIENT	BNAME	VARCHAR2(10)	명VC200	분류 명	분류	명					CLS	NM	#N/A	#N/A	#N/A	#N/A
환자마스터	TWBAS_PATIENT	BTEL	VARCHAR2(14)	전화번호VC20	본적 전화번호	본적	전화번호					PRMDMCL	TELNO	#N/A	#N/A	#N/A	#N/A
환자마스터	TWBAS_PATIENT	CANCER_ID	VARCHAR2(15)	IDVC50	암 ID	암	ID					CNCR	ID	#N/A	#N/A	#N/A	#N/A
환자마스터	TWBAS_PATIENT	CANCER_DATE	DATE	일자VC8	보험환자 암 등록일자	보험환자	암	등록일자				INSURPT	CNCR	REGDT	#N/A	#N/A	#N/A
환자마스터	TWBAS_PATIENT	CANCER_ID2	VARCHAR2(15)	IDVC50	암 ID 2	암	ID	2				CNCR	ID	2	#N/A	#N/A	#N/A
환자마스터	TWBAS_PATIENT	CANCER_DATE2	DATE	일자VC8	의료급여 암 등록일자	의료급여	암	등록일자				MDCR	CNCR	REGDT	#N/A	#N/A	#N/A

Case Study: K 병원 임상 데이터 표준화

⑥ 컬럼명 재정의

한글 단어 vs 영문 약어 매핑 결과 나온 영문 약어들 사이에 delimiter '_'를 집어넣어 연결하면 컬럼명 재정의(표준 컬럼명: 우측 끝 열)가 완성된다. 간단한 문자열 결합 엑셀 수식을 사용하면 된다. 드디어 최악의 케이스에서 악전고투로 기어 올라온 험난한 암릉길이 끝났다.

💬 'EMR 차트 마스터' 컬럼명 재정의

엔티티명	테이블명	컬럼명	데이터타입	표준 도메인	속성명	표준단어1	표준단어2	표준단어3	표준단어4	표준단어5	표준단어6	영문약어1	영문약어2	영문약어3	영문약어4	영문약어5	영문약어6	영문약어7	표준 컬럼명
EMR 차트 마스터	EMR_CHART_MASTER	PTNO	CHAR(8)	문자코드8VC8	환자 번호	환자	번호					PT	NO						PT_NO
EMR 차트 마스터	EMR_CHART_MASTER	INDATE	DATE	일자VC8	입원 일자	입원	일자					ADMI	DT						ADMI_DT
EMR 차트 마스터	EMR_CHART_MASTER	DCDATE	DATE	일자VC8	퇴원 일자	퇴원	일자					DSCH	DT						DSCH_DT
EMR 차트 마스터	EMR_CHART_MASTER	GBID	CHAR(1)	구분VC1	입원 구분	입원	구분					ADMI	SE						ADMI_SE
EMR 차트 마스터	EMR_CHART_MASTER	DEPTCODE	CHAR(4)	진료과코드5VC4	진료과 코드	진료	과	코드				MDEPT	CD						MDEPT_CD
EMR 차트 마스터	EMR_CHART_MASTER	DRCODE	CHAR(6)	의사코드VC6	진료의 코드	진료	의사	코드				DOCTR	CD						DOCTR_CD
EMR 차트 마스터	EMR_CHART_MASTER	STATUS	CHAR(1)	구분VC1	입원 상태 구분	입원	상태	구분				ADMI	STTUS	SE					ADMI_STTUS_SE
EMR 차트 마스터	EMR_CHART_MASTER	ENTERDATE	DATE	일자VC8	작성 일자	작성	일자					DRUP	DT						DRUP_DT
EMR 차트 마스터	EMR_CHART_MASTER	INTIME	DATE	일시AIDT	입원 일시	입원	일시					ADMI	DTTM						ADMI_DTTM
EMR 차트 마스터	EMR_CHART_MASTER	DCTIME	DATE	일시AIDT	퇴원 일시	퇴원	일시					DISCH	DTTM						DISCH_DTTM
EMR 차트 마스터	EMR_CHART_MASTER	INDEPTCODE	CHAR(4)	진료과코드5VC4	입원 시 진료과 코드	입원	시	진료과	코드			ADMI	OCSN	MDEPT	CD				ADMI_OCSN_MDEPT_CD
EMR 차트 마스터	EMR_CHART_MASTER	INDRCODE	CHAR(6)	의사코드VC6	입원 시 의사 코드	입원	시	의사	코드			ADMI	OCSN	DOCTR	CD				ADMI_OCSN_DOCTR_CD
EMR 차트 마스터	EMR_CHART_MASTER	WARDCODE	CHAR(6)	코드VC20	입원 시 병동 코드	입원	시	병동	코드			ADMI	OCSN	WARD	CD				ADMI_OCSN_WARD_CD
EMR 차트 마스터	EMR_CHART_MASTER	ROOMCODE	CHAR(4)	코드VC20	입원 시 병실 코드	입원	시	병실	코드			ADMI	OCSN	PTRM	CD				ADMI_OCSN_PTRM_CD
EMR 차트 마스터	EMR_CHART_MASTER	BEDNO	NUMBER(2)	순차형번호NM10	침대 번호	침대	번호					BED	NO						BED_NO
EMR 차트 마스터	EMR_CHART_MASTER	PART	VARCHAR2(6)	분류코드5VC6	DRG 환자 구분 코드	DRG	환자	구분	코드			DRG	PT	SE	CD				DRG_PT_SE_CD

💬 '환자진료서식' 컬럼명 재정의

엔티티명	테이블명	컬럼명	데이터타입	표준 도메인	속성명	표준단어1	표준단어2	표준단어3	표준단어4	표준단어5	표준단어6	영문약어1	영문약어2	영문약어3	영문약어4	영문약어5	영문약어6	표준 컬럼명
환자진료서식	MRR_FRM_CLNINFO	FRMCLN_KEY	NUMBER(10)	순번NM15	진료 정보 서식 키 값	진료	정보	서식	키	값		MTRT	INFO	FORM	KEY	VALUE		MTRT_INFO_FORM_KEY_VALUE
환자진료서식	MRR_FRM_CLNINFO	FRMCLN_REP_KEY	NUMBER(10)	순번NM15	진료 정보 서식 수정 키 값	진료	정보	서식	수정	키	값	MTRT	INFO	FORM	UPD	KEY	VALUE	MTRT_INFO_FORM_UPD_KEY_VALUE
환자진료서식	MRR_FRM_CLNINFO	FRM_KEY	NUMBER(10)	순번NM15	서식 키 값	서식	키	값				FORM	KEY	VALUE				FORM_KEY_VALUE
환자진료서식	MRR_FRM_CLNINFO	FRM_CD	CHAR(8)	코드VC20	서식 코드	서식	코드					FORM	CD					FORM_CD
환자진료서식	MRR_FRM_CLNINFO	PTNO_NO	VARCHAR2(10)	문자코드8VC8	환자 번호	환자	번호					PT	NO					PT_NO
환자진료서식	MRR_FRM_CLNINFO	CLIN_TYPE	VARCHAR2(1)	구분VC1	진료 유형	진료	유형	구분				MTRT	TYPE	SE				MTRT_TYPE_SE
환자진료서식	MRR_FRM_CLNINFO	FRM_DT	DATE	일자VC8	서식 일자	서식	일자					FORM	DT					FORM_DT
환자진료서식	MRR_FRM_CLNINFO	MED_DATE	DATE	일자VC8	검진 일자	검진	일자					MDEXMN	DT					MDEXMN_DT
환자진료서식	MRR_FRM_CLNINFO	MED_TIME	DATE	일시AIDT	검진 일시	검진	일시					MDEXMN	DTTM					MDEXMN_DTTM
환자진료서식	MRR_FRM_CLNINFO	MED_DEPT	VARCHAR2(10)	부서코드VC4	검진 부서 코드	검진	부서	코드				MDEXMN	DEPT	CD				MDEXMN_DEPT_CD
환자진료서식	MRR_FRM_CLNINFO	MED_DR	VARCHAR2(20)	의사코드VC6	검진 의사 코드	검진	의사	코드				MDEXMN	DOCTR	CD				MDEXMN_DOCTR_CD
환자진료서식	MRR_FRM_CLNINFO	CHART_FILE_NM	VARCHAR2(100)	명VC200	특수 파일 명	특수	파일	명				CHARTR	FILE	NM				CHARTR_FILE_NM
환자진료서식	MRR_FRM_CLNINFO	ESIGN_FILE_NM	VARCHAR2(100)	명VC200	전자서명 파일 명	전자서명	파일	명				FORM	FILE	NM				FORM_FILE_NM
환자진료서식	MRR_FRM_CLNINFO	READ_GB	CHAR(1)	구분VC1	판독 구분	판독	구분					INTPR	SE					INTPR_SE
환자진료서식	MRR_FRM_CLNINFO	VLD_GB	CHAR(1)	여부VC1	유효 여부	유효	여부					VALID	YN					VALID_YN
환자진료서식	MRR_FRM_CLNINFO	HDS_CD	VARCHAR2(30)	포스VC20	병원 코드	병원	코드					HSPTL	CD					HSPTL_CD
환자진료서식	MRR_FRM_CLNINFO	DEPT_CD	VARCHAR2(20)	부서코드VC4	작성 부서 코드	작성	부서	코드				DRUP	DEPT	CD				DRUP_DEPT_CD
환자진료서식	MRR_FRM_CLNINFO	SNT_IP	VARCHAR2(20)	IP주소VC15	등록자 IP주소	등록자	IP주소					REGISTNT	IPADDR					REGISTNT_IPADDR
환자진료서식	MRR_FRM_CLNINFO	ESIGN_EMPL_NO	VARCHAR2(20)	문자형번호VC20	전자서명 사번	전자서명	사번					DGSG	EMPNO					DGSG_EMPNO
환자진료서식	MRR_FRM_CLNINFO	COESIGN_TRGT_EMPL_NO	VARCHAR2(20)	문자형번호VC20	공동 서명 대상자 직원 번호	공동	서명	대상자	직원	번호		DGSG	TRIPP	EMPL	NO			DGSG_TRIPP_EMPL_NO
환자진료서식	MRR_FRM_CLNINFO	COESIGN_EMPL_NO	VARCHAR2(20)	문자형번호VC20	공동 서명 직원 번호	공동	서명	직원	번호			COPERTN	SINT	EMPL	NO			COPERTN_SINT_EMPL_NO
환자진료서식	MRR_FRM_CLNINFO	COESIGN_FILE_NM	VARCHAR2(100)	명VC200	공동 서명 파일 명	공동	서명	파일	명			COPERTN	SINT	FILE	NM			COPERTN_SINT_FILE_NM
환자진료서식	MRR_FRM_CLNINFO	FILE_PATH	VARCHAR2(200)	경로VC200	파일 경로	파일	경로					FILE	ROUT					FILE_ROUT
환자진료서식	MRR_FRM_CLNINFO	UPD_GB	VARCHAR2(1)	여부VC1	서식 수정 여부	서식	수정	여부				FORM	UPD	YN				FORM_UPD_YN
환자진료서식	MRR_FRM_CLNINFO	ORD_NO	NUMBER(10)	순차형번호NM10	오더 번호	오더	번호					ORDER	NO					ORDER_NO
환자진료서식	MRR_FRM_CLNINFO	ORD_SEQ_NO	NUMBER(10)	순차형번호NM10	오더 순번	오더	순번					ORDER	SEQNO					ORDER_SEQNO
환자진료서식	MRR_FRM_CLNINFO	OP_DATE	DATE	일시AIDT	수술 일시	수술	일시					OPRT	DTTM					OPRT_DTTM
환자진료서식	MRR_FRM_CLNINFO	OP_SEQ	NUMBER(10)	일련번호VC10	수술 일련번호	수술	일련번호					OPRT	SRNO					OPRT_SRNO
환자진료서식	MRR_FRM_CLNINFO	ENT_EMPL_NO	VARCHAR2(20)	IDVC50	등록자 ID	등록자	ID					REGISTNT	ID					REGISTNT_ID
환자진료서식	MRR_FRM_CLNINFO	ENT_DT	DATE	일시AIDT	등록일시	등록	일시					REGDTM						REGDTM
환자진료서식	MRR_FRM_CLNINFO	MFY_EMPL_NO	VARCHAR2(20)	IDVC50	수정자 ID	수정자	ID					UPDPSN	ID					UPDPSN_ID
환자진료서식	MRR_FRM_CLNINFO	MFY_DT	DATE	일시AIDT	수정일시	수정	일시					UPDTM						UPDTM
환자진료서식	MRR_FRM_CLNINFO	CONFIRM_GB	CHAR(1)	구분VC1	확인 구분	확인	구분					CNFR	SE					CNFR_SE
환자진료서식	MRR_FRM_CLNINFO	CONFIRM_DATE	DATE	일시AIDT	확인 일시	확인	일시					CNFR	DTTM					CNFR_DTTM
환자진료서식	MRR_FRM_CLNINFO	RTF_FILE_NM	VARCHAR2(200)	명VC200	파일 서식 명	파일	서식	명				TXTFM	FILE	NM				TXTFM_FILE_NM
환자진료서식	MRR_FRM_CLNINFO	FILE_SVN_URL	VARCHAR2(100)	경로VC200	파일 서버 URL	파일	서버	URL				FILE	SRVR	URL				FILE_SRVR_URL
환자진료서식	MRR_FRM_CLNINFO	TEST	CHAR(1)	여부VC1	시험 여부	시험	여부					TEST	YN					TEST_YN
환자진료서식	MRR_FRM_CLNINFO	CHOS_NO	NUMBER(5)	순차형번호NM10	선택된 번호	선택된	번호					SPCTR	NO					SPCTR_NO
환자진료서식	MRR_FRM_CLNINFO	MFY_IP	VARCHAR2(40)	IP주소VC15	수정자 IP	수정자	IP					UPDPSN	IP					UPDPSN_IP

'입원환자처방전' 컬럼명 재정의

엔티티명	테이블명	컬럼명	데이터타입	표준 도메인	속성명	표준단어1	표준단어2	표준단어3	표준단어4	표준단어5	표준단어6	영문약어1	영문약어2	영문약어3	영문약어4	영문약어5	영문약어6	표준 컬럼명
입원환자처방전	TWOCS_IORDER	PTNO	CHAR(8)	환자번호VC8	환자 번호	환자	번호					PT	NO					PT_NO
입원환자처방전	TWOCS_IORDER	BDATE	DATE	일자VC8	진단 일자	진단	일자					DIAG	DT					DIAG_DT
입원환자처방전	TWOCS_IORDER	SEQNO	NUMBER(8)	일련번호VC10	접수 일련번호	접수	일련번호					RCEPT	SRNO					RCEPT_SRNO
입원환자처방전	TWOCS_IORDER	DEPTCODE	CHAR(4)	진료과코드VC4	진료과 코드	진료과	코드					MDEPT	CD					MDEPT_CD
입원환자처방전	TWOCS_IORDER	DRCODE	CHAR(6)	의사코드VC6	의사 코드	의사	코드					DOCTR	CD					DOCTR_CD
입원환자처방전	TWOCS_IORDER	STAFFID	CHAR(6)	IDVC50	주치의 ID	주치의	ID					ATPD	ID					ATPD_ID
입원환자처방전	TWOCS_IORDER	SLIPNO	CHAR(4)	문자형번호VC20	슬립 번호	슬립	번호					SLIP	NO					SLIP_NO
입원환자처방전	TWOCS_IORDER	ORDERCODE	CHAR(8)	오더코드VC8	오더 코드	오더	코드					ORDER	CD					ORDER_CD
입원환자처방전	TWOCS_IORDER	SUCODE	CHAR(8)	수가코드VC8	수가 코드	수가	코드					MDCHRG	CD					MDCHRG_CD
입원환자처방전	TWOCS_IORDER	BUN	CHAR(2)	분류코드VC6	분류 코드	분류	코드					CLS	CD					CLS_CD
입원환자처방전	TWOCS_IORDER	GBORDER	CHAR(1)	구분VC2	오더 구분	오더	구분					ORDER	SE					ORDER_SE
입원환자처방전	TWOCS_IORDER	CONTENTS	NUMBER(6,2)	값NM18.3	내용 구분 값	내용	구분	값				CONT	SE	VALUE				CONT_SE_VALUE
입원환자처방전	TWOCS_IORDER	BCONTENTS	NUMBER(6,2)	값NM18.3	발생 구분 값	발생	구분	값				OCRN	SE	VALUE				OCRN_SE_VALUE
입원환자처방전	TWOCS_IORDER	REALQTY	CHAR(6)	수량VC12	오더 수량	오더	수량					ORDER	QY					ORDER_QY
입원환자처방전	TWOCS_IORDER	QTY	NUMBER(6,2)	수량NM15.3	수량	수량						QY						QY
입원환자처방전	TWOCS_IORDER	REALNAL	NUMBER(3)	날짜수NM5	오더 일수	오더	일수					ORDER	DDCNT					ORDER_DDCNT
입원환자처방전	TWOCS_IORDER	NAL	NUMBER(3)	날짜수NM5	사용 일수	사용	일수					USE	DDCNT					USE_DDCNT
입원환자처방전	TWOCS_IORDER	DOSCODE	CHAR(8)	코드VC20	용법 코드	용법	코드					USG	CD					USG_CD
입원환자처방전	TWOCS_IORDER	GBINFO	VARCHAR2(20)	설명VC4000	검사 정보	검사	정보					EXAM	INFO					EXAM_INFO
입원환자처방전	TWOCS_IORDER	GBSELF	CHAR(1)	구분VC1	급여 구분	급여	구분					SLRY	SE					SLRY_SE
입원환자처방전	TWOCS_IORDER	GBSPC	CHAR(1)	구분VC1	특진 구분	특진	구분					SPCTRT	SE					SPCTRT_SE
입원환자처방전	TWOCS_IORDER	GBNGT	CHAR(1)	구분VC1	당직 구분	당직	구분					NDUTY	SE					NDUTY_SE
입원환자처방전	TWOCS_IORDER	GBER	CHAR(1)	구분VC1	응급 구분	응급	구분					EMRG	SE					EMRG_SE
입원환자처방전	TWOCS_IORDER	GBPRN	CHAR(1)	구분VC1	프린트 구분	프린트	구분					PRNT	SE					PRNT_SE
입원환자처방전	TWOCS_IORDER	GBDIV	NUMBER(4,1)	수NM10	투약 주사 횟수	투약	주사	횟수				MDCT	INJT	CNT				MDCT_INJT_CNT
입원환자처방전	TWOCS_IORDER	GBBOTH	CHAR(1)	구분VC1	주사 행위 구분	주사	행위	구분				INJT	ACTION	SE				INJT_ACTION_SE
입원환자처방전	TWOCS_IORDER	GBACT	CHAR(1)	여부VC1	액팅 여부	액팅	여부					ACTNG	YN					ACTNG_YN
입원환자처방전	TWOCS_IORDER	GBTFLAG	CHAR(1)	구분VC1	퇴원 약 구분	퇴원	약	구분				DSCH	DRUG	SE				DSCH_DRUG_SE
입원환자처방전	TWOCS_IORDER	GBSEND	CHAR(1)	여부VC1	전송 여부	전송	여부					SNDN	YN					SNDN_YN
입원환자처방전	TWOCS_IORDER	GBPOSITION	VARCHAR2(4)	명VC200	전송 위치 명	전송	위치	명				SNDN	LC	NM				SNDN_LC_NM
입원환자처방전	TWOCS_IORDER	GBSTATUS	VARCHAR2(2)	구분VC2	입력 구분	입력	구분					INPUT	SE					INPUT_SE
입원환자처방전	TWOCS_IORDER	NURSEID	CHAR(8)	IDVC50	병동 DC 처치 오더 간호사 ID	병동	DC	처치	오더	간호사	ID	WARD	DC	TRTN	ORDER	RGNR	ID	WARD_DC_TRTN_ORDER_RGNR_ID
입원환자처방전	TWOCS_IORDER	ENTDATE	DATE	일시DT	입력일시	입력일시						INDTM						INDTM
입원환자처방전	TWOCS_IORDER	WARDCODE	CHAR(4)	코드VC20	병동 코드	병동	코드					WARD	CD					WARD_CD
입원환자처방전	TWOCS_IORDER	ROOMCODE	CHAR(4)	코드VC20	병실 코드	병실	코드					PTRM	CD					PTRM_CD
입원환자처방전	TWOCS_IORDER	BI	CHAR(2)	구분VC2	환자 구분	환자	구분					PT	SE					PT_SE
입원환자처방전	TWOCS_IORDER	ORDERNO	NUMBER	숫자형번호NM10	오더 번호	오더	번호					ORDER	NO					ORDER_NO
입원환자처방전	TWOCS_IORDER	REMARK	VARCHAR2(200)	내용VC4000	의사 코멘트	의사	코멘트					DOCTR	CMNT					DOCTR_CMNT
입원환자처방전	TWOCS_IORDER	ACTDATE	DATE	일자VC8	실행 일자	실행	일자					EXCT	DT					EXCT_DT
입원환자처방전	TWOCS_IORDER	GBGROUP	CHAR(2)	문자형번호VC20	혼합 주사제 그룹 번호	혼합	주사제	그룹	번호			MIX	INJTNS	GRP	NO			MIX_INJTNS_GRP_NO
입원환자처방전	TWOCS_IORDER	GBPORT	CHAR(1)	여부VC1	이동장비 여부	이동장비	여부					PORTBL	YN					PORTBL_YN
입원환자처방전	TWOCS_IORDER	ORDERSITE	VARCHAR2(4)	부서코드VC4	오더 입력 부서 코드	오더	입력	부서	코드			ORDER	INPUT	DEPT	CD			ORDER_INPUT_DEPT_CD
입원환자처방전	TWOCS_IORDER	GBPRT1	CHAR(1)	구분VC1	프린트 구분 1	프린트	구분	1				PRNT	SE	1				PRNT_SE_1
입원환자처방전	TWOCS_IORDER	GBPRT2	CHAR(1)	구분VC1	프린트 구분 2	프린트	구분	2				PRNT	SE	2				PRNT_SE_2
입원환자처방전	TWOCS_IORDER	PARMATC	CHAR(4)	단위VC20	약국 ATC	약국	ATC					PHRC	ATC					PHRC_ATC
입원환자처방전	TWOCS_IORDER	RETWARDQTY	NUMBER(6,2)	수량NM12	병동 반납 수량	병동	반납	수량				WARD	RTRN	QY				WARD_RTRN_QY
입원환자처방전	TWOCS_IORDER	RETWARDNAL	NUMBER(3)	날짜수NM5	병동 반납 일수	병동	반납	일수				WARD	RTRN	DDCNT				WARD_RTRN_DDCNT
입원환자처방전	TWOCS_IORDER	RETWARD	CHAR(1)	구분VC1	반납 사유 구분	반납	사유	구분				RTRN	RSN	SE				RTRN_RSN_SE
입원환자처방전	TWOCS_IORDER	RETPARMQTY	NUMBER(6,2)	수량NM12	약국 할인 수량	약국	할인	수량				PHRC	DC	QY				PHRC_DC_QY
입원환자처방전	TWOCS_IORDER	RETPARMNAL	NUMBER(6,2)	날짜수NM5	약국 할인 일수	약국	할인	일수				PHRC	DC	DDCNT				PHRC_DC_DDCNT
입원환자처방전	TWOCS_IORDER	RETPARM	CHAR(1)	구분VC1	약국 할인 구분	약국	할인	구분				PHRC	DC	SE				PHRC_DC_SE
입원환자처방전	TWOCS_IORDER	GBSEL	CHAR(1)	여부VC1	선택진료비 대상 여부	선택진료비	대상	여부				SPCTREXPN	TRGT	YN				SPCTREXPN_TRGT_YN
입원환자처방전	TWOCS_IORDER	EMRKEY1	NUMBER	값NM15	검체 이미지 서식 키 값	검체	이미지	서식	키	값		SPCN	IMG	FORM	KEY	VALUE		SPCN_IMG_FORM_KEY_VALUE
입원환자처방전	TWOCS_IORDER	EMRKEY2	NUMBER	값NM15	검사 의뢰 서식 키 값	검사	의뢰	서식	키	값		EXAM	RQST	FORM	KEY	VALUE		EXAM_RQST_FORM_KEY_VALUE
입원환자처방전	TWOCS_IORDER	RDATE	DATE	일자VC8	예약 일자	예약	일자					RSV	DT					RSV_DT

'환자마스터' 컬럼명 재정의

엔티티명	테이블명	컬럼명	데이터타입	표준 도메인	속성명	표준단어1	표준단어2	표준단어3	표준단어4	표준단어5	표준단어6	영문약어1	영문약어2	영문약어3	영문약어4	영문약어5	영문약어6	표준 컬럼명
환자마스터	TWBAS_PATIENT	PTNO	CHAR(8)	환자번호VC8	환자 번호	환자	번호					PT	NO					PT_NO
환자마스터	TWBAS_PATIENT	SNAME	VARCHAR2(40)	성명VC30	수진자 명	수진자	명					EXMI	NM					EXMI_NM
환자마스터	TWBAS_PATIENT	SEX	CHAR(1)	구분VC1	성별	성별						SEX						SEX
환자마스터	TWBAS_PATIENT	BIRTHDATE	DATE	일자VC8	생년월일	생년월일						BRTHYMD						BRTHYMD
환자마스터	TWBAS_PATIENT	JUMIN1	CHAR(6)	주민등록번호앞자리VC6	주민등록앞번호	주민등록앞번호						RINN						RINN
환자마스터	TWBAS_PATIENT	JUMIN2	CHAR(7)	주민등록번호뒷자리VC7	주민등록뒷번호	주민등록뒷번호						RINT						RINT
환자마스터	TWBAS_PATIENT	STARTDATE	DATE	일자VC8	시작일자	시작일자						BGNDT						BGNDT
환자마스터	TWBAS_PATIENT	LASTDATE	DATE	일자VC8	종료일자	종료일자						ENDDT						ENDDT
환자마스터	TWBAS_PATIENT	POSTCODE1	CHAR(3)	우편번호VC7	우편번호 1	우편번호	1					ZPCD	1					ZPCD_1
환자마스터	TWBAS_PATIENT	POSTCODE2	CHAR(3)	우편번호VC7	우편번호 2	우편번호	2					ZPCD	2					ZPCD_2
환자마스터	TWBAS_PATIENT	JUSO	VARCHAR2(40)	주소VC180	현주소	현주소						CURADDR						CURADDR
환자마스터	TWBAS_PATIENT	JIYUKCODE	CHAR(2)	코드VC20	지역 코드	지역	코드					AREA	CD					AREA_CD
환자마스터	TWBAS_PATIENT	TEL	VARCHAR2(14)	전화번호VC20	전화번호	전화번호						TELNO						TELNO
환자마스터	TWBAS_PATIENT	SABUN	VARCHAR2(8)	문자형번호VC20	사원 번호	사원	번호					EMPL	NO					EMPL_NO
환자마스터	TWBAS_PATIENT	EMBPRT	CHAR(1)	구분VC1	출력 구분	출력	구분					OUPT	SE					OUPT_SE
환자마스터	TWBAS_PATIENT	BI	CHAR(2)	구분VC2	환자 구분	환자	구분					PT	SE					PT_SE
환자마스터	TWBAS_PATIENT	PNAME	VARCHAR2(10)	성명VC30	피보험자 성명	피보험자	성명					INPD	NM					INPD_NM
환자마스터	TWBAS_PATIENT	GBGWANGE	CHAR(1)	구분VC1	관계 구분	관계	구분					RLTN	SE					RLTN_SE
환자마스터	TWBAS_PATIENT	KIHO	VARCHAR2(12)	기호VC30	조합 기호	조합	기호					ASSC	SYMB					ASSC_SYMB
환자마스터	TWBAS_PATIENT	GKIHO	VARCHAR2(18)	문자형번호VC20	증명서 번호	증명서	번호					CRTF	NO					CRTF_NO
환자마스터	TWBAS_PATIENT	GBAREA	CHAR(1)	구분VC1	지역 구분	지역	구분					AREA	SE					AREA_SE
환자마스터	TWBAS_PATIENT	AREADATE	DATE	일자VC8	지역 거주 일자	지역	거주	일자				AREA	RSIDE	DT				AREA_RSIDE_DT
환자마스터	TWBAS_PATIENT	KIDNEYOPDATE	DATE	일자VC8	신장 수술 일자	신장	수술	일자				KDNY	OPRT	DT				KDNY_OPRT_DT
환자마스터	TWBAS_PATIENT	CHECKFLAG	CHAR(1)	구분VC1	점검 구분	점검	구분					CHCK	SE					CHCK_SE
환자마스터	TWBAS_PATIENT	CHECKREMARK	VARCHAR2(40)	내용VC4000	점검 참고사항	점검	참고사항					CHCK	RFLS					CHCK_RFLS
환자마스터	TWBAS_PATIENT	GBBOHUN	CHAR(1)	여부VC1	보훈 여부	보훈	여부					RWDMRT	YN					RWDMRT_YN
환자마스터	TWBAS_PATIENT	RELIGION	CHAR(1)	여부VC1	종교 여부	종교	여부					RLGN	YN					RLGN_YN
환자마스터	TWBAS_PATIENT	DEPTCODE	CHAR(4)	진료과코드VC4	진료과 코드	진료과	코드					MDEPT	CD					MDEPT_CD
환자마스터	TWBAS_PATIENT	DRCODE	CHAR(6)	의사코드VC6	의사 코드	의사	코드					DOCTR	CD					DOCTR_CD
환자마스터	TWBAS_PATIENT	GBSPC	CHAR(8)	기호VC30	특진 기호	특진	기호					SPCTRT	SYMB					SPCTRT_SYMB
환자마스터	TWBAS_PATIENT	GBGAMEK	CHAR(1)	구분VC1	감액 구분	감액	구분					DCRM	SE					DCRM_SE
환자마스터	TWBAS_PATIENT	REMARK	VARCHAR2(50)	내용VC4000	코멘트	코멘트						CMNT						CMNT
환자마스터	TWBAS_PATIENT	JINILSU	NUMBER(3)	날짜수NM5	진료 일수	진료	일수					MTRT	DDCNT					MTRT_DDCNT
환자마스터	TWBAS_PATIENT	JINAMT	NUMBER(6)	금액NM16	진료비	진료비						MEXP						MEXP
환자마스터	TWBAS_PATIENT	TUYAKGWA	CHAR(2)	부서코드VC4	투약 과 코드	투약	과	코드				MDCT	KWA	CD				MDCT_KWA_CD
환자마스터	TWBAS_PATIENT	TUYAKMONTH	CHAR(2)	월VC2	투약 월	투약	월					MDCT	MM					MDCT_MM
환자마스터	TWBAS_PATIENT	TUYAKJULDATE	NUMBER(3)	날짜수NM5	투약 일수 2	투약	일수	2				MDCT	DDCNT	2				MDCT_DDCNT_2
환자마스터	TWBAS_PATIENT	TUYAKILSU	NUMBER(3)	날짜수NM5	투약 일수	투약	일수					MDCT	DDCNT					MDCT_DDCNT
환자마스터	TWBAS_PATIENT	CONSULT	VARCHAR2(30)	관리번호VC15	원외 의뢰 의사 관리번호	원외	의뢰	의사	관리번호			OTHS	RQST	DOCTR	MNGNO			OTHS_RQST_DOCTR_MNGNO
환자마스터	TWBAS_PATIENT	CONSHOSPI	VARCHAR2(30)	명VC200	원외 의뢰 병원 명	원외	의뢰	병원	명			OTHS	RQST	HSPTL	NM			OTHS_RQST_HSPTL_NM
환자마스터	TWBAS_PATIENT	CONSAN	VARCHAR2(30)	명VC200	원외 의뢰 진료 명	원외	의뢰	진료	명			OTHS	RQST	MTRT	NM			OTHS_RQST_MTRT_NM
환자마스터	TWBAS_PATIENT	CONSDOCTOR	VARCHAR2(10)	성명VC30	원외 의뢰 진료 의사 명	원외	의뢰	진료	의사	명		OTHS	RQST	MTRT	DOCTR	NM		OTHS_RQST_MTRT_DOCTR_NM
환자마스터	TWBAS_PATIENT	CONSILL	VARCHAR2(30)	명VC200	원외 의뢰 진료 병 명	원외	의뢰	진료	병	명		OTHS	RQST	MTRT	DISS	NM		OTHS_RQST_MTRT_DISS_NM
환자마스터	TWBAS_PATIENT	CONSAREA	VARCHAR2(10)	명VC200	원외 의뢰 진료 지역 명	원외	의뢰	진료	지역	명		OTHS	RQST	MTRT	AREA	NM		OTHS_RQST_MTRT_AREA_NM
환자마스터	TWBAS_PATIENT	CONSDATE	DATE	일자VC8	원외 의뢰 진료 일자	원외	의뢰	진료	일자			OTHS	RQST	MTRT	DT			OTHS_RQST_MTRT_DT
환자마스터	TWBAS_PATIENT	TEL1	VARCHAR2(14)	전화번호VC20	전화번호 1	전화번호	1					TELNO	1					TELNO_1
환자마스터	TWBAS_PATIENT	TEL2	VARCHAR2(14)	전화번호VC20	전화번호 2	전화번호	2					TELNO	2					TELNO_2
환자마스터	TWBAS_PATIENT	EMAIL	VARCHAR2(30)	이메일주소VC50	메일 주소	메일	주소					EMAIL	ADRS					EMAIL_ADRS
환자마스터	TWBAS_PATIENT	PJUMIN	CHAR(13)	주민등록번호VC13	피보험자 주민등록번호	피보험자	주민등록번호					INPD	RIND					INPD_RIND
환자마스터	TWBAS_PATIENT	BNAME	VARCHAR2(10)	명VC200	분류 명	분류	명					CLS	NM					CLS_NM
환자마스터	TWBAS_PATIENT	BTEL	VARCHAR2(14)	전화번호VC20	본적 전화번호	본적	전화번호					PRMDMCL	TELNO					PRMDMCL_TELNO
환자마스터	TWBAS_PATIENT	CANCER_ID	VARCHAR2(15)	IDVC50	암 ID	암	ID					CNCR	ID					CNCR_ID
환자마스터	TWBAS_PATIENT	CANCER_DATE	DATE	일자VC8	보험환자 암 등록일자	보험환자	암	등록일자				INSURPT	CNCR	REGDT				INSURPT_CNCR_REGDT
환자마스터	TWBAS_PATIENT	CANCER_ID2	VARCHAR2(15)	IDVC50	암 ID 2	암	ID	2				CNCR	ID	2				CNCR_ID_2
환자마스터	TWBAS_PATIENT	CANCER_DATE2	DATE	일자VC8	의료급여 암 등록일자	의료급여	암	등록일자				MDCR	CNCR	REGDT				MDCR_CNCR_REGDT

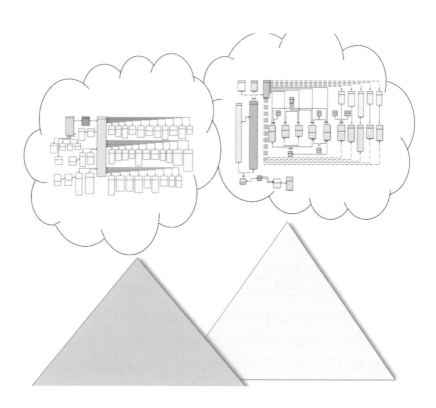

K 병원 임상 데이터 표준화를 수행하면서 우리나라 의료기관 데이터의 실태를 짐작하게 되었다. 정도의 차이는 있을지언정 비단 의료기관 데이터 실태만이 아닌 줄 안다. 프로그래머로 전성기를 구가하던 30년 전 일이다. 프로그램 로직과 소프트웨어 공학에 관심이 꽂혀 있던 내 앞에 데이터라는 것이 영화 타이탄의 분노에 나오는 산더미같이 크고 시커먼 괴물처럼 나타났다.

1990년 초, 삼성전자 4개 법인(반도체, 정보통신, 컴퓨터, 가전)을 통합하여 현재 모습의 삼성전자가 되기까지는 3년 넘는 극한의 고생 끝에 이룬 재무 시스템 통합이 수훈갑이었다. 당시 표준 회계 시스템으로 명명된 4개 법인 회계 시스템 통합 프로젝트에서 글로벌 IT 컨설팅 회사의 컨설팅 결과에 따라 그룹 최초로 관계형 데이터베이스(RDB)를 시범적으로 도입했는데, 그때 RDB를 처음 만났다. 둘째가라면 서러워할 만큼 프로그래밍엔 자신 있었지만, 대규모 데이터를 다루는 일은 생소했던 내게 전혀 본의 아니게 데이터 연계 업무가 맡겨졌다.

회계 시스템의 데이터는 대부분 타 시스템에서 들어온다. 데이터가 통합 회계 기준에 맞지 않으면 받아들일 수 없는 것이 난제 중의 난제였다. 회계 시스템 통합을 위해서는 구매, 생산, 영업, 인사, 자산 등 타 시스템의 비즈니스 로직을 새로운 통합 회계 기준에 맞게 변경해야 하는 과제를 해결해야 했다. 수십 종의 연계 데이터는 통합 회계 기준에 따른 검증 과정을 통과해야만 통합 회계 시스템의 미결 전표 DB에 적재될 수 있었다. 태산 같은 타 시스템 데이터 연계 업무를 대리급 사원 한 명에게 전담시킨 것은 누가 봐도 무도한 처사였다.

컴퓨터 프로그램은 정직하다. 프로그래머가 코딩 한 대로 동작한다. 컴퓨터 프로그램 로직을 코딩하는 프로그래머로서 내 직업 신조는 정직함이었다. 지금도 다르지 않다. 나이 먹으면서 수용의 폭이 넓어졌을 뿐이다. 프로그래머로 일하던 시절엔 상관의 부당한 지시와 같은 부조리한 처사를 수용하지 못했다. 당연히 윗사람들의 눈

밖에 났고, 특히 실질적인 인사권을 쥐고 있는 프로젝트 관리자(PM)로부터는 예의 그 무도한 업무 할당과 최하위 업적 고과 등 부당한 처사를 받기 일쑤였다. 하지만 크게 개의치 않고 여차하면 퇴사할 작정으로 일했다.

태산 같은 괴물 데이터를 검증하고, 검증 결과를 타 시스템 연계 담당에게 피드백 하는 일은 열 명 이상의 팀으로도 감당하기 힘든 업무였다. 퇴사를 작정하고 까닭 모를 오기로 버티던 어느 날 천운 같은 아이디어가 떠올랐다. 이내 연계 메타데이터를 정의하여 연계 관제 DB 설계에 착수했고, 한 달 후 연계 관리 시스템 프로토타입 개발에 성공했다. 연계 관리 시스템의 연계 모니터링 화면을 통해 타 시스템별 연계 상황을 가시화할 수 있게 되면서 해결의 실마리를 잡았다. 데이터를 연계하는 타 시스템, 연계 데이터명, 전송 건수, 오류 건수, 이관 건수 등의 연계 상황을 한눈에 볼 수 있게 되었다. 훗날 알았지만, 이 연계 관리 시스템은 EAI 시스템의 원형이었다. 결국, 연계 데이터의 정합성에 대한 책임이 전적으로 타 시스템에 귀속되었고, 나는 데이터 검증 프로그램 개발과 연계 관리 시스템 기능 개선에 전념하면 되었다.

내 앞에 타이탄의 괴물같이 서 있던 데이터가 어느덧 전설의 페가수스로 변해 나를 태우고 날아오르며 승승장구의 길을 열어주었다. 기적이었다. 날마다 퇴사를 염두에 두고 출근하던 나는 프로젝트 완료와 더불어 전격 승진했고, 그룹의 실세인 비서실 재무팀에 파견되었다가 과장 직급으로 삼성 경제 연구소 정보 기술 팀장을 맡게 되는 파격적인 행보를 이어갔다. 시커먼 괴물 데이터를 규칙에 맞게 길들일 수 있게 되니 어느덧 충견처럼 따르며 생업전선에서 나를 도왔다. 지금 내가 데이터 분야 전문가로 젊은 노년을 사는 것도 내게 착한 데이터가 된 그 옛날의 괴물 데이터 덕분이 아닐까 생각한다. 그땐 이가 갈리게 힘들었지만, 나를 쫓아내기 위해 무지막지한 데이터 연계 일을 맡긴 개발팀 PM이 내게 큰 선물을 준 셈이다. 그리고 퇴사를 각오했기에 거침없이 행동하던 나를 퇴출시키지 않고 기다려 준 끝에 성공을 이끌어낸 삼성전자 재무팀 프로젝트 총괄관리자와 T/F 실무진은 내게 은인인 셈이다. 그래서 지금은 감사한 마음뿐이다.

이야기가 곁길로 빠졌다. 30년 전 일을 떠올린 동기가 데이터를 응용시스템 업무 로직에 맞게 정제 처리하여 DB에 적재하는 일이 얼마나 힘든 일인지 생생하게 들려주고 싶은 마음에 있음을, 비즈니스 룰, 즉 업무처리 기준에 어긋나는 데이터는 쌓이면 쓰레기더미에 지나지 않는다는 사실을, 쓰레기 데이터를 처리해야 하는 담당자에게 데이터는 끔찍한 괴물이 된다는 생각을 애써 전하려 함이다. 비즈니스 룰에 맞게 데이터를 정확히 만들어 내지 않으면 데이터는 쓰레기가 되고 숨 막히는 괴물이 된 다. 쓰레기가 쌓여감에 따라 점차 괴물로 변하는 데이터는 언젠가 타이탄의 분노로 돌아와 자기를 괴물로 만든 자들에게 복수하게 되는 것이 데이터 세계의 법칙이다. 이참에 데이터 품질의 중요성에 대해 재삼 생각해 볼 터이다.

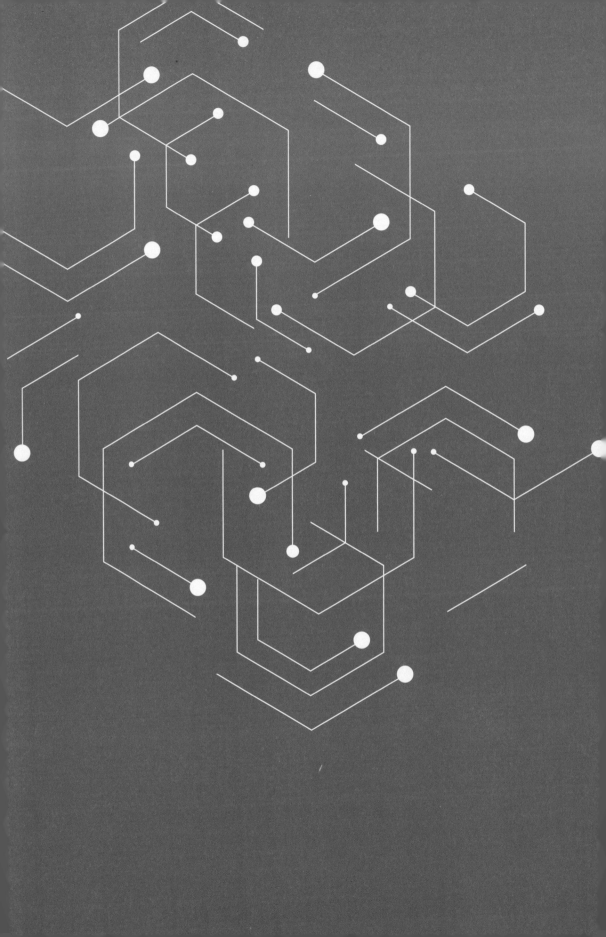

데이터 구조 설계

데이터 모델링의 진수

- PK는 테이블의 행 데이터에 대한 식별자이다
- PK 컬럼을 다른 테이블에서 참조 컬럼으로 사용할 때 관계가 형성되며, 이때 참조 컬럼은 FK가 된다
- 테이블과 테이블 간 관계에 의해 거시적인 데이터 구조가 형성된다
- 따라서, PK는 데이터 구조를 결정한다

데이터 모델링의 진수, 구조 설계에 대하여

DB 메타데이터 표준화를 완료함으로써 데이터 모델링은 본궤도에 오른다. 이번 코스에서는 데이터 모델링의 진수인 구조 설계에 대하여 리얼하게 배울 것이다. 소설 같은 현실을 겪으며 터득한 실전 지식이 데이터 모델러나 데이터 아키텍트를 지망하는 이들의 학습 여정에 마중물이 되어 쉽고 즐거운 배움의 길로 안내할 것이다.

데이터 구조는 엔티티, 속성, 키, 관계로 형성된다

첫 장에서 우리는 데이터 모델링은 DB 메타데이터로 데이터 구조를 설계하는 것임을 알았다. 그리고 엔티티명과 속성명이 바로 DB 메타데이터라는 것을 알았다. 첫 장에서 예시한 '직원' 및 '부서코드' 엔티티로 이루어진 데이터 모델을 다시 보자.

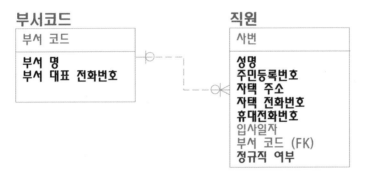

[데이터 모델 예시]

'부서코드' 엔티티의 속성은 부서 코드, 부서명, 부서 대표 전화번호이다. 이 가운데 부서코드는 '키' 속성, 정확히는 기본 키이다. 데이터 모델의 키는 기본 키(Primary Key: PK), 외래키(Foreign Key: FK) 두 종류가 있다. 기본 키 속성은 모델의 최상단에 위치한다.
'직원' 엔티티의 속성은 사번, 성명, 주민등록번호, 자택 주소, 자택 전화번호, 휴대전화번호, 입사 일자, 부서 코드, 정규직 여부이다. 이 가운데 사번은 'PK' 속성이다.

'직원' 엔티티의 부서코드 속성 옆의 (FK) 표시는 '외래키'라는 표시이며, '부서코드' 엔티티의 PK인 부서코드를 승계받는다는 뜻이다. 이로써 두 엔티티 간 '관계'가 형성된다.

이것으로 데이터 모델의 모든 구성 요소로 설계된 '데이터 구조'에 대한 개념을 잡을 수 있을 것이다. 이를 확인하는 의미에서, 답변이 나날이 세련되어감이 체감되는 ChatGPT에 데이터 모델링에 대하여 다시 물어보았다. 이번에는 Bing 검색엔진에 결합된 ChatGPT가 아니라, 유료 버전인 ChatGPT Plus를 이용했다. 다음과 같은 설명이 나왔다.

"데이터 모델링은 현실 세계의 정보를 컴퓨터 시스템에서 사용할 수 있는 구조로 변환하는 프로세스입니다. 데이터 모델링은 데이터베이스 설계와 관련이 깊으며, 데이터베이스에서 사용되는 데이터의 구조, 관계, 제약 조건 등을 정의합니다.

데이터 모델링은 데이터의 중요한 측면을 추상화하여 표현하는 방법입니다. 이는 현실 세계의 개념, 개체, 속성, 관계 등을 데이터베이스 테이블, 열, 관계 등의 개념으로 매핑하는 과정을 의미합니다. 데이터 모델링은 데이터베이스 시스템의 성능, 유지보수성, 데이터의 일관성과 정확성을 보장하기 위해 중요한 역할을 합니다. (중략)

데이터 모델링을 통해 데이터의 구조와 관계를 명확하게 정의함으로써, 데이터베이스 시스템의 설계, 개발, 유지보수 과정에서 일관성 있는 데이터 관리를 가능케 합니다."

교과서적인 개념이 무난하게 기술되고 있다. 이 가운데 반복적으로 나오는 두 개의 키워드에 주목하자. 첫째는 '구조', 둘째는 '관계'이다. IT 업계에서 데이터 모델링은 관계형 데이터 모델링으로 통용된다. 관계형 데이터 모델을 ER 모델(Entity Relationship Model)이라고 하며, ER 모델을 표현하는 수단이 ERD(Entity Relationship Diagram)이다. ERD는 수많은 엔티티와 관계선으로 묘사된다.

다음은 ERD 예시들이다.

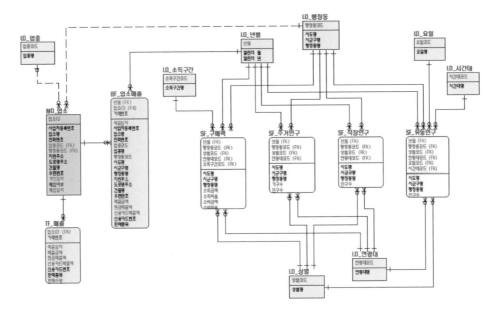

[개체-관계 다이어그램(ERD) 예시-1]

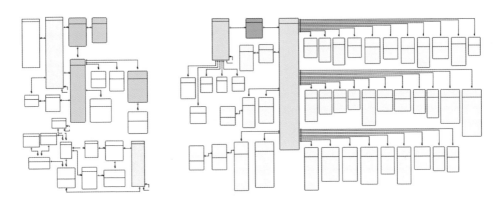

[개체-관계 다이어그램(ERD) 예시-2]

　개체(엔티티) 그리고 개체 간 관계(선), 이 두 가지가 데이터 구조 즉 모델의 형상을 이룬다. 개체를 이루는 구성 요소는 속성(Attribute)이다. 속성 가운데 키(Key)로 정의된 키 속성에 의해 개체 간 관계가 형성된다. 따라서 개체, 속성, 키, 그리고 관계는 데이터 구조를 이루는 구성 요소다. 결국, 데이터 모델은 개체, 속성, 키, 관계로 형성되는 데이터 구조인 것이다.

한편 속성(키 속성 + 일반 속성)들은 개체를 구성하는 요소이므로, 거시적으로 단순화하면 데이터 모델링은 개체와 관계로 데이터 구조를 묘사하는 것이라고 할 수 있다. 그렇게 보면 데이터 모델링은 생각보다 쉬운 것이다.

실전 핵심 요약

1. 데이터 모델링은 DB 메타데이터로 데이터 구조를 설계하는 일이다.
2. 개체명와 속성명은 DB 메타데이터이다.
3. 데이터 구조는 개체, 속성, 키, 그리고 관계로 이루어진다.
4. 키 속성에 의해 개체 간 관계가 형성된다.
5. 거시적 관점에서 데이터 모델링은 개체와 관계로 데이터 구조를 묘사하는 것이다.

데이터 구성도, 전체 데이터를 한눈에 조망하기

　데이터 구성도는 정보 시스템 데이터의 전반적인 구성과 거시적 구조를 한눈에 조망할 수 있게 해 주는 조감도이다. 좋은 모델링을 위한 으뜸 요건은 데이터 구조를 알기 쉽게 표현하는 것이고, 그 첫 단계가 데이터 구성도를 그리는 일이다. 한눈에 볼 수 있는 데이터 구성도를 작성하면 데이터 모델러는 물론 데이터 관리자, DBA, 정보 시스템 운영자 및 유지보수 엔지니어, 그리고 사용자에 이르기까지 모든 관계자가 데이터 구성도를 통해 데이터의 전체적인 구조를 거시적으로 개관할 수 있다. 따라서 데이터 모델링의 첫 단계로 데이터 구성도를 그리는 일은 매우 실용적이다. 또한, 데이터 구성 설계로 개념 모델을 대체할 수 있다(프로젝트 실전에서 개념 모델링을 수행하는 경우는 거의 없다.). 데이터 구성 설계는 알기 쉬운 데이터 모델링의 시금석이다.

　데이터 구성도 설계는 주제영역 정의로부터 시작된다. 그러므로 주제영역 정의는 데이터 모델링의 출발점이다. 주제영역별 데이터를 한눈에 조망할 수 있는 다음 예시를 보자.

01_기획	02_공고	03_접수	04_평가	05_협약	06_과제수행	07_사후관리	08_성과	09_기준관리	10_공통

[데이터 구성도 예시]

주제영역별 데이터 구성 설계

주제영역별 데이터 구성 설계는 업무적 친밀도와 관련성이 높은 데이터들을 하나의 카테고리로 묶는 일이다. 주제영역은 기정의된 업무 프로세스(Business Process)를 기준으로 설정하거나 응용 시스템의 주제영역을 차용하되, 데이터 고유의 카테고리(예: 공통, 기준 관리)를 추가하는 방식으로 정의한다. 다음은 앞 페이지에 예시한 데이터 구성도를 작성하기 위한 주제영역 정의 사례다.

ID	주제영역	정의	주요 엔티티	유효 엔티티 수
01	기획	정보통신기술 연구 사업 정보, 공시 기획과제 정보, 전문위원회 및 전문가위원 정보 등 연구사업 공시 기획과제 정보를 관리하는 Logical 데이터 영역	공시기획과제, 공시, 사업구조, 전문가위원, 전문위원회, 대과제	14
02	공고	정보통신기술 연구 수요조사 정보, 과제공고 정보, 과제공고사업 정보 등 연구사업 과제 공고 정보를 관리하는 Logical 데이터 영역	과제공고, 과제공고사업, 과제공고참여제한, 공고가점, 수요조사공고, 수요조사신청	20
03	접수	과제 신청/접수 정보, 과제접수 조정 정보, 연차수행과제 접수 정보 등 연구사업 과제 접수 정보를 관리하는 Logical 데이터 영역	과제마스터, 과제접수, 과제접수기관, 과제접수인력, 과제접수조정, 과제신청	26
04	평가	평가 계획/수행/결과 정보, 평가위원회 정보, 평가위원 정보, 평가 보고서 정보 등 접수 과제에 대한 평가 정보를 관리하는 Logical 데이터 영역	평가과제, 평가항목, 평가대상, 평가계획, 평가종합, 평가위원, 검토위원회, 평가보고서	47
05	협약	협약과제 마스터 정보와 협약 연차과제 정보, 협약 변경 정보 등 연구사업 과제 협약 정보를 관리하는 Logical 데이터 영역	협약과제, 협약과제참여기관, 협약과제참여인력, 협약과제개인정보, 협약변경정보	50
06	과제수행	과제 마스터 정보, 연차수행과제 관리정보, 과제참여기관 정보, 과제참여인력 정보, 과제장비 정보를 관리하는 Logical 데이터 영역	과제, 연차수행과제, 과제참여기관, 과제참여인력, 과제성과지표, 과제도입계획장비	35
07	사후관리	정산기관 마스터 정보, 정산정보, 제재/참여제한정보, 기술료 정보, 납부계획/실적, 사후과제, 심의결과 관리하는 Logical 데이터 영역	정산기관, 정산, 정산주체, 제재전문위원회, 기술료실시보고, 납부계획/실적, 참여제한	40
08	성과	사업성과목표/지표 정보, 성과조사대상과제 정보, 성과조사항목 정보 등 연구과제 수행 성과 정보를 관리하는 Logical 데이터 영역	사업성과지표, 성과조사대상과제, 성과조사항목(논문, 지식재산권, 사업화, 기술이전 등)	20
09	기준관리	기준정보, 기관 마스터 정보, 개인 마스터 정보를 관리하는 Logical 데이터 영역	기준정보, 기관, 기관소속인력, 기관제재, 개인, 개인학위/논문/저역서, 개인제재 등	24
10	공통	공통코드를 비롯한 연구분야코드, ICT기술분류코드 등 RMS 공통코드 정보를 관리하는 Logical 데이터 영역	공통코드, 연구분야유형, 연구분야코드, ICT기술분류코드, 비목코드, 첨부파일	14

[주제영역 정의 사례(예시)]

주제영역 안의 데이터는 주제영역별로 도출된 엔티티 가운데 핵심 엔티티를 선별하여 배치하거나(신규 시스템 데이터 모델링), 데이터베이스 내 유효 테이블을 식별하여 배치(기존 시스템 데이터 리모델링 또는 추가 모델링)한다.

데이터 구성도에 표현되는 데이터는 그 의미가 잘 전달되도록 데이터 논리명(엔티티명)을 명료하게 정의하는 것이 중요하다. 이를 위하여 모든 엔티티들에 대한 명칭을 정의하는 일이 선행되어야 하며, 이는 데이터 표준화 측면에서 해야 하는 일이지만 데이터 구성 설계에서 그 의의가 빛난다.

주제영역별 데이터 구성 설계는 그대로 논리 모델링으로 이어진다. 논리 모델링에서 엔티티가 추가될지언정 주제영역은 변함없이 유지되어야 한다. 데이터 구성 설계는 시스템 설계의 효율과 통합성을 높이고 오류와 복잡성을 줄이는 Top-Down 어프로치의 전형이다. 주제영역별 데이터 구성 절차는 다음 예시와 같다.

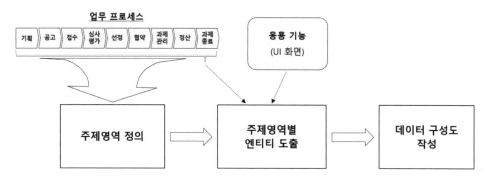

[주제영역별 데이터 구성 절차 예시]

주제영역별 엔티티 도출은 데이터 모델링의 핵심 타스크로, 업무 프로세스 분석 또는 응용 기능(화면) 분석을 통해 수행한다. 교과서적인 모델링 프로세스에서는 개념 모델링 단계에서 핵심 엔티티를 도출하고, 논리 모델링 단계에서 모든 엔티티를 빠짐없이 도출한다. 하지만 실전 모델링에서는 주제영역별 데이터 구성 설계 단계에서 핵심 엔티티를 비롯하여 유의미한 엔티티를 조기에 도출하고 이를 바탕으로 논리 모델링을 집중적으로 수행함으로써 가시적 효과에 따른 모델링 업무 효율을 극대화할 수 있다.

다음 예시는 모 기관 정보 시스템의 데이터 구성도를 논리 모델로 이행한 사례의 일부이다. 예시를 통해 Top-Down 데이터 모델링의 윤곽을 잡아 보자.

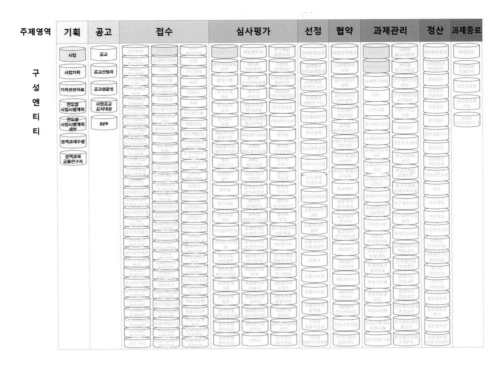

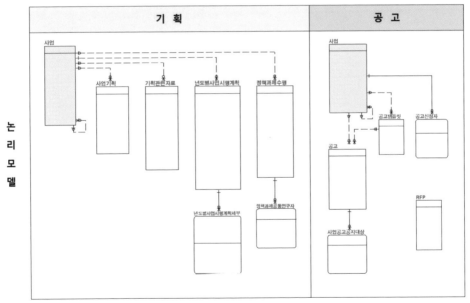

[데이터 구성도 → 논리 모델 이행 예시]

1. 데이터 구성도는 정보 시스템 데이터의 전반적인 구성을 한눈에 조망할 수 있게 해 주는 조감도이다.
2. 주제영역 정의는 데이터 모델링의 출발점이다.
3. 주제영역별 데이터 구성 설계는 업무적 친밀도와 관련성이 높은 데이터들을 하나의 카테고리로 묶는 일이다.
4. 데이터 구성도에 표현되는 데이터는 그 의미가 잘 전달되도록 데이터 논리명을 명료하게 정의하는 것이 중요하다.

PK, 데이터 구조를 지배하는 마스터키

드디어 데이터 모델링 첫 번째 산봉우리에 오를 시간이다. 산봉우리 정상에 오르면 산 아래 펼쳐진 지형을 한눈에 볼 수 있다. 데이터 모델링 산 아래 보이는 지형이 데이터 구조다. 데이터 신(神)은 산 아래 지형을 지배할 수 있는 마스터키를 어딘가에 감춰 놓았다. 데이터 모델링 산에서 마스터키를 찾으면 산 아래 지형을 지배할 수 있다는 전설이 있다. 마스터키에 의해 산 아래 지형이 결정되기 때문이라고 한다. 그 마스터키의 이름은 Primary Key다. 약칭 PK로 불린다. 영어 Prime은 가장 뛰어난 최고라는 뜻을 가지고 있다. Primary가 거기서 유래한다. 지존이라 불리는 최고수가 무림의 세계를 지배하듯, PK는 모델링 세계의 지존으로써 데이터 모델을 지배한다.

PK가 데이터 구조를 결정한다

"PK가 데이터 구조를 지배한다." 이 말을 진리로 믿으면 누구나 데이터 모델링 산을 정복할 수 있다. 데이터 신이 감춰 놓은 마스터키를 찾기만 하면 누구든 자기 앞에 놓인 모델링 산을 힘들지 않게 오를 수 있다.

PK 개념을 어떻게 설명하고 있는지 구글링해 보니 상위 리스트 페이지에 다음과 같은 설명이 나왔다.

> "Primary Key의 약어로 데이터베이스의 기본 키를 의미한다. 기본 키는 후보키 중에서 특별히 선정된 키로 중복된 값을 가질 수 없다. 유일성과 최소성을 가지며 튜플을 식별하기 위해 반드시 필요한 키이다. NULL 값이 있어서도 안 된다."
> "PK는 각 행을 고유하게 식별하는 역할을 한다. 지정된 컬럼에는 중복된 값이나 NULL 값을 가질 수 없다."

정리하면, '테이블의 행 데이터에 대한 식별자이고, 유일한 값을 가져야 하고, NULL 값을 가질 수 없다.'이다.

이 개념 정리에 비추어 보면, 지금까지 경험한 수많은 정보 시스템의 무수한 DB 테이블들의 PK가 '일련번호'인 것이 일견 타당하게 보인다. 1, 2, 3, … 으로 증가하는 일련번호라면 테이블 내 레코드(행 데이터)를 식별할 수 있고, 중복될 수 없다. 일련번호 PK는 자체로 절대 중복이 있을 수 없다. 그런데 데이터 중복은 PK 중복 금지로 해결되는 문제가 아니다.

일련번호가 PK이고, 성명, 생년월일, 휴대전화번호를 일반 속성으로 갖는 테이블이 있다고 하자. 이 테이블에 데이터를 insert하는 입력 프로그램에 데이터 검증(data validation) 로직이 없다면 동일한 데이터가 몇 번이고 중복으로 입력될 수 있다. 예를 들어 테이블에 다음과 같은 행 데이터들이 존재할 수 있다.

일련번호	성명	생년월일	휴대전화번호
00001	김철수	19990112	01023578890
00002	이영희	20010416	01052130422
00003	박찬호	19770717	01073337890
00004	최진수	19880324	01055482306
00005	박찬호	19770717	01073337890
00006	박찬호	19770717	01073337890

일련번호만 다를 뿐 동일한 데이터 3개가 중복으로 존재한다. 실제로 N 연구 기관 R&D 과제 관리 데이터베이스의 논문 마스터 테이블에는 동일한 논문이 수십 건이나 중복으로 저장되어 있다. (논문 마스터 테이블의 PK가 논문 일련번호이다.) 이처럼 일련번호 PK가 데이터 중복을 방지할 수 있다는 생각에 일련번호를 PK로 설정한 테이블이 부지기수다.

더욱이 관계형 DBMS에서 PK는 데이터 무결성 제약 조건(CONSTRAINT)을 갖는다. 테이블을 생성하는 DDL의 PRIMARY KEY 선언문에 CONSTRAINT를 반드시 기재하도록 코딩 규칙이 못 박혀 있다. 이는 DBMS 차원에서 엄연히 PK 컬럼은 중복값과 NULL 값을 가질 수 없다는 것이다. 데이터베이스 관리 시스템이 상술한 PK 개념에 위배되지 않게 물리적으로 관리해 주니, 굳이 중요한 개념이라고 내세울 것도 없다.

뭔가 석연치 않다. 이번에도 ChatGPT에 질문해 보았다.

"PK는 관계형 데이터베이스에서 Primary Key(기본 키)를 나타내는 약어입니다. 기본 키는 테이블의 각 레코드(행)를 고유하게 식별하는 데 사용되는 필드(열)입니다. 즉, 테이블 내에서 중복되지 않는 값을 갖고 있어야 합니다. 기본 키는 다음과 같은 중요한 역할을 수행합니다.

고유성: 기본 키는 테이블 내에서 각 레코드를 고유하게 식별합니다. 이를 통해 각 레코드에 대한 유일한 식별자를 제공하며, 데이터의 일관성과 무결성을 유지하는 데 도움을 줍니다.

레코드 연결: 기본 키는 다른 테이블과의 관계를 설정하는 데 사용될 수 있습니다. 다른 테이블에서 기본 키를 참조함으로써 테이블 간의 관계를 형성하고, 데이터의 무결성과 일관성을 유지할 수 있습니다.

검색 및 정렬의 효율성: 기본 키는 데이터베이스에서 레코드를 빠르게 검색하고 정렬하는 데 사용됩니다. 데이터베이스 시스템은 기본 키를 인덱스로 사용하여 데이터 액세스의 효율성을 높일 수 있습니다.

기본 키는 주로 테이블 설계 시 선택되며, 테이블에는 보통 하나의 기본 키가 있습니다. 기본 키로 사용될 수 있는 유형은 다양하지만, 일반적으로 자동 증가하는 정수형 필드나 고유한 문자열 필드가 사용됩니다."

유일한 식별자로써 데이터 고유성과 무결성을 유지하는 PK 역할은 구글링 결과와 같고, 레코드 연결과 검색 및 정렬의 효율성이라는 두 가지 역할이 추가되었다. 레코드 연결은 설명에 있는 것처럼 테이블 간의 관계를 형성하는 개념이다. 테이블 관계는 외래키(Foreign Key: FK)로 정의된 컬럼에 의해 형성된다. 어떤 테이블에서 PK로 선언된 컬럼을 다른 테이블에서 참조 컬럼으로 사용할 때 그 컬럼이 FK가 된다. 한 테이블에서 다른 테이블의 PK 컬럼값을 승계받으니 자연스레 두 테이블 사이에 연결 관계가 형성되는 것이다.

업소 엔티티를 중심으로 관계가 형성된 다음 데이터 모델을 눈여겨보면 개념이 선명해진다. 구체적인 내용은 뒤이어 오를 코스에서 다룰 것이다.

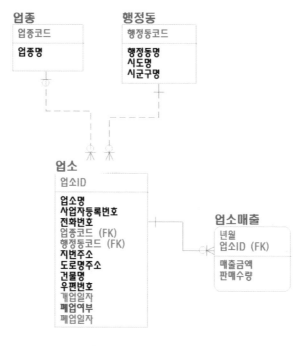

[업소 데이터 모델 예시]

최선의 PK 설정(컬럼 선정, 컬럼 순서)에 공들여야 하는 이유

ChatGPT가 제시한 PK의 중요한 역할 가운데 세 번째 '검색 및 정렬의 효율성'[13]에 대하여 알아보자. 검색과 정렬의 효율성 관점에서 PK가 왜 중요할까. PK 컬럼 선정과 컬럼 순서는 검색 효율에 영향을 미친다.[14]

---

13) IT 지식을 제공하는 웹페이지나 블로그 등을 구글링하면 검색의 효율성이나 정렬의 효율성 관점에서 PK가 중요한 역할을 한다는 내용이 거의 나오지 않는다. 하지만 ChatGPT가 이를 PK의 중요한 역할로 정의한 것을 보면, 요즘 화두가 된 인공지능 시대의 직업 종말 위기론이 IT 업계 종사자들에게 현실이 된 것 같다. 업무 요건을 정확히 정의해 주면 순식간에 프로그램 코드를 작성하는 생성형 AI가 조만간 소프트웨어 업계를 잠식할 것이라는 보도가 예사롭지 않다. 의례적인 정보 시스템 개발 일에 종사하는 소프트웨어 개발자들은 생성형 AI를 이용한 코딩 방법 등으로 인공지능시대의 문을 능동적으로 열어가는 것이 현명해 보인다.

14) PK로 선언된 컬럼에는 테이블 생성 시 DBMS가 자동으로 인덱스를 생성한다. 검색(조회) 효율을 높이기 위한 메커니즘이다. PK가 복합 키(2개 이상의 다중 컬럼으로 구성된 키)로 설정된 경우 인덱스는 multi-cloumn index로 만들어지며, 먼저 선언된 컬럼 순서로 계층구조 인덱스가 형성된다. 일반 사용자든 데이터 분석가든 데이터베이스 검색 결과가 특정 컬럼(들)을 기준으로 정렬된 형태로 출력받기 원한다. 그에 따라 SQL문 ORDER BY를 자주 사용하기 마련이다. 따라서 복합 키를 갖는 테이블을 설계할 때는 사용자 질의에 가능한 빠른 성능으로 응답하도록 자주 사용되는 검색 패턴을 고려하여 PK 컬럼 순서를 정해야 한다. 이것도 데이터 모델링에서 저버릴 수 없는 미션이다.

예를 들어, CRM(고객관리) 시스템에서 판매 실적을 관리하는 업무를 생각해 보자. 월별 판매 실적 관리가 주 업무로써 월별 판매 실적에 따라 부서 평가와 그에 따른 인센티브가 주어진다고 하자. 업무 시스템의 데이터베이스에는 상품 코드, 상품명, 판매 금액, 판매 년월, 부서코드를 주요 속성으로 하는 판매 실적 집계 테이블이 필요하다. 각자가 테이블 설계자라면 PK를 어떻게 설정하겠는가? 설명의 편의를 위해 객관식 문제를 제시해 본다.

다음 중 판매 실적 집계 테이블의 PK 구성으로 가장 적절한 것을 고르시오. (컬럼과 컬럼을 이어주는 '+' 기호는 컬럼 배치의 선후관계를 의미한다.)

① 상품 코드 + 부서 코드 + 판매 년월

판매실적

상품 코드 부서 코드 판매 년월
상품 명 판매 금액

② 부서 코드 + 상품 코드 + 판매 년월

판매실적

부서 코드 상품 코드 판매 년월
상품 명 판매 금액

③ 판매 년월 + 부서 코드 + 상품 코드

판매실적

판매 년월 부서 코드 상품 코드
상품 명 판매 금액

④ 판매 년월 + 부서 코드

판매실적

판매 년월 부서 코드
판매 금액

①번을 검토해 보자. 데이터 모델링은 업무 요건을 이해하는 것에서 출발한다. 월별 판매 실적 관리가 주 업무이고 월별 판매 실적에 따라 부서 평가와 인센티브가 주어진다고 했다. 부서 평가는 부서별로 판매 실적이 평가 기준이다. 따라서 부서별 판매 실적 데이터 집계가 쉬운(효율적인) 모델이라야 한다. 부서별 데이터 집계가 효율적이려면 부서코드가 다른 컬럼에 우선해야 한다. 따라서 부서코드가 PK의 첫 번째 컬럼으로 설정되어야 한다. 검색과 정렬의 효율성 관점에서 ①번은 틀렸다.

부서 코드가 PK의 첫 번째 컬럼으로 설정된 ②번은 부서 코드에 이어지는 컬럼에 상품 코드가 있다. 이 경우 부서별 상품별 판매 실적 관리가 상시적 업무이고 부서별 상품별 판매 실적에 대한 조회 요구(Query)가 많다면 적절한 설정이다.

③번은 ②번 PK 설정에서 판매 년월이 첫 번째 컬럼으로 순서가 바뀐 설정이다. 문제에 주어진 업무 요건에서 월별 판매 실적 관리가 주 업무라고 했다. ②번 검토에서 가정한 부서별 상품별 판매 실적 관리가 상시적 업무인지를 이 문제 풀이에서는 알 수 없다.

결국, 판매 년월이 최우선 컬럼이 되어야 월별 판매 실적 관리를 위한 조회 요구 및 집계 성능이 가장 효율적인 구조가 된다. 그렇다면 ③번 또는 ④번이 ②번 보다 더 적절한 PK 구조다. 그리고 이왕이면 부서별 상품별 집계 요구에 부응하도록 상품 코드를 PK에 포함하는 것이 바람직하다. 따라서 문제에 주어진 요건에 부합하는 최적의 PK 구조는 ③번이다.

수많은 통계 시스템과 BI 시스템(Business Intelligence System) 구축 프로젝트에서 데이터 웨어하우스 모델링을 위한 운영계[15] 데이터베이스를 분석해 보았지만, 위 예와 유사

---

15) 흔히 정보 시스템을 운영계와 정보계로 구분한다. 운영계는 정보 시스템을 사용하는 조직의 업무 근간을 이루는 필수적인 기능들로 구성된 응용 시스템, 이를테면 회계, 인사, 판매 관리, 구매 관리 등의 정보 시스템을 말한다. 이에 비해 정보계 시스템은 운영계에서 생성되어 운영하는 데이터를 기초로 조직의 의사 결정에 도움을 주는 통계나 경영 전략 수립에 의미 있는 시사점을 주는 정보를 다양한 관점에서 제공하는 정보 시스템을 말한다. 운영계 데이터는 전적으로 관계형 DB 기반의 정형 데이터이며, 정보계 시스템은 운영계 데이터를 원천으로 구축한다. 정보계 시스템의 데이터베이스는 데이터 웨어하우스 형태로 구축하는 것이 일반적이다. 여기에 이미지, 동영상 데이터 등의 비정형 데이터를 저장하는 데이터 레이크(Data Lake)를 혼합한 레이크하우스(LakeHouse) 아키텍처로 빅데이터 플랫폼을 구축하는 것이 최근의 경향이다.

한 성격의 테이블들 가운데 검색 및 정렬의 효율성을 고려한 구조로 PK를 설정한 테이블은 매우 드물었다. 일례로 날짜 속성과 일련번호로 구성된 PK를 지닌 트랜잭션 테이블의 경우, PK 컬럼 순서가 '일련번호 + 발생 일자'로 설정된 테이블이 부지기수였다. 발생 일자가 후순위로 설정되면 대체로 사용자 질의에 조회 성능이 떨어진다. 사용자 질의의 대부분이 첫 번째 조회 조건으로 날짜나 기간을 선택하는 경우가 많기 때문이다.

통상적으로 알고 있거나 알려진 PK 개념이 얼마나 빈약한지 피부에 와 닿을 것이다. 앞으로 모델링 산에 오르는 과정에서 이러한 통념의 숲에 가려진 진실을 몇 번 더 보게 될 것이다.

실전 핵심 요약

1. PK(Primary Key)는 테이블의 행 데이터에 대한 식별자이다.
2. PK는 유일한 값을 가지며, Null 값을 가질 수 없다.
3. PK 컬럼을 다른 테이블에서 참조 컬럼으로 사용할 때 관계가 형성되며, 이때 다른 테이블의 참조 컬럼은 FK(Foreign Key)가 된다.
4. 테이블과 테이블 간 관계에 의해 거시적인 데이터 구조가 형성된다.
5. 따라서 PK는 데이터 구조를 결정한다.

FK, 부모 없이는 살 수 없지만

지난 코스에서 자세히 다루지 못한 Foreign Key에 대해 배울 차례다. 이미 눈여겨본 바 있는 업소 데이터 모델을 보면서 FK 개념을 비롯하여 관련 모델링 용어를 학습하는 코스다.

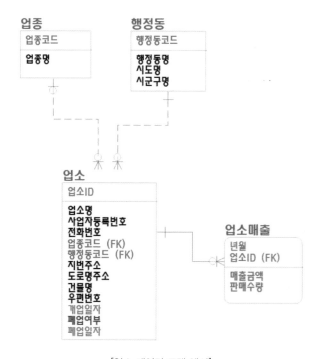

[업소 데이터 모델 예시]

부모 테이블 vs 자식 테이블

어떤 테이블의 PK 컬럼을 다른 테이블에서 참조 컬럼으로 사용할 때, 다른 테이블의 참조 컬럼이 FK가 된다고 했다. 어떤 테이블의 PK 컬럼을 다른 테이블에서 참조할 때, PK 컬럼을 참조당하는(?) 어떤 테이블을 '부모 테이블(parent table)'이라고 하고, PK 컬럼을 참조하는 다른 테이블을 '자식 테이블(child table)'이라고 한다.

부모 없는 자식이 있을 수 없듯이 일단 관계가 맺어지면 자식 테이블의 FK 컬럼은 오직 부모 테이블의 PK만 바라보는 종속 관계가 된다. 부모가 먼저 태어나고 자식은 먼저 태어난 부모가 가진 속성을 물려받는 것과 같은 이치다.

식별 관계 vs 비식별 관계, 일대일 관계 vs 일대다 관계

위 예시에서 '업소마스터' 테이블의 업소 ID 컬럼을 '업소매출' 테이블에서 침조하는데, 그 업소 ID 컬럼은 PK 컬럼인 동시에 FK이다. 이 경우 예시에 보이는 것과 같이 관계선을 실선으로 표현한다. 이러한 관계를 '식별 관계(Identifying Relationship)'라고 한다.

한편 '업소마스터' 테이블의 (PK가 아닌) 업종 분류코드와 행정동 코드는 '업종' 테이블과 '행정동' 테이블의 PK 컬럼을 각각 참조한다. 이때 관계선은 점선이 된다. 이러한 관계를 '비식별 관계(Non-Identifying Relationship)'라고 한다. 이것은 관계형 데이터 모델을 표현하는 ERD 작성 규칙이다.

이제 관계선 양 끝의 모양을 보자. 한쪽 끝에는 작대기 모양이, 다른 한쪽에는 쇠스랑처럼 생긴 것(일명 까치발이라고 함)이 보인다. 이것들은 부모-자식 관계에 있어 자식의 수가 하나인지 둘 이상인지를 나타내는 것이라고 보면 된다. 교과서적으로 말하자면 부모 테이블과 자식 테이블의 관계가 1:1 관계인지, 1:M - 일대다(多, Many) 관계인지를 표현하는 것이다. 여기에 동그라미가 붙어 있으면 붙어 있는 쪽 테이블의 데이터가 없을 수도 있다는 뜻이다.

이렇게 대응 관계를 숫자로 표현하는 것을 전문 용어로 카디널리티(Cardinality)라고 한다. 어디에도 명쾌한 설명이 없는 용어는 잊어버려도 무방하다. 실전 모델링에서는 전혀 문제 되지 않는다. 모델링 도구의 관계 설정 기능에서 제시되는 관계 조건을 확인 선택하기만 하면 정확한 유형의 관계선이 자동 생성되기 때문이다. 다음 예시를 보면서 FK에 의해 형성되는 관계를 확실히 알아 두자.

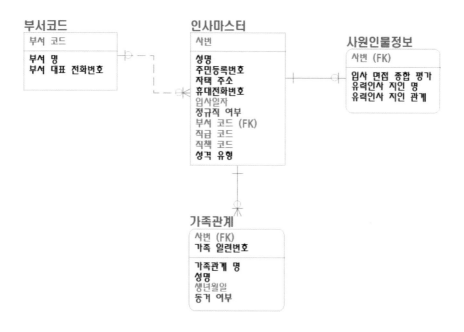

[인사 마스터 데이터 모델 예시]

'인사마스터' 테이블의 PK는 당연히 사번이다. '사원인물정보'는 개인별 인사 기밀에 해당하는 사항들을 관리하는 테이블로써 보안상 '인사마스터'에 포함하지 않고 별도 관리하는 것이라고 치자. 동일한 사원의 정보를 분리하여 관리하는 것이므로 '인사마스터' vs '사원인물정보' 테이블은 자식이 하나뿐인 1:1 관계이다.

'가족관계' 테이블은 사원의 가족 사항을 관리한다. 사원별로 여러 명의 가족을 관리할 수 있는 부모-자식 관계인 1:M 구조지만 가족이 없는 경우 인스턴스가 없으므로 관계선에 동그라미가 붙어 있다.

'부서코드' vs '인사마스터'는 사원이 소속된 부서 정보 조회를 위하여 소속 부서 코드 컬럼으로 '부서코드' 테이블을 참조하는 부모-자식 관계로써 1:M 구조이다. 눈여겨보아야 할 부분은 '부서코드' 테이블 쪽에 붙어 있는 동그라미다. 이는 두 테이블이 '비식별 관계'일 때 가능한 구조다. 이 동그라미는 부서 코드가 없어도 사원이 존재할 수 있다는 뜻이다. 즉 '인사마스터' 테이블에 소속 부서 코드 컬럼 데이터값이 없는(null인) 사원 튜플(행 레코드)이 존재할 수 있다는 것이다. 소속 부서 없이 근무하는 대기 발령자나 아직 부서 발령이 나지 않은 신입사원을 고려할 때 적절한 관계 설정이다. 하지만 부모 없는 자식을 허용하는 이러한 관계 구조가 불가피하다면 데이터 정합성은 포기해야 한다.

식별 관계, 비식별 관계, 일대일 관계, 일대다 관계 모두 모델링 도구에서 선택적으로 설정할 수 있다. 관계 설정 시 디폴트로 제공되는 설정 조건을 확인하여 부모 없는 비식별 관계를 배제할 수 있다. 범용화된 관계형 데이터 모델링 툴, erwin은 다음 예시와 같은 형태로 관계 설정 창을 제공한다.

[상용 데이터 모델링 툴의 관계 설정 창 예시-1]

Cardinality 콤보박스에 있는 4가지 중 하나를 선택하여 관계 유형을 일차적으로 설정하고, Relationship Type 콤보박스의 'Identifying' 또는 'Non-Identifying' 옵션 및 Null 옵션을 선택하는 것에 의해 관계 구조가 결정된다. Null 옵션은 'Non-Identifying' 옵션을 선택하였을 때 활성화되는데, 다음 그림과 같이 'Nulls Allowed'를 함께 선택하면 부모 없는 자식을 허용하는 비식별 관계- 이를 선택적 비식별 관계(Optional Non-Identifying Relationship)라고 한다. -구조로 모델 설계를 진행하게 된다.

[상용 데이터 모델링 툴의 관계 설정 창 예시-2]

범용화된 모델링 툴에서는 부모-자식 테이블 간 참조 무결성이 유지되도록 제약 조건[16]이 디폴트로 세팅된다.

데이터 처리	Relation Type	
	식별 관계(Identifying)	비식별 관계(Non-Identifying)
자식 데이터 Delete	제약 없음	제약 없음
자식 데이터 Insert	제약 조건 적용	제약 조건 적용
자식 데이터 Update	제약 조건 적용	제약 조건 적용
부모 데이터 Delete	제약 조건 적용	제약 조건 적용
부모 데이터 Insert	제약 없음	제약 없음
부모 데이터 Update	제약 조건 적용	제약 조건 적용

[상용 데이터 모델링 툴의 참조 무결성 디폴트 제약 조건]

다음은 상용 모델링 툴의 관계 설정 창에서 제시되는 디폴트 참조무결성 제약 조건을 보여주는 예시다.

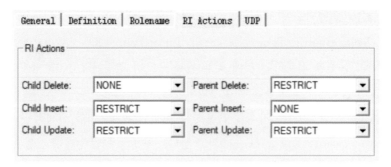

[상용 데이터 모델링 툴의 참조 무결성 제약 조건 설정 창 예시]

---

16) 참조 무결성 제약조건(Referential Integrity Constraint)은 관계형 데이터 모델에서 관계가 맺어진 테이블의 PK와 FK 데이터 값이 항상 일치하도록 데이터 처리(Insert, Delete, Update) 규칙을 정하는 것이다. 데이터 측면에서 규정하는 일종의 비즈니스 룰로써, 이를 통해 데이터 무결성을 유지할 수 있다.

이제 어려운 구간은 거의 다 지났다. 여기서 정상으로 이어지는 등산길은 힘들이지 않고 즐겁게 오를 수 있는 능선 길이다.

실전 핵심 요약

1. 어떤 테이블의 PK 컬럼을 다른 테이블에서 참조 컬럼으로 사용할 때 그 컬럼을 FK라고 한다.
2. 테이블 간 참조 관계가 형성되었을 때 FK가 있는 테이블을 자식 테이블이라고 하며, FK가 참조하는 테이블을 부모 테이블이라고 한다.
3. FK가 동시에 PK 컬럼인 경우 부모-자식 테이블 관계를 '식별 관계'라고 하며, FK가 PK 컬럼이 아닌 일반 컬럼인 경우 '비식별 관계'라고 한다.
4. 관계선 양 끝의 형태는 부모:자식 관계가 1:1 또는 1:M(Many)인지, 자식 테이블(아주 드물게는 부모 테이블)의 데이터가 필수적인지 선택적인지를 나타낸다.
5. 부모-자식 테이블 간 정합성 확보를 위해 데이터 모델링 시 참조 무결성 제약 조건(Referential Integrity Constraint)을 정의할 필요가 있다.

데이터 모델링 진실의 창

웹페이지에 올려진 수많은 데이터 모델링 글들이 비식별관계 데이터 구조를 권장하고 있다. 비식별관계는 데이터 구조 변경이 용이하고 부모 엔티티의 영향 없이 자식 데이터를 자유롭게 처리(입력, 수정, 삭제)할 수 있다는 것, 즉 데이터 구조 변경의 유연성과 데이터 운용의 편의성을 장점으로 내세운다. 이는 이론뿐인 객관식 시험문제의 답 같은 말이다. 비식별관계도 참조무결성 제약 조건에 의해 데이터 처리에 제약을 받는다. 또한, 구조 변경이 용이하다는 말은 대규모 데이터 이행 같은 실전 경험이 부족한 자들이 하는 말이다. 현실 세계에서 데이터 구조 변경은 불가능에 가깝다. 데이터 구조 변경은 기존 데이터를 새로운 모델에 맞게 이행(migration)하는 일을 수반하기 때문이다. 이는 기존 시스템을 부수고 새로 구축하는 것에 버금가는 일이다. 빅뱅 방식으로 기존 시스템을 대폭 수정하는 차세대 시스템 구축 사업에서도 대규모 데이터 이행이 뒤따르는 데이터 구조 변경은 기피한다. 기존 데이터를 새로운 구조의 데이터 모델로 이행하는 일이 얼마나 어려운지 경험해 본 사람은 안다.

모델링 툴로 '쉽게' 모델링하는 방법

지금까지 산행하는 동안 수없이 본 산(데이터 모델)의 모습을 화폭에 담는 법을 배우는 코스에 도착했다. 많이 보아서 눈에 익숙한 다음 데이터 모델을 다시 보자. 이 데이터 모델을 모델링 툴(상용 소프트웨어)를 이용해 쉽게 그리는 방법을 소개한다.

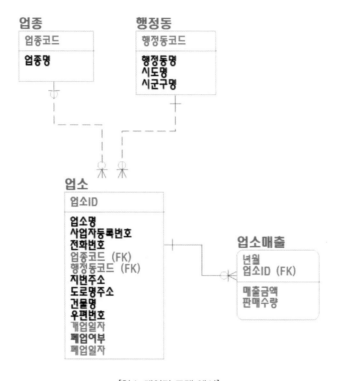

[업소 데이터 모델 예시]

위 데이터 모델은 4개의 엔티티로 구성되어 있다는 것을 한눈에 알 수 있다. 4개의 박스(엔티티) 위 왼쪽에 청색의 엔티티명이 선명하다. 각 박스는 두 개 영역으로 뚜렷하게 나누어져 있다. 위쪽 박스가 PK 속성 영역, 아래쪽이 일반 속성 영역이다. 지난 모델링 코스를 통해 우리는 'PK가 데이터 구조를 결정한다.'라는 것을 이미 알고 있다. PK 속성을 맨 위에 별도 영역으로 분리해 놓는 표기법은 'PK는 데이터 모델을 결정하는 중요한 속성이므로 PK 속성을 일반 속성과 명확히 구분해 놓을 필요가 있다.'라는 철학을 담고 있다. 이러한 설계 사상은 '알기 쉬움(easy to understand)' 관점에서 꽤 훌륭하다. PK를 일견하여 직관적으로 모델의 성격과 정체성을 파악할 수 있기 때문이다.

PK 영역을 일반 속성 영역과 별도 구분하여 표기하는 데이터 모델링 방법은 IE 방법론[17]에 따른 표기법이다. IT 세계에서 데이터 모델링 표기법은 크게 두 가지로 자리매김하고 있다. 하나는 IE 표기법이고, 다른 하나는 바커 표기법[18]이다.

---

17) 1980년대 들어 소프트웨어 개발에 컴퓨터를 적극적으로 활용하면서 CASE가 IT 분야에 키워드로 부상하자, CASE를 모태로 하는 소프트웨어 개발 방법론이 비약적으로 발전하였다. 그런데 프로세스 중심의 소프트웨어 개발 방법론은 정보 시스템 개발이 기업 환경의 변화와 사용자 요구 변경에 신속히 부응하지 못해 시스템 유지보수에 커다란 오버헤드를 초래하였다. 이를 배경으로 비즈니스 프로세스의 변경이 발생해도 관련 데이터의 변경은 미미하다는 사실에 기반한 데이터 중심의 정보 시스템 개발 방법론이 대두하였다. 정보 공학(Information Engineering: IE) 방법론이 그것이다. IE 방법론은 영국의 IT 컨설턴트인 제임스 마틴에 의해 체계화되어 IT 역사에 한 획을 긋는 패러다임으로 자리매김하였다. 이 가운데 변함없는 효용성으로 관계형 데이터베이스 설계 분야에 크게 기여한 것이 IE 표기법에 따른 ERD(Entity Relationship Diagram) 작도 방법이다. 데이터 모델링 하면 으레 ERD를 떠올리기 마련인 것은, 그것이 IE 방법론에 연유하는 까닭이다. IE 표기법에 따라 잘 작도된 ERD는 무엇보다 '한눈에 보기 쉽다'는 장점이 있다. 데이터 모델 표현이 간결하기 때문이다. 이 장점은 데이터 구조를 결정하는 PK(Primary Key) 속성을 일반 속성과 구분하여 한눈에 보이게 표현하는 방식에서 돋보인다. 이는 책 제목이자 전반에 흐르는 '알기 쉬운' 배움의 철학과 일맥상통한다. 하지만 우리나라 데이터 분야의 현실은 이와 상반되는 기조다. 일례로 DA(Data Architecture) 전문 지식과 컨텐츠로 독보적인 데이터 온에어를 비롯한 대부분의 DA 가이드와 기존 데이터 모델링 서적은 데이터 관계 정의에 있어 정확성과 엄격성을 강조한다. 이는 데이터 모델의 선악을 좌우할 만큼 중요하지 않지만, 이 지점에서 데이터 모델링을 배우는 사람은 학습 의지를 잃기 쉽다. 예컨대 데이터 관계명은 강조되는 정확성과 엄격성을 고수하기 위한 노력에 비해 효용성이 없다. 오랜 경험을 지닌 베테랑 데이터 모델러는 보통 수백 개의 엔티티로 설계하는 정보 시스템의 데이터 모델에서 관계명이 모델 전반을 어지럽게 만드는 사족에 불과하다는 것을 알고 있다. '알기 쉬움'을 시종일관 견지하는 이 책에서 데이터 모델 예시를 IE 표기법에 따르는 모델링 툴(erwin)로 작도한 배경이다.

18) 영국 컨설팅 회사 CACI에 의해 처음 개발되었고, 리차드 바커(Richard Barker)가 발전시킨 표기법. IE 표기법이 사실상 표준처럼 국제적으로 널리 사용되고 있는 데 비해 한국에서는 바커 표기법도 적잖이 사용한다. 유독 한국에서 마켓 셰어가 압도적인 오라클이 바커 표기법을 채택한 데 연유하는 것으로 보인다. ① 엔티티명을 박스 안에 표기, ② PK 속성 영역을 분리하지 않고 글머리 기호 '#'로 표기, ③ 속성값의 필수 여부를 글머리 기호로 '*'/'o'로 표기, ④ 관계선의 필수/옵션 여부를 점선으로 표기, ⑤ 서브타입 엔티티를 박스 안에 작은 박스로 표기하여 차별화된 표기법을 표방한다.

데이터 모델링 툴로 ERD 작도하기

모델링 툴로 데이터 모델을 작도하는 방법을 소개한다. 먼저 모델링 프로그램 메뉴를 통해 작도하는 방법이다. 다음 예시는 IE 표기법에 따른 데이터 모델링을 지원하는 상용 소프트웨어[19]*에서 데이터 모델을 작도하기 위한 초기 화면이다.

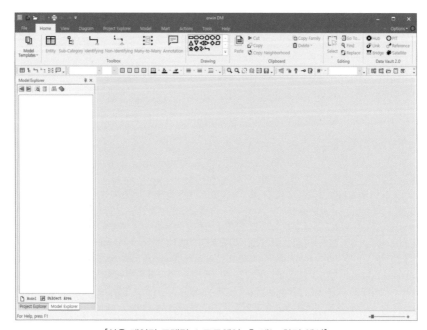

[상용 데이터 모델링 소프트웨어: 홈 메뉴 화면 예시]

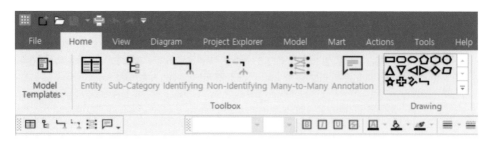

[상용 데이터 모델링 소프트웨어: 홈메뉴 화면- 메뉴바 예시]

---

19) 본 단원에서 사용한 데이터 모델링 소프트웨어는 erwin Data Modeler 12.5 버전임.

최상단 두 번째 아이콘에 커서를 위치하면 다음과 같이 새로운 ERD 작도를 가리키는 말풍선이 나타난다.

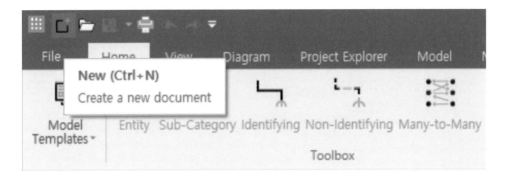

[상용 데이터 모델링 툴– 새로운 ERD 생성 준비 예시]

아이콘을 클릭하면 ERD를 작도할 작업 패널이 생성된다.

[상용 데이터 모델링 툴– ERD 작업 패널 생성 예시]

홈 메뉴 툴바 두 번째 아이콘을 클릭하면 다음과 같이 두 개의 칸으로 나누어진 정사각형 박스가 생성됨과 동시에 엔티티명을 입력하도록 하는 액션 이벤트가 실행된다(위쪽 화면). 아래쪽 화면 이미지는 엔티티명을 입력한 모습이다.

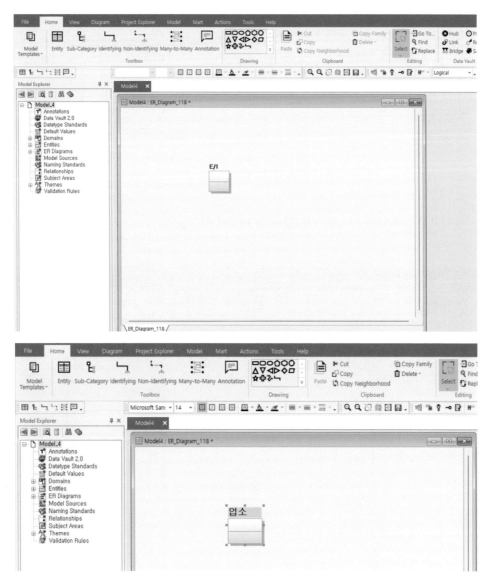

[상용 데이터 모델링 툴– 엔티티 생성 예시]

엔티티명을 입력한 후 탭(Tab) 키를 누르면 PK 속성을 기입하도록 첫 번째 칸이 활성화되면서 속성명 입력 자리에 'new'가 표시된다(화면 이미지상). PK 속성명을 입력한 후 '엔터' 키를 누르면 계속해서 PK 속성을 입력하도록 다음 라인이 활성화되고(화면 이미지 중), '탭'을 누르면 PK 속성 입력이 종료되고 일반 속성 칸이 활성화된다(화면 이미지 하).

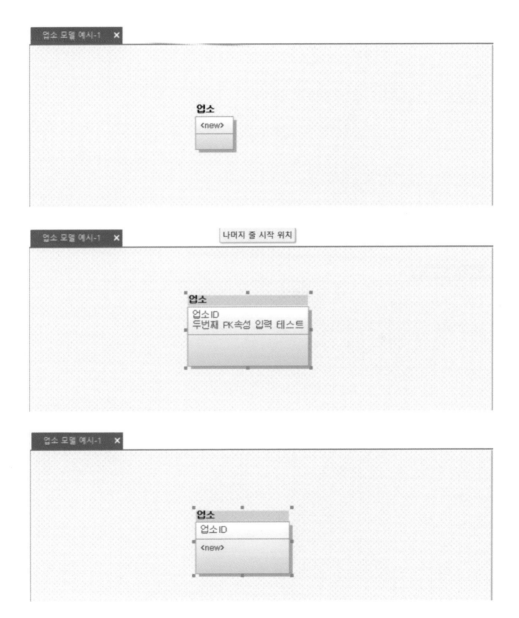

[상용 데이터 모델링 툴- 엔티티 속성명 입력 작업 예시]

이러한 방법으로 '업소' 엔티티를 구성하는 모든 속성(업소 ID, 업소명, 사업자등록번호, 전화번호, 업종코드 …)을 입력한 화면(상)과 업소 데이터 모델을 구성하는 '업소', '업종', '행정동', '업소매출' 4개 엔티티에 대한 속성명 정의를 완료한 화면(하)이다.

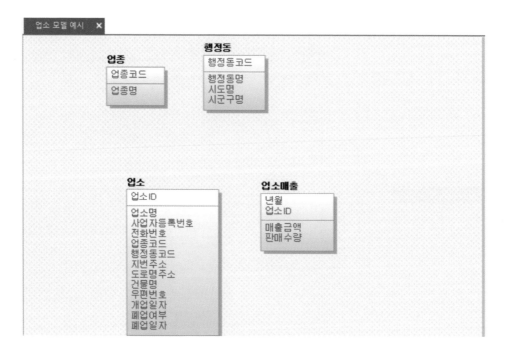

[상용 데이터 모델링 툴- 엔티티/속성 작성 예시]

데이터 모델링은 DB 메타데이터로 데이터 구조를 설계하는 것이다. 엔티티명과 속성명은 기본적인 구성 요소로써 가장 중요한 DB 메타데이터이므로 최우선적으로 정의해야 한다. 그다음으로 속성에 대한 PK 속성 여부, 데이터 타입, 도메인(값의 범위)도 필수적으로 정의해야 하는 DB 메타데이터이다. 다음 예시는 엔티티를 클릭한 후 특정 속성을 더블클릭하거나, 우클릭 메뉴 리스트 가운데 두 번째 'Attribute Properties'를 선택하면(상) 나타나는 속성 편집창(하)에서 업소명 이하 모든 속성들의 필수적 DB 메타데이터를 정의한 작업 화면이다.

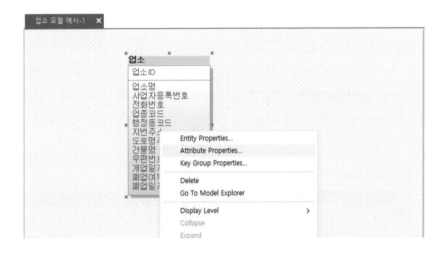

[상용 데이터 모델링 툴- 속성 편집(DB 메타데이터 정의) 작업 예시]

관계선 그리기

　개별적인 엔티티 작성을 완료하면 엔티티 간 관계를 설정해야 한다. 지나온 코스에서 주의 깊게 조망한 PK와 FK를 상기한다면 엔티티 관계선을 그리는 방법은 의외로 간단하다.

　한눈에 알 수 있듯이 '업소' 엔티티는 업소 데이터 모델의 전반을 아우르는 엔티티이다. 이러한 엔티티는 소위 '마스터' 테이블에 해당하며, 관계형 데이터 모델의 일반적인 구조는 마스터 테이블을 중심으로 수많은 테이블들이 연결되는 형태를 지닌다. 먼저 '업소' 엔티티와 여타 엔티티가 공통으로 가지고 있는 속성에 주목해 보자. '업종' 엔티티의 '업종 코드'와 '행정동' 엔티티의 '행정동 코드'를 일반 속성으로 가지고 있다. 이를 통해 두 엔티티 간 비식별 관계 구조가 형성되어야 함을 직관적으로 알 수 있다. 아래 화면에 보이는 홈 메뉴 툴바에서 점선의 까치발 모양 아이콘(회색 음영)이 비식별 관계 설정 아이콘이다. 이 아이콘을 선택하고 부모 엔티티를 클릭한 후 자식 엔티티를 클릭하면 관계가 형성된다(다음 페이지 그림).

[상용 데이터 모델링 툴- 관계선 그리기 예시-1]

같은 방식으로 홈 메뉴 툴바 네 번째에 있는 실선의 까치발 모양 아이콘을 선택하여 '업소' 엔티티와 '업소 매출' 엔티티 간 식별 관계의 관계선을 그릴 수 있다. 간단한 예이지만 PK 속성을 공유하는 모든 엔티티 간 관계선을 그려 넣어서 데이터 모델을 완성하였다.

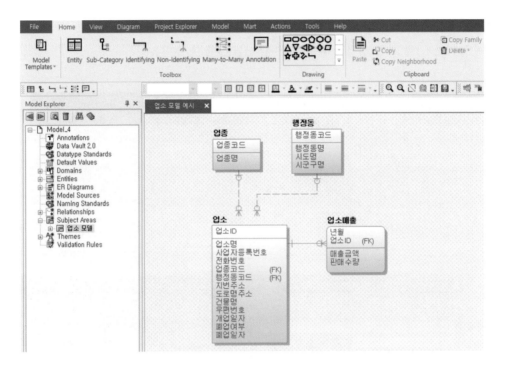

[상용 데이터 모델링 툴- 관계선 그리기 예시-2]

데이터 모델링 툴 작업 창에서 엔티티와 속성을 정의하고 관계선을 그려 넣는 일련의 모델링 과정은 시간과 노력이 많이 드는 작업이다. 엔티티와 속성 정보(DB 메타데이터)를 정확히 기술할 수 있다면, 데이터 모델의 메타데이터를 엑셀 시트에 기재하는 것으로 ERD를 자동으로 생성할 수 있는 방법이 있다. 이어지는 페이지에서 이 방법을 소개한다.

상용 데이터 모델링 툴의 부가 기능을 이용하여 쉽게 모델링하기

　상용 데이터 모델링 소프트웨어는 데이터 모델의 DB 메타데이터가 정의된 엑셀 시트를 읽어 ERD를 자동 생성해 주는 부가 기능을 제공한다. 예컨대 erwin의 Tools 메뉴에 Add-Ins 리스트로 제공되는 erwin9_AM_Pro[20] 모듈을 이용하면 수작업 모델링에 드는 시간과 노력을 대폭 줄일 수 있다. 다음의 두 화면이 사전에 작성한 엑셀 시트를 읽어 들여 ERD를 자동 생성해 주는 Add-In 모듈 실행 예시이다.

[상용 데이터 모델링 툴- 엑셀 시트 기반 ERD 자동생성 Add-In 기능 예시]

20) 솔루션 문의: erwin@softverk.co.kr

엑셀 시트에는 다음과 같은 형식으로 DB 메타데이터를 기술(정의)한다.

엔티티명	테이블명	Owner	엔티티 정의	속성명	컬럼명	데이터 타입	속성 정의	PK	Null
업소	STORE	BZDB	소상공인 업소 마스터	업소ID	STORE_ID	VARCHAR2(20)	업소ID	Y	N
업소	STORE	BZDB	소상공인 업소 마스터	업소명	STORE_NM	VARCHAR2(500)	업소명	N	N
업소	STORE	BZDB	소상공인 업소 마스터	사업자등록번호	BIZRNO	VARCHAR2(10)	사업자등록번호	N	N
업소	STORE	BZDB	소상공인 업소 마스터	전화번호	TELNO	VARCHAR2(30)	전화번호	N	Y
업소	STORE	BZDB	소상공인 업소 마스터	업종코드	BIZTYP_CD	VARCHAR2(8)	업종코드	N	Y
업소	STORE	BZDB	소상공인 업소 마스터	행정동코드	ADMDONG_CD	VARCHAR2(9)	행정동코드	N	N
업소	STORE	BZDB	소상공인 업소 마스터	지번주소	LNADDR	VARCHAR2(300)	지번주소	N	N
업소	STORE	BZDB	소상공인 업소 마스터	도로명주소	RNADDR	VARCHAR2(300)	도로명주소	N	N
업소	STORE	BZDB	소상공인 업소 마스터	건물명	BLDG_NM	VARCHAR2(500)	건물명	N	Y
업소	STORE	BZDB	소상공인 업소 마스터	우편번호	ZIP	VARCHAR2(5)	우편번호	N	Y
업소	STORE	BZDB	소상공인 업소 마스터	개업일자	OPNBIZ_YMD	VARCHAR2(8)	개업일자	N	N
업소	STORE	BZDB	소상공인 업소 마스터	폐업여부	CLSBIZ_YN	CHAR(1)	폐업여부	N	Y
업소	STORE	BZDB	소상공인 업소 마스터	폐업일자	CLSBIZ_YMD	VARCHAR2(8)	폐업일자	N	Y
업종	BIZTYP	BZDB	업종 분류코드	업종코드	BIZTYP_CD	VARCHAR2(8)	업종코드	Y	N
업종	BIZTYP	BZDB	업종 분류코드	업종명	BIZTYP_NM	VARCHAR2(9)	업종명	N	Y
행정동	ADMDONG	BZDB	행정동 코드 정보	행정동코드	ADMDONG_CD	VARCHAR2(9)	행정동코드	Y	N
행정동	ADMDONG	BZDB	행정동 코드 정보	행정동명	ADMDONG_NM	VARCHAR2(50)	행정동명	N	N
행정동	ADMDONG	BZDB	행정동 코드 정보	시도명	CTYPRV_NM	VARCHAR2(50)	시도명	N	N
행정동	ADMDONG	BZDB	행정동 코드 정보	시군구명	CGG_NM	VARCHAR2(50)	시군구명	N	N
업소매출	STORE_SALES	BZDB	월별 업소 매출 정보	년월	YM	VARCHAR2(6)	년월	Y	N
업소매출	STORE_SALES	BZDB	월별 업소 매출 정보	업소ID	STORE_ID	VARCHAR2(20)	업소ID	Y	N
업소매출	STORE_SALES	BZDB	월별 업소 매출 정보	매출금액	SALES_AMT	NUMBER(15)	매출금액	N	N
업소매출	STORE_SALES	BZDB	월별 업소 매출 정보	판매수량	SALES_NUM	NUMBER(9)	판매수량	N	Y

[ERD 자동 생성 모듈의 Input 데이터로써 엑셀 시트에 정의된 DB 메타데이터 예시]

데이터 모델링 산행 첫 번째 코스에서 우리는 **데이터 모델링이란 DB 메타데이터로 데이터 구조를 설계하는 것**이라는 것을 알았다. 그리고 메타데이터가 무엇인지 탐색하는 코스에서 엔티티를 설명해주는 엔티티명과 엔티티의 구성 요소인 속성을 설명해주는 속성명이 'DB 메타데이터'임을 알았다. 위 엑셀 시트 제목 행의 각 열 이름 '엔티티명, 테이블명, 엔티티 정의, 엔티티 노트, 속성명, 컬럼명, 데이터 타입, 속성 정의, 속성 노트, PK, Null 여부는 모두 데이터 모델의 구성 요소로써 바로 'DB 메타데이터'인 것이다. 앞 페이지에 소개한 ERD 자동 생성 모듈은 데이터 모델의 구성 요소인 이들 DB 메타데이터를 입력 데이터로 ERD를 출력해주는 프로그램이라는 것을 알 수 있다.

🗨 두 번째 쉼터에서

컴퓨터와 인연을 맺은 지 40년이 넘었다. 1982년 지금은 박물관 유물이 된 IBM 1130 기종과 처음 만나 포트란 프로그램으로 교감했고, 이듬해 8비트 애플 PC를 만나 베이직 프로그램으로 컴퓨터와 소통했다. 프로그래밍에 재미가 붙어 소프트웨어 개발로 진로를 바꿨다. 졸업과 동시에 소프트웨어 하우스에 입사했다. S대 전자계산기공학과 78학번 몇 명이 모여 만든 작은 벤처 회사다. 8비트 애플 PC가 역사의 뒤안길로 사라지고 IBM 호환 PC가 시장을 석권하며 본격적인 퍼스널 컴퓨터 시대를 열어가던 때다.

당시 S 공대 캠퍼스에 전자계산기공학과(현 컴퓨터공학부)를 중심으로 C언어 프로그래밍 붐이 일고 있었고, 그러한 배경으로 나를 제외한 대부분 동료들은 C 프로그래밍 고수였다. C 프로그램으로 파일 운영시스템, 화면 입출력 모듈, 주변기기 인터페이스 모듈 등 각종 라이브러리 모듈을 개발하였고, 이를 기반으로 회계 패키지 프로그램을 비롯한 IBM 호환 PC용 애플리케이션을 신속하게 개발할 수 있었다. 나는 그들이 개발한 라이브러리 모듈을 이용하여 회계, 인사급여, 판매 관리와 같은 MIS 응용프로그램을 개발하였다. 그 소프트웨어를 IBM 호환 PC와 함께 번들로 판매하였다. 그러다 쌍용자동차의 전신인 동아자동차 MIS 프로젝트를 수주하면서 COBOL 프로그램 개발에 주력하게 되었다.

이 무렵 찾아온 소프트웨어 공학에 대한 관심은 배움과 일에 대한 내 철학을 형성하는 동인이 되었다. 배움과 일에 대한 내 철학의 요체는 '쉬움과 즐거움'이다. 당시 소프트웨어 개발 방법론 패러다임이던 요든(Yourdon)의 구조적 방법론에 천착하였는데, 이 방법론의 요체가 'easy to approach and understand' 곧 '알기 쉬움'이다. ("The Yourdon methodology is easy to approach and understand as it provides a fast, flexible and well-defined route to cost-effective high-quality software."- Bing AI 검색엔진)

COBOL 프로그램은 C 프로그램과 현격한 구조적 차이를 보인다. C 프로그램은 개별 프로그램 자체가 모듈(module)이라서 구조적 방법론의 중요한 성격인 모듈화 설계가 저절로 이루어지지만, COBOL은 강한 절차적(procedural) 언어라서 구조적 방법을 적용하기가 어려웠다. 모듈화는 시스템을 분할하여 작은 단위로 정의함으로써 이해하기 쉽게 만드는 소프트웨어 공학의 본류이다. 개인의 역량에 좌우되는 소규모의 PC용 MIS 개발과 자동차 회사의 MIS 시스템 개발은 차원이 다르다. 개인의 역량보다 표준적인 개발 체계가 훨씬 중요하다. 내부분의 소프트웨어를 개인 한 명이 개발하는 체제에서 여러 명이 함께 개발하는 팀 어프로치로의 전환이 시급해진 가운데 소프트웨어 공학과 방법론에 관심을 기울이게 된 것은 자연스런 일이다.

당시 대학 교재였던 원서 『Software Engineering: A Practitioner's Approach』와 요든의 『Structured Analysis and Design Technique』를 엉성한 영어 독해력으로 파고들었다. 두 달쯤 지나자 개념이 잡혔다. 요든의 대표적인 구조적 분석 방법인 DFD(Data Flow Diagram)와 Data Dictionary 그리고 Top-down 설계 기법을 프로젝트 실무에 적용하자 방법론에 함축된 '알기 쉬움'의 철학이 피부에 와 닿았다. 얼마 후 세상에서 가장 알기 쉬운 코볼 프로그램을 작성한다는 생각으로 코딩한 프로그램들을 패턴화하여 코드 재사용률을 한껏 높인 구조적 COBOL 프로그램을 완성했다. 자연어에 가까운 코볼 언어의 장점을 살려 가독성을 최대한 높이고, PERFORM 구문 위주로 프로그램을 구조화하였다. 이를 코딩 표준으로 신입사원들을 가르쳤더니 금세 프로그래밍을 익히고 이후 자신들의 역량을 빠르게 키워갔다.

동아자동차 프로젝트를 마지막으로 S그룹으로 자리를 옮겼다. 금융권 정보 시스템 재구축 붐이 일면서 IBM 대형 서버와 코볼 프로그램 수요가 크게 늘어나던 시기다. IBM 대형 서버에서 돌아가는 응용프로그램은 IBM 고유의 계층구조 DB와 트랜잭션 데이터 처리 메커니즘을 알아야 개발할 수 있는데, 그 메커니즘을 이해하지 못한 채 프로젝트에 투입되어 그 방면의 코볼 프로그램에 익숙한 기존 직원들의 괄시를 받았다. 팀의 선임은 샘플 프로그램 소스를 하나 던져주고 그대로 알아서 짜라고 할 뿐이었다. 도무지 읽을 수 없는 짜파게티 코딩을 그대로 따라 하는 것은 내겐 치욕적인 일이었다. 다들 일정에 맞추어 결과를 내는데 나만 아웃풋이 없자 왕따가 시작되었다. IBM DB 처리 메커니즘에 대해 독학하면서 최대한 알기 쉬운 구조로 프로그램을 짜겠다는 일념으로 두 달 넘게 고군분투한 끝에 깔끔한 구조의 코볼 프로그램을 만드는 데 성공했다. 이전 회사에서 했던 대로 입력 프로그램, 조회 프로그램, 리포팅 프로그램 등 패턴별 모범 프로그램을 개발했다. 이어 패턴별 모범 프로그램을 재사용하는 개발 방법으로 내게 할당된 이십여 본의 프로그램을 한 달 만에 쾌속으로 완성했다. 통합 테스트 기간 동안 기존 직원들은 자신이 짠 프로그램의 오류를 잡느라 전전긍긍했고, 나는 여유롭게 문서 작업을 하며 정리 모드에 들어갔다. 기존 직원들은 다른 사람이 알기 어려운, 자신만이 알 수 있는 방식으로 프로그램을 짜면서도 정작 자신조차 그 프로그램을 온전히 이해하지 못하는 아이러니를 연출하였다.

'알기 쉬움'의 철학은 중요하다. 일을 쉽게 만드는 것은 물론 더 나은 것을 향한 시야와 개선의 안목을 넓혀 준다. '쉬움과 즐거움'은 많은 의미와 잠재력을 지닌다. 내가 노년에 강도 높은 IT 업계 현역으로 일을 즐기는 유쾌한 동력이다.

Case Study: N 연구 기관 R&D 과제 관리 데이터 모델

　이번 Case Study 코스에서는 기존 정보 시스템을 한 단계 업그레이드하는 고도화/차세대 프로젝트에서 DA 업무 가운데 긴요한 데이터 현황 분석을 명징하게 수행하는 방법에 대하여 배운다. 현황 분석 타스크 전체를 속속들이 다룰 수는 없어도, 배워서 실무에 적용하면 DA 역량을 가일층 높여 줄 세 가지 타스크로써, 다음 세 가지에 대한 실전 사례를 소개한다.

1. 현행 데이터의 전반적인 구성을 한 눈에 조망할 수 있는 청사진 설계
2. 데이터 모델 재구성을 통한 데이터 구조 파악
3. 기존 데이터 모델의 구조 분석을 통한 최적의 구조 설계 방법

　N 연구 기관은 과학 기술, 인문 사회 전 분야를 망라한 연구 개발 및 학술 활동을 수행하는 연구 기관이다. N 연구 기관의 중추적 정보 시스템인 R&D 과제 관리 시스템의 데이터 모델을 이번 코스의 학습 교재로 사용한다. 혹시 모를 기밀 보호 문제를 피하기 위하여 기존 ERD를 데이터 요소 파악이 불가능한 상태로 제시하는 수준으로 이용한다.

📋 데이터 구성 개관

　데이터 모델링의 첫 단계는 데이터 구성도를 그리는 일이다. 데이터 구성도는 데이터베이스 전체 데이터의 전반적인 구성을 한 눈에 조망할 수 있는 청사진이다. N 연구 기관 R&D 과제 관리 데이터 모델링에서는 데이터 현황을 '한눈에 조망한다'는 의미에서 '데이터 구성 개관'이라는 표현을 사용하였다. N 연구 기관 R&D 과제 관리 시스템의 데이터 주제영역은 R&D 업무 프로세스에 상응하는 주제영역으로 설계되어 적절한 구성 체계를 갖추고 있다. R&D 업무 프로세스와 동일한 '기획', '공고', '접수', '심사 평가', '선정', '협약', '과제 관리', '정산', '과제 종료' 9개 주제영역에 '성과 관리' 그리고 기준 정보 성격으로 분류된 '공통' 영역을 더하여 총 11개 주제영역으로 구

성되어 있다.

N 연구 기관 R&D 과제 관리 시스템 데이터베이스에서 유효 테이블들을 선별하여 설계한 데이터 구성 개관의 모습은 다음과 같다.

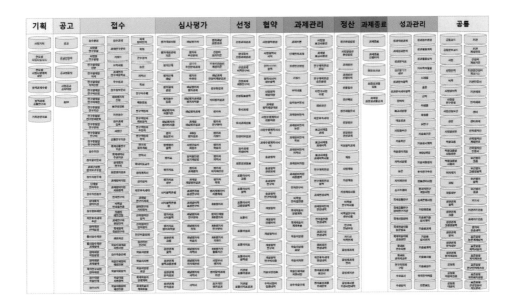

📑 주제영역별 데이터 구조(기존 ERD)

데이터 구성 개관 설계를 통해 전체 데이터의 윤곽을 파악하였다면 기존 데이터 모델을 보다 알기 쉬운 형태로 재구성하는 과정을 통해 데이터 구조를 보다 선명하게 분석할 차례다. N 연구 기관 R&D 과제 관리 시스템 DB의 주제영역별 데이터 구조를 개념화하면 다음과 같다. (기존 ERD 예시: 기획-공고-접수 주제영역)

'기획' 주제영역

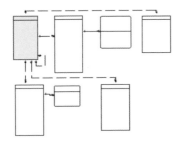

'공고' 주제영역

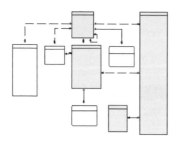

'접수' 주제영역

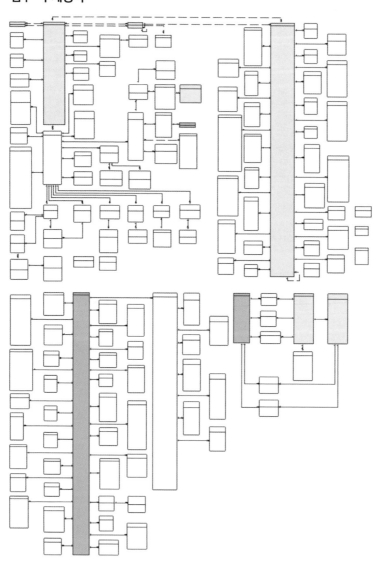

🗨 주제영역별 데이터 모델 재구성(개선된 ERD)

기존 ERD에 있는 테이블들을 업무 관련성 및 테이블 성격이 유사한 부류로 재배치하는 일은 데이터 유형을 직관적으로 파악하는 노하우를 필요로 한다. 일일이 설명할 수 없지만 한 가지 알기 쉬운 방법은 식별 관계에 있는 부모–자식 관계의 테이블들을 부모 테이블을 중심으로 그룹핑하여 적절하게 배치하는 것이다. 특히 어떤 테이블의 성격이 이른바 '마스터' 테이블이라면 마스터 테이블의 PK 길럼을 승계받는 식별 관계의 자식 테이블들을 마스터 테이블을 중심으로 재배치하면 전체 구도의 60% 이상은 잡힌다. 대체로 관계형 데이터 모델은 마스터 테이블을 중심으로 수많은 테이블들이 연결되는 구조를 갖기 마련이다.

재구성 결과, 전체 구조와 테이블 관계가 한층 선명해졌다.

'기획' 주제영역

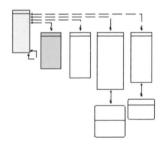

'공고' 주제영역

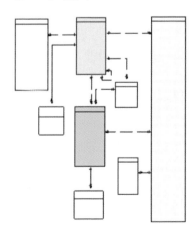

'접수' 주제영역

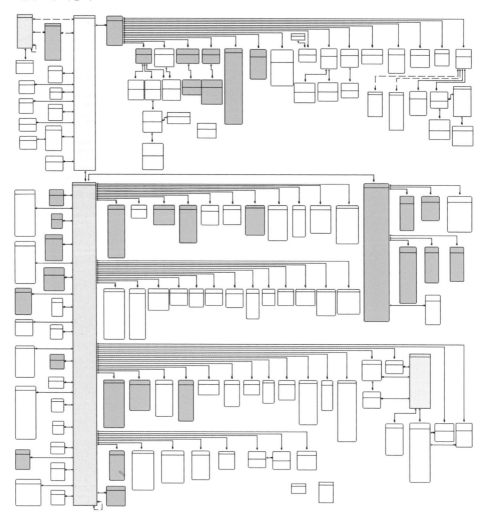

💬 기존 데이터 모델의 구조 분석을 통한 최적의 구조 설계 방안 제시

R&D 과제 관리 시스템에서 가장 중요한 핵심 테이블 하나를 택하라면 '과제마스터' 테이블이 단연 으뜸일 것이다. 느닷없는 얘기지만 이는 데이터 모델링에 있어 아주 중요한 개념을 함의하고 있다. 개략적인 설명을 위하여, 데이터 웨어하우스 모델링에서 본격적으로 다룰 테이블 성격 유형에 대하여 잠깐 짚어 본다. 관계형 데이터베이스 테이블은 그 목적과 구조적 성격에 따라 '마스터', '트랜잭션', '이력' 등등의 유형

으로 분류할 수 있다. 마스터 테이블은 주인이라는 말뜻처럼 독립적인 개체로써 고유한 속성들을 가지고 있다. 고유한 속성은 기본적으로 태생적 또는 자연적으로 부여받은 불변의 속성이다. 이를테면 인사마스터 테이블의 성명, 생년월일, 성별, 본적, 입사 일자와 같은 속성들이다. 물론 현주소, 전화번호, 최종 학력, 결혼 여부 같은 드물게 변하거나 오랜 시간에 걸쳐 변하는 속성들도 갖는다. 마스터 테이블은 주인으로써 다른 테이블들과 종속적인 관계를 맺는다. 따라서 마스터 테이블을 중심으로 많은 자식 테이블들이 연결된 구조를 갖는 것이 일반석이나. 일단 어기까지 설명하고, '과제마스터' 테이블 얘기로 돌아가 보자.

과제마스터 테이블은 R&D 과제 관리 시스템의 중추로써 '과제'로 명명되는 고유하고 독립적인 엔티티가 가질 수 있는 모든 속성을 저장하고 관리한다. 그래서 '마스터'인 것이다. 모든 사람이 고유한 개인으로서 정체성을 지니는 것과 마찬가지로 모든 연구 과제 하나하나는 고유한 개체로써 정체성(identity)을 갖는다. 대한민국 국민 개개인이 주민등록번호로 타인과 구별되는 고유의 정체성을 증명할 수 있는 것처럼 연구 과제 하나하나는 다른 연구 과제와 구별되는 고유의 ID(Identification)를 가지고 있어야 한다. 성명으로는 개개인을 구별할 수 없듯이 과제명이나 다른 속성으로 모든 과제를 낱낱이 식별할 수 없기 때문이다. 요컨대 사람과 마찬가지로 연구 과제도 고유의 ID가 필요하다는 것이다. 따라서 '과제 ID'는 연구과제 엔티티의 필수 속성으로 정의된다.

N 연구 기관 R&D 과제 관리 시스템의 과제마스터 테이블은 '과제 번호'로 명명된 과제 ID가 식별자(PK)인 '과제 기본' 테이블이다. '과제'는 '연구 과제'의 줄임말이다. 연구 과제는 그 분야가 어떻든 연구 대상이 무엇이든 유일해야 한다. N 연구 기관에서 관리하는 모든 연구 과제는 정부 또는 기업에서 연구비를 지원받아 수행하고 연구 성과를 제출한다. N 연구 기관을 비롯한 국공립 연구기관에서 관리하는 모든 연구 개발 과제는 그 비용을 전적으로 정부 예산(출연금과 보조금) 또는 외부 지원금으로 조달받는다. 따라서 한 시스템 내에 동일한 연구 과제가 있을 수 없고, 정부 지원을 받는 모든 연구 기관을 통틀어 동일한 연구 개발 과제가 있어도 안 된다. 다음이 N 연구 기관 R&D 과제 관리 시스템 과제 마스터 데이터 모델의 기본 구조다.

과제기본

과제번호

연차수행과제

연차과제번호
과제번호 (FK)

'연차수행과제' 테이블은 '과제기본' 테이블에 있는 개별 연구 과제의 연도별 수행 내역 정보를 관리하는 테이블로써 과제 수행 관리에 필요한 수많은 속성 정보를 가지고 있다. 또한, 과제 관리 주제영역 전반을 아우르는 중추 데이터로써 R&D 과제 관리 프로세스 전반에 걸쳐 가장 많이 사용되고 있어 사실상 마스터 테이블로 기능한다.

앞서 개선된 ERD에서 개념적 모델로 제시한 '과제관리' 주제영역 데이터 모델을 확대하면, '연차 수행 과제' 테이블을 중심으로 수많은 테이블이 연결된 구조를 분명히 볼 수 있다. 아래 데이터 모델 이미지에서 좌중앙의 세로로 기다란 분홍색 엔티티가 '연차수행과제' 테이블이다.

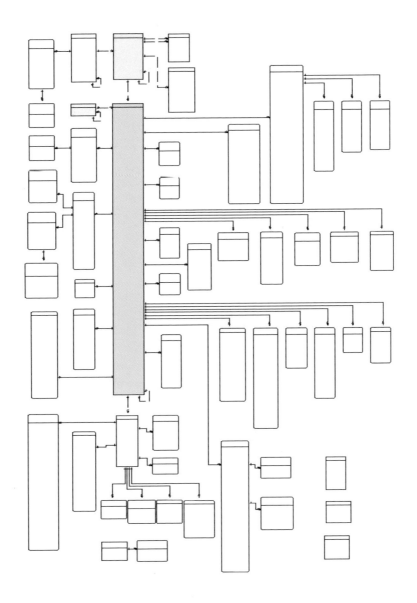

마스터 테이블의 PK 설정에 따른 데이터 구조 문제를 설명하기 위하여 연두색, 분홍색 색상을 입힌 엔티티를 편집하여 대부분의 컬럼을 생략한 모델로 묘사해 보았다.

과제기본

과제번호
과제명 사업코드 총연구시작일자 총연구종료일자 과제선정년도 **주관기관ID** 연구책임자등록번호 연구분야코드 ○ ○ ○ ○ ○ ○ ○ ○

연자수행과제

연차과제번호
과제명 사업코드 과제번호 (FK) **주관기관ID** 수행년도 연구시작일자 연구종료일자 연구책임자등록번호 **과제차수** ○ ○ ○ ○ ○ ○ ○ ○ ○

'과제기본' 테이블이 자식 테이블 '연차수행과제'와 비식별 관계로 연결되어 있는 것을 볼 수 있다. '연차수행과제'는 실행이 확정된 연구과제에 대한 연차별(연도별) 과제 진행 정보와 예산 집행 실적 등 연구 과제 수행 정보를 관리하는 테이블이다. 고유의 연구 과제로 확정되어 과제마스터 테이블인 '과제기본'에 등록된 개별 과제들의 연도별 연구 수행 정보를 관리하는 것이 목적이다. 따라서 '과제기본'의 PK를 승계받는 구조로 설계하는 것이 상식적이다. 그런데 이 테이블도 '연차과제번호'라는 독립적인 과제번호를 PK로 가지고 있다.

'연차수행과제'가 고유의 정체성을 지닌 독립적인 엔티티로써 '과제기본' 엔티티의 영향을 받지 않는다면 '연차과제번호'라는 별도의 ID를 식별자(PK)로 갖는 이 구조가 맞다. 그렇지 않다면 '수행연도+과제번호'를 PK로 설정하여 '과제기본'의 자식 테이블로써 식별 관계를 이루는 구조로 모델링하는 것이 올바르다.

개체가 사람인 엔티티에서 성명, 나이, 성별, 출생일자와 같이 자연적으로 주어지는 고유한 속성을 '자연 속성'이라고 한다. 자연 속성은 개체의 태생적 특징이나 기본 속성을 나타낸다. 한 개체에 있어 자연 속성은 변하지 않는 특성이기도 하다. 태생적 속성은 아니지만, 사회의 일원으로서 공식적으로 부여받는 주민등록번호도 자연 속성이다. 개인정보 보호라는 개념이 없고 동일한 주민등록번호가 중복해서 부여될 수 없다면 주민등록번호는 개체가 사람인 엔티티의 식별자로 명징하게 사용될 수 있다. 사람으로 치면 주민등록번호에 해당하는 과제 ID(위 모델에서는 과제 번호)도 자연 속성이다.

그렇다면 '연차수행과제'의 연차과제번호도 자연 속성일까? 아니다. 개별 수행 과제의 유일성을 확보할 목적으로 인공적으로 부여한 의미 없는 번호일 뿐이다. 이러한 식별자를 '인조 키(Artificial Key)'라고 한다. 부모 테이블과 비식별 관계에 있는 자식 테이블의 PK는 대부분 인조 키이다.

이와 대조적으로 자연 속성인 '과제번호'와 역시 자연 속성인 '수행년도'를 더한 복합 키 '수행연도+과제번호'를 PK로 정의할 때, 이렇게 자연 속성으로 구성된 PK를 '자연 키(Natural Key)'라고 한다. 인조 키는 아무 의미 없는 일련번호이다. 테이블에 데이터를 Insert할 때 프로그램에서 기계적으로 부여하는 일련번호다.

'과제기본' 테이블은 '과제번호'로 명명된 고유의 ID를 식별자로 갖는다. 소정의 절차를 통해 승인된 모든 연구 과제의 고유한 속성 정보를 관리하는 전형적인 '과제 마스터' 테이블이다. 이 과제 마스터 테이블은 모든 연구 과제의 모태로써 모든 연구 과제는 '과제 마스터' 테이블에서 비롯되어야 한다. N 연구 기관에서 관리하는 '마스터 테이블'에서 비롯되지 않은 연구 과제가 있다면 그것은 정상적인 연구 사업 프로세스를 벗어난 임시적 성격의 과제일 것이다. 정상적인(normal) 연구 과제라면 연구 기획-공고-접수 단계에서 연구 개발의 기본 사항들(연구명, 연구 목적, 연구 분야, 연구 개요, 연구 기간, 연구 비용, 기대 효과 및 성과 등)이 정의되어야 한다.

지금까지 개진한 논지를 다음과 같이 정리할 수 있다.

1. 마스터 테이블은 고유한 개체로써의 정체성을 대변하는 ID를 식별자(PK)로 갖는다.
2. 고유한 개체로써 과제 ID를 식별자로 갖는 개별 과제 정보(마스터 데이터)를 관리

하는 '과제기본' 테이블은 인사 마스터와 같은 전형적인 마스터 테이블이다.

3. '연차수행과제' 테이블은 '과제기본' 테이블에 등록된 개별 과제들의 연도별 과제 수행 관리 정보를 관리하는 것이 목적이다.

4. '연차수행과제' 테이블은 과제 관리 영역의 수많은 테이블과 연결된 부모 테이블로써 과제 관리 프로세스 전반에 걸쳐 사용되고 있어 실질적인 마스터 테이블로 기능한다.

5. 마스터 테이블의 PK는 '자연 키'로 정의하는 것이 좋다.[21] 마스터 테이블의 식별자로 의미 없는 인조 키를 사용하면 자식 테이블과 비식별 관계를 형성하므로 데이터 정합성과 무결성에 취약해지기 쉽다.

이상의 논지에 따라 과제 마스터 데이터 모델은 다음과 같이 개선할 것을 제안하였다. 개선된 '연차수행과제' 테이블에 사업 코드, 주관 기관 ID가 없는 것을 주목해 보자.[22]

---

21) 자연 키와 인조 키에 대하여 설명하는 거의 모든 웹페이지에서 자연 키보다 인조 키가 데이터 변경에 자유롭다는 점을 들어 인조 키를 권장한다. 한결같은 설명이 놀랍다. 현실 세계에서는 자연 키든 인조 키든 PK로 설정된 컬럼의 데이터값 변경은 특별한 경우가 아니면 허용되지 않는다. 예를 들어, 고객 마스터 테이블의 PK인 고객 ID를 바꾸는 것은 불가능하다. 다양한 웹서비스 회원 가입을 많이 해보아서 알겠지만, 기등록한 회원 아이디를 수정할 수 있는 사이트는 없다. 꼭 수정해야겠다면 회원 탈퇴 후 재가입을 해야 한다. 당연히 PK 컬럼 데이터의 변경은 참조 무결성 제약 조건에 의해 허용되지 않는다. PK 컬럼 데이터의 변경을 자유롭게 하려면 테이블 관계 설정이 전혀 없는 데이터 모델, 즉 FK가 없는 데이터 모델이어야 한다. 이는 관계형 데이터 모델의 본래 취지를 무색하게 한다.

22) 기존 모델에서 자식 테이블〈연차수행과제〉의 과제 번호로 사업코드, 주관기관 ID 등 부모 테이블의 컬럼들을 참조할 수 있음에도 이들 컬럼을 중복해서 가지고 있는 것(역정규화)은 성능을 고려한 역정규화가 아니라 부모 테이블인〈과제기본〉없이 수행하는 연차수행과제가 있기 때문일 것이다. 비식별관계인 부모–자식 테이블 사이 관계선에서〈과제기본〉테이블 쪽에 있는 동그라미가 그것을 의미한다.

'기존 모델'   '개선 모델'

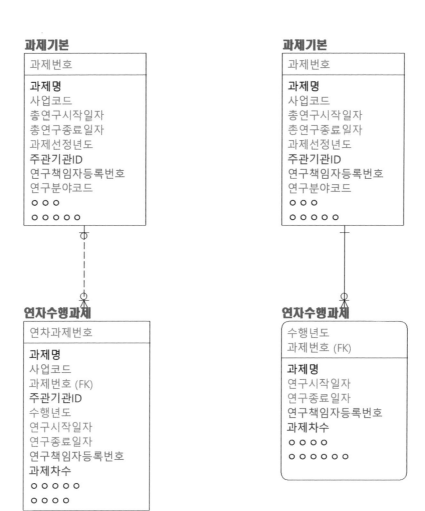

과제기본

과제번호
과제명 사업코드 총연구시작일자 총연구종료일자 과제선정년도 **주관기관ID** 연구책임자등록번호 연구분야코드 ○ ○ ○ ○ ○ ○ ○ ○

과제기본

과제번호
과제명 사업코드 총연구시작일자 촌연구종료일자 과제선정년도 **주관기관ID** 연구책임자등록번호 연구분야코드 ○ ○ ○ ○ ○ ○ ○ ○

연자수행과제

연차과제번호
과제명 사업코드 과제번호 (FK) **주관기관ID** 수행년도 연구시작일자 연구종료일자 연구책임자등록번호 과제차수 ○ ○ ○ ○ ○ ○ ○ ○ ○

연자수행과제

수행년도 과제번호 (FK)
과제명 연구시작일자 연구종료일자 연구책임자등록번호 **과제차수** ○ ○ ○ ○ ○ ○ ○ ○ ○ ○

[과제 마스터 데이터 모델의 개선]

Case Study: IRIS R&D 과제 관리 데이터 모델

IRIS(Integrated Research Information System)는 과학기술정보통신부가 2018년부터 추진하여 2022년 1월에 공식 오픈한 범부처 통합연구지원시스템이다. 위키백과에 의하면 '국가연구개발혁신법' 제19조 및 제20조 등을 법적 근거로 국가연구개발사업의 효율적 추진 기반 구축하는 것이 목적이며, 2022년 현재 적용 기관은 한국연구재단, 산업기술평가관리원, 정보통신기획평가원, 중소기업기술정보진흥원, 국토교통과학기술진흥원으로 총 5곳이다.

IRIS는 두 개의 통합 시스템으로 구성되어 있다. 하나는 국가 연구자 정보 시스템이고, 다른 하나는 과제 지원 시스템이다. (홈페이지 https://www.iris.go.kr 참조) 본 케이스 스터디 코스는 데이터 모델링 실전 학습이 주목적이므로, 직전 케이스 스터디에서 다룬 N 연구 기관의 연구 과제 마스터 데이터 모델 분석의 맥락을 이어 과제 지원 시스템의 중추를 이루는 R&D 과제 마스터 데이터 모델을 학습 교재로 사용한다.

IRIS 과제 지원 시스템의 데이터는 R&D 표준 프로세스[23]를 대체로 준용하는 주제영역으로 구성되어 있다. '표준/기준관리', '과제기획', '공고/접수', '과제정보', '평가', '협약', '과제변경', '과제수행', '정산', '사후관리', '성과', '공통' 주제영역이다. 이 가운데 '과제정보' 주제영역에 속하는 '과제마스터' 데이터 모델을 집중적으로 조명해 본다.

다음은 '과제 정보' 주제영역 데이터 모델 개관이다.

---

23) 통합연구지원시스템 구축을 위한 컨설팅(BPR/ISP/ISMP) 결과에 의하면 R&D 표준 프로세스는 'R&D 기획'–'공고'–'접수'–'평가'–'협약'–'과제 수행'–'연구비 정산'–'사후관리'–'공통' 프로세스로 정의된다.

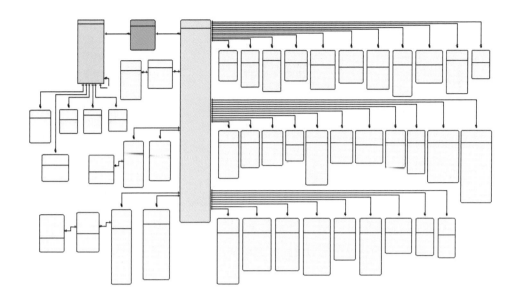

    좌중앙에 길게 늘어진 분홍색 테이블을 중심으로 대부분의 테이블이 연결되어 있는 모습이다. 한눈에 봐도 좌중앙의 분홍색 테이블이 중추적인 마스터 테이블이라는 것을 알 수 있다. 이 테이블과 더불어 그 왼쪽 주황색 테이블과 연두색 테이블이 주제영역 전체를 아우르는 마스터 테이블이다. 연두색 테이블에서 주황색 테이블을 거쳐 분홍색 테이블로 이어지며 전체 테이블들의 골격을 이룬다. 연두색 테이블에서 비롯되는 '과제 ID'를 모든 테이블이 승계받아 식별 관계로 한 몸을 이루는 구조다.

    모든 테이블이 '과제 ID'를 연결 키로 식별 관계를 이룬다는 것은 모든 R&D 과제가 정상적인 과제 관리 프로세스를 타도록 설계되어 있다는 것과 같은 의미이므로, 적어도 이 점에서는 올바른 모델이다.

    세 테이블의 PK와 몇몇 컬럼들로 데이터 구조를 묘사하면 다음과 같다. (데이터 구조는 PK에 의하여 결정된다는 것을 상기하자.)

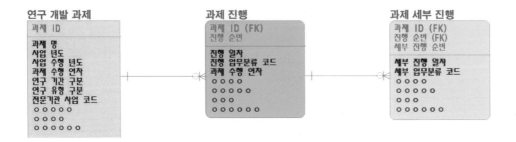

연구 개발 과제

과제 ID

과제 명
사업 년도
사업 수행 년도
과제 수행 연차
연구 기관 구분
연구 유형 구분
전문기관 사업 코드
ㅇㅇㅇㅇㅇ
ㅇㅇㅇ
ㅇㅇㅇㅇㅇㅇ

과제 진행

과제 ID (FK)
진행 순번

진행 일자
진행 업무분류 코드
과제 수행 연차
ㅇㅇㅇㅇㅇ
ㅇㅇㅇㅇㅇ
ㅇㅇㅇㅇ
ㅇㅇㅇㅇㅇㅇ

과제 세부 진행

과제 ID (FK)
진행 순번 (FK)
세부 진행 순번

세부 진행 일자
세부 업무분류 코드
ㅇㅇㅇㅇ
ㅇㅇㅇㅇㅇ
ㅇㅇㅇ
ㅇㅇㅇㅇㅇㅇ

N 연구 기관 케이스 스터디에서 개인의 주민등록번호와 동일한 개념인 개별 연구과제 고유의 '과제 ID'가 과제 관리 전 영역을 관통하는 '마스터키'라고 강조했다. 아울러 과제 ID를 PK로 갖는 과제 마스터 테이블은 모든 연구 과제의 모태로써 모든 연구 과제는 과제 마스터 테이블에서 비롯되어야 한다고 설명했다.

데이터 모델 개관에 선명히 보이는 것처럼 연두색 테이블 '연구개발과제'가 바로 그 과제 마스터 테이블인 것은 알 수 있다. 그리고 데이터 모델 개관에는 PK 컬럼명이 보이지 않지만, 식별 관계 구조상 분홍색 '과제 세부 진행' 테이블에 달린 모든 자식 테이블들이 부모의 PK 컬럼인 '과제 ID + 진행 순번 + 세부 진행 순번'을 그대로 승계받아 가지고 있다는 것(PK이면서 FK)을 직관적으로 알 수 있다. 그런데 거의 모든 테이블을 자식 테이블로 거느리고 있는 분홍색 '과제세부진행' 테이블과 그 부모 테이블인 '과제진행' 테이블의 정체성은 쉽게 파악되지 않는다.

먼저 주황색 테이블을 보자. 오리지널 마스터 테이블인 '연구개발과제'에서 승계받은 과제 ID와 진행 순번을 복합 키로 PK가 설정되어 있다. 일반 속성인 진행일자, 진행업무 분류코드로 미루어 볼 때 과제 진행 정보를 업무 분류 단위로 관리하는 테이블임을 알 수 있다. 이 테이블의 PK를 승계받는 분홍색 테이블 '과제세부진행' 역시 과제 진행 정보를 세부 업무 분류 단위로 관리하는 테이블로 파악된다. 즉 과제 수행을 단위 업무로 구분하여 그 진행 정보를 관리하는 것이 주황색 '과제진행' 테이블과 분홍색 '과제세부 진행'의 목적임을 알 수 있다.

PK 컬럼 진행 순번과 세부 진행 순번을 생성하는 기준인 업무 분류 단위는 업무 분류 코드로 정의되어 있다. 업무 분류 코드는 R&D 과제 관리 프로세스에 따른 수행 업무 타스크를 분류한 코드 체계이며, 업무 타스크별 진행 정보를 다음과 같은 개념으로 과제 마스터 테이블에 등록하여 관리한다.

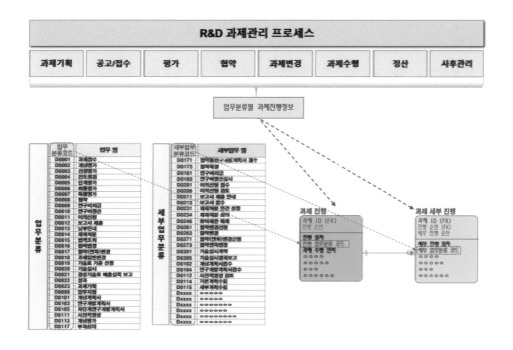

　이는 표준 업무 프로세스에 따라 과제를 수행하고 있는지 빈틈없이 관리할 수 있도록 설계된 데이터 구조임에 틀림없다. 그런데 여기에 달린 수많은 자식 테이블들은 심각한 문제를 안고 있다.

　자식 테이블들의 성격은 오리지널 과제 마스터 데이터 성격이다. 즉 과제 고유의 기본 속성들(거의 변하지 않는 속성들) 또는 연도별 과제 수행 정보(연도별로 유일한 정보)에 해당하는 속성들을 관리하는 테이블들('과제 키워드 정보', '과제 연차 정보', '과제 연구 개발비 정보', '과제 수행 기관 정보', '과제 연구 책임자 정보', '과제 연구 인력 정보' 등)로써, 과제별 또는 연차 과제별 기본 정보를 관리한다. 30여 개 테이블에서 관리하는 과제 기본 정보와 과제 수행 정보는 과제당 또는 연차 과제당 1개의 레코드를 관리하는 것이 상식적이므로 '연도 + 과제 ID'를 PK로 갖는 '연차 수행 과제' 테이블에 식별 관계인 자식 테이블로 설계하는 것이 올바르다.

　하지만 현 과제 관리 데이터 구조에서는 이들 정보를 관리하는 테이블들 전부가 분홍색 '과제세부진행' 테이블의 PK를 승계받는 식별 관계로 연결되어 있다. 이는 동일한 과제 또는 연차 과제 수행 정보가 세부 업무 타스크가 수행될 때마다 중복으로 저장되는 구조인 것이다. 즉 과제 세부 업무가 진행될 때마다 수십 종의 자식 테이블에 동일한 데이터가 진행 순번만 다른 레코드로 중복 저장된다. 이 구조라면 당연히 큰 낭비와 비효율을 초래한다.

이 문제에 대하여 다음과 같은 데이터 리모델링 방법이 개선책이 될 수 있다.

1. 과제 고유의 기본 정보에 해당하는 자식 테이블들의 PK 컬럼에서 진행 순번과 세부 진행 순번을 삭제하고 '연구개발과제' 테이블의 식별 관계 자식 테이블로 만듦
2. '연도 + 과제 ID'를 PK로 갖는 '연차과제' 테이블을 새로 모델링
3. 연차 과제 정보에 해당하는 자식 테이블들의 PK 컬럼에서 진행 순번과 세부 진행 순번을 삭제하고 '연차과제' 테이블의 식별 관계 자식 테이블로 만듦
4. '과제진행' 및 '과제세부진행' 테이블은 업무 타스크별 진행정보 속성을 새롭게 정의하여 리모델링하고 '과제수행' 주제영역에서 관리

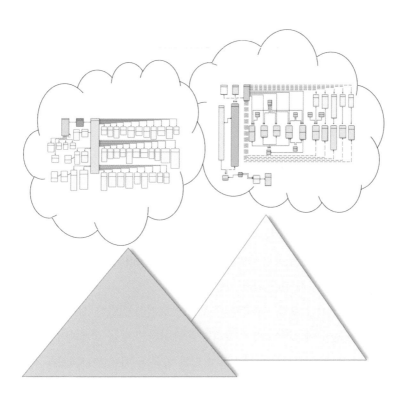

Case Study: D 연구소 연구 계획 서식 데이터 모델

D 연구소는 국방 관련 R&D 연구 기관이다. 여타 공공 연구 기관처럼 D 연구소도 R&D 과제 수행·관리가 주 업무이다. R&D 과제를 외부 공모 없이 자체적으로 기획하여 수행한다는 것이 차별성이라고 할 수 있다. 따라서 R&D 기획/계획 업무가 여타 공공 연구 기관에 비해 비중이 크고 중요하다.

직전 케이스 스터디에서 소개한 공공 연구 기관의 R&D 표준 프로세스는 'R&D 기획' - '공고' - '접수' - '평가' - '협약' - '과제수행' - '연구비정산' - '사후관리'로 조사되었다. 이에 비해 연구 계획 업무가 중요한 D 연구소 R&D 프로세스는 'R&D 기획' - 'R&D 중기 계획' - '연차 예산 편성' - '과제 수행' - '연차 예산 결산' - '성과 관리'로 정의된다.

이번 케이스 스터디에서는 'R&D 중기 계획' 단계에서 작성하는 각종 연구 계획서의 항목들을 데이터베이스(관계형 DB)로 관리하기 위한 데이터 모델에 대하여 학습한다. 교재로 사용할 데이터 모델은 프로젝트 수행 업체의 반대로(너무 이상적이라는 이유로) 사장되었지만, 각종 문서나 보고서 항목을 DB화하여 관리할 필요가 있는 연구 기관 또는 그와 같은 수요가 있는 곳에서 응용하면 큰 도움이 될 것이라 생각하여 본 지면을 통해 부활시킨다. 여러모로 공부해 볼 가치가 있는 모델이다.

연구 계획 서식 데이터 모델링에 주어진 특별한 요건이 있었다. 매년 작성하는 연구계획서가 일정한 포맷이 아니라는 것을 고려하여 데이터 모델을 설계해야 한다는 것이다. 다시 말해, 항목이 고정된 서식이 아니라 서식의 항목이 매년 추가되거나 삭제될 수 있다는 것을 데이터 모델이 커버해야 한다는 요건이다.

이는 컬럼 지향 모델링(Columnar-Oriented Modeling)[24]과 유사한 개념의 모델링이 필요하다는 것을 시사한다.

다음과 같은 형식 체계로 작성되는 문서 서식이 있다고 하자. 공공 기관마다 고유하고 표준적인 보고서 서식이 있겠지만 큰 틀에서 볼 때 이러한 형식에서 벗어나지 않는다.

---

24) 컬럼 지향 모델링(Columnar-Oriented Modeling): 데이터 집계 연산 및 분석 작업에 대한 성능 향상을 위하여 DB 테이블의 각 열을 독립적인 데이터 구조로 설계하는 모델링 방법이다.

'○○년 ○○○○○ 연구과제 수행계획

1. ○○○○○○○○○○

　가. ○○○○○○

　　1) ○○○○○○○○○○

　　　○ ○○○○○○○○○○○○○○

　　　　- ○○○○○○○○○○○○○○○○○○○○○○○○○○○ |

　이러한 문서 서식을 DB화하려면 서식 구조에 대한 메타데이터 정의가 필요하다. 위 문서 서식에 대하여 다음과 같은 메타데이터를 정의할 수 있다.

서식 메타	정 의
연도	문서 서식관리 기준 년
서식 ID	문서 서식 고유의 정체성을 나타내며 다른 서식과 구별하기 위한 식별자
서식 명	서식 명
항목 번호	문서 항목 DB화를 위하여 서식의 모든 구성 항목들에 붙여지는 번호
항목 레벨	문서 항목이 기술하는 문단의 구체화 수준
문단 기호	1, 2, 3, … 가, 나, 다, … 1), 2), 3), … 등으로 문서 항목의 순서와 수준을 나타내는 기호

　서식 메타데이터를 속성으로 하는 서식관리 데이터 모델을 다음과 같이 설계하였다.

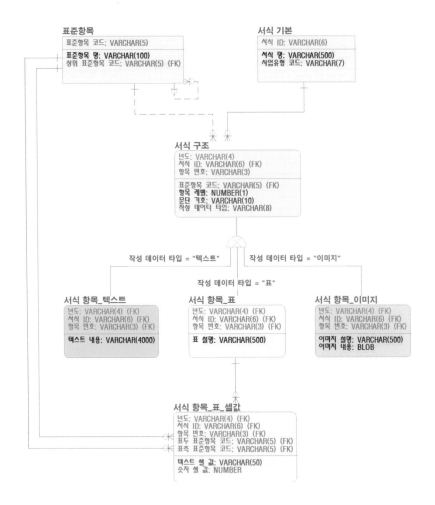

중앙 '서식 구조' 테이블 아래 3개의 자식 테이블을 연결하는 선의 형태가 독특하다. 카디널리티를 나타내는 까치발이나 동그라미가 없는 대신 중간에 X 자를 그려 넣은 헬멧 같은 것이 있다. 이른바 슈퍼 타입-서브 타입 관계이다. 슈퍼 타입-서브 타입 관계를 이해하기에 가장 쉬운 예는 정규직 사원과 비정규직 사원으로 구성된 '사원' 데이터 모델[25]이다.

위 서식 관리 데이터 모델의 관전 포인트는 '서식 구조' 테이블과 그 아래 달린 3개 테

---

25) 사원은 정규직 사원과 비정규직 사원의 배타적 합집합이다. 정규직 사원에만 해당하는 속성, 비정규직 사원에만 해당하는 속성을 각각의 테이블로 관리하는 것이 하나의 테이블로 관리하는 것보다 장점이 있다. 그래서 직급/호봉 등의 정규직 속성은 '정규직 사원' 테이블로 관리하고, 계약 기간 등 비정규직 속성은 '비정규직 사원' 테이블로 관리하는 구조로 설계하여 장점을 취하는 것이다. 물론 '사원' 테이블에는 기본 인적 사항을 비롯한 모든 사원에 해당하는 공통 속성을 관리한다. 이러한 관계 구조일 때 명쾌한 슈퍼 타입-서브 타입 모델이 성립한다.

이블의 구조다. 문서 서식을 구성하는 항목이 연도별로 다를 수 있다는 전제 조건을 염두에 두고 테이블의 구조를 살펴보자. 데이터 구조는 PK가 결정한다고 했다. 이 모델의 PK는 '년도 + 서식 ID + 항목 번호'이다. 이는 연도별 서식별 항목별 데이터를 관리하는 구조다. 서식 측면에서 보면 하나의 서식에서 연도별로 구성 항목이 유동적일 수 있는 구조다.

항목 번호는 서식의 모든 구성 항목들에 붙여지는 번호다(메타데이터 정의). 이는 서식 구성 항목에 대한 식별자로 기능한다. 하나의 항목은 ① 항목명, ② 항목의 순서와 수준을 나타내는 문단 번호(문단 기호), ③ 항목의 내용으로 정의되고 표현된다. 항목의 내용은 텍스트/표/그림 형태의 데이터이다. 문제는 항목의 내용이 항목마다 각기 다른 데이터 타입과 사이즈를 가진다는 것이다.

일반적인 모델링 방법은 한 서식의 구성 항목들을 각각의 컬럼으로 정의하여 하나의 행(레코드)으로 만드는 것이다. 이는 컬럼(항목)별로 데이터 타입과 사이즈를 정의하기 때문에 구성항목의 데이터 타입 설정에 문제없다. 그러나 구성 항목들을 컬럼화한 테이블이 완성된 후 구성 항목의 추가나 삭제가 요구되면 테이블을 재설계해야 한다. 이는 전제 조건에 반하는 모델이다.

위 서식 관리 데이터 모델은 (구성 항목에 대한 메타데이터로 정의된) 항목 번호를 PK 컬럼으로 설정하고, 하나의 항목 번호가 갖는 항목명, 문단 기호, 데이터 타입을 일반 컬럼으로 설계하였다. 이 구조는 항목의 추가나 삭제가 테이블 구조 변경을 유발하지 않는다. 이러한 성격은 컬럼 지향 데이터 모델의 특성이다. 다만 항목 내용을 그 작성 형태인 텍스트, 표, 그림 세 가지 타입으로 구분하여 각각의 테이블로 설계해야 하는 만큼 다소 복잡한 구성이 뒤따른다. 하지만 이 데이터 모델은 일반적인 모델에 비해 특별한 장점을 지니고 있다.

모델 하단에 있는 '서식 항목_표_셀값' 테이블은 항목의 내용이 표로 작성되는 경우 표 안의 각 셀 데이터를 DB화하여 관리하기 위한 모델이다. 일반적인 모델에서는 항목의 내용이 표라면 표를 이미지 데이터로 DB화하는 것 외에 다른 방법을 생각할 수 없다. 반면 이 모델은 표의 내용, 그러니까 표의 행과 열이 교차하는 셀의 내용(값: 숫자 또는 텍스트)을 컬럼으로 관리할 수 있다. 이것은 많은 표를 포함하고 있는 문서의 내용을 기간 업무 자동화를 위한 기반 DB로 구축하여 운영할 필요가 있는 조직의 니즈에 잘 부합한다. 표로 작성한 데이터 즉 표의 셀 값을 DB 테이블로 관리하는 것은 업무에 많은 편의

성과 융통성을 제공한다.

전반적인 구조에 대한 이해는 모델링 산에 오르는 각자의 과제로 남겨 둔다. 산에 오르다 기묘한 바위를 만나면 신기한 생김새를 천천히 음미하듯 산행을 하면서 이 모델의 독특한 구조를 찬찬히 생각해 보기 바란다.

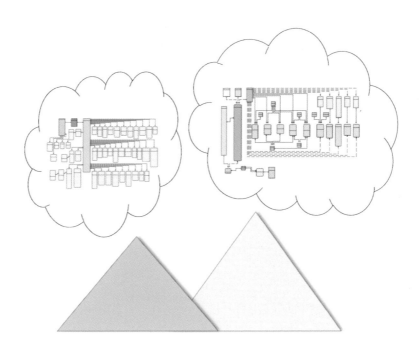

악마는 프라다를 입는다?

영화 「악마는 프라다를 입는다」는 꽤 인상적이다. 영화를 본 후 프라다에 대해 찾아보았더니 이태리의 명품 패션 브랜드였다. 단순함 속에 숨겨진 욕망을 묘하게 어필하는 매력이 특징이라고 한다. 검은색이 지니는 차분하고 고급스러운 분위기가 귀족적 욕망을 은근히 자극한다는…. 한편으로 보면 검은색은 악마의 색깔이다. 악마는 자신의 정체를 최대한 숨겨야 한다. 검은색은 빛을 흡수하여 사물의 정확한 모습을 알기 어렵게 만든다. 자신의 모습을 알기 어렵게 하는 것이 악마의 속성이다. 그렇다면 검은색을 본류로 삼는 프라다가 악마에게 안성맞춤이기 때문이라는 해석도 가능할 것 같다.

복마전이라 쓰고, 손자병법이라고 읽는다

직전 케이스 스터디에서 다룬 데이터 모델링 사례의 D 연구소는 국방 관련 특수 법인으로써 정부 예산과 출연금으로 운영되는 R&D 연구 기관이다. 국방의 중요성 때문에 매년 예산 규모가 R&D 연구 공공기관 최고 수준으로 편성된다. 반면 수백 개의 연구 사업 프로젝트를 관리하는 기간 업무 시스템 운영을 위한 정보화 예산은 공공기관 최하위 수준이다. 이에 연유하는 까닭일까, 기간 업무 시스템의 핵심 업무 데이터 모델이 지극히 원시적이다. 수백 개의 엔티티로 이루어진 연구 과제 관리 시스템의 모든 테이블의 PK가 단순한 일련번호이다. 게다가 대부분 엔티티의 속성명이 아무렇게나 정의되어 있거나 누락되어 있어, 시스템 개발자나 유지보수 담당자가 아니면 데이터 의미를 알기 어렵다.

PK 설계는 데이터 모델링의 요체이며 데이터 모델의 선악을 결정한다. (데이터 모델링의 진수는 데이터 구조 설계에 있으며, PK는 데이터 구조를 결정하는 마스터키임을 상기하자.) 일련번호로 된 PK는 데이터 웨어하우스 구축 같은 ETL 프로세스가 중요한 경우가 아니면 데이터 모델을 복잡하고 알기 어렵게 만든다. 베테랑 모델러라면 이를 경험적으로 알고 있다. 데이터 모델러나 데이터 아키텍트가 없는 정보 시스템 프로젝트에서 개발자들이 자체적으로 수행한 데이터 모델링 결과(ERD)를 보면 전체 구조에 대한 고려 없이 프로그램에서 사용할 테이블/컬럼만 생각나는 대로 설의했다는 것을 대번에 알 수 있다. 특히 별생각 없이 일련번호를 PK로 설정한 테이블이 수두룩하다.

앞선 실전 케이스 스터디에서 누차 설명한 과제 마스터 테이블의 PK '과제 ID'를 다시 고찰해 보자. 과제 ID는 연구 과제 관리 시스템의 중추로써 시스템 전체를 아우르는 '마스터키'이다. 업무적으로 무의미한 일련번호를 마스터키로 사용하는 것은 정보 시스템의 데이터 구조를 복잡하게 만들 뿐 아니라 데이터 분석을 어렵게 만든다. 몇 개도 아니고 수백 개 테이블의 PK가 전부 일련번호라면 전체 데이터 구조가 얼마나 복잡하고 알기 어려울까? 생각만 해도 머리가 아프다.

이렇게 데이터 의미를 여간해서 알기 어려운, 대단히 원시적인 데이터 모델을 가진 정보 시스템을 유지할 때 관계된 주체들은 여러모로 힘들기 마련이다. 하지만 이를 통해 이익을 취하는 주체도 있다. 예컨대 정보 시스템을 유지보수하고 있는 업체는 이를 통해 경쟁 우위에 설 수 있다. 데이터 의미를 알기 힘들다는 것은 데이터를 일상적으로 다루는 유지보수 업체를 제외한 여타 업체에겐 진입장벽이다. 기득권을 쥔 IT업체는 이를 강점으로 이용해 경쟁 우위를 계속 누릴 수 있다. 정부 예산으로 발주되는 공공기관의 정보 시스템을 개발하고 유지보수하는 IT업체들은 이런 비루한 전략을 손자병법의 한 방편으로 여긴다. 고전적 손자병법은 상대를 알고 나를 알면 백전백승한다지만, 현대판 손자병법은 '나만 알고 적은 몰라야 백전백승한다.'로 진화(?)하였다. 상대가 나를 알지 못하게 숨기는 것은 앞에서 고찰했듯이 악마적 속성이다. 마귀가 숨어 있는 곳을 복마전이라고 한다. 복마전 게임은 주로 국가 예산으로 수행하는 공공 정보화 사업이라는 먹이를 사이에 두고 벌어진다.

건강한 생태계 균형의 법칙

복마전 게임에 이긴 IT 업체가 수주한 사업의 프로젝트를 수행하는 사람들은 일을 최선으로 잘하려고 하지 않았다. 일을 대충 해도 어차피 프로젝트는 끝나게 되어 있다는 그릇된 믿음이 관행처럼 자리 잡고 있었다. 심지어 일을 완전하게 끝내면 다음 일거리가 없어진다는 유해한 믿음을 가진 업체 대표도 있었다.

우리 몸의 건강은 장내 미생물 생태계의 상태에 크게 좌우된다. 프로바이오틱스라는 장내 미생물은 세 종류로 구분된다. 비피더스균이나 락토바실러스균처럼 몸에 좋은 영향을 미치는 유익균, 웰치균이나 대장균처럼 나쁜 영향을 주는 유해균, 둘 중 우세한 쪽에 붙는 중간균이다. 유익균이 3, 유해균이 1, 중간균이 6인 상태일 때 숙주인 우리 몸 건강에 최적인 것으로 밝혀졌다. 유해균의 지배력이 강해져서 균형이 무너지면 유익균과 중간균의 활동성이 떨어져 장내 독소가 많아지고 생체 면역계에도 영향을 줘서 수많은 질병의 원인을 만든다. 무릇 모든 생태계가 이와 비슷한 비율의 법칙을 가지고 있다. IT 생태계를 이 관점에서 보면, 언제나 최선으로 일하면서 시스템을 더 좋게 만들려는 유익균, 문제 일으키지 않으면서 대충 일하려는 중간균, 오직 자신의 먹거리를 위해 생태계 파괴를 일삼는 유해균이 3:6:1의 비율로 균형을 이루어 일하는 생태계를 상정할 수 있다. 안타깝게도 대한민국의 IT 생태계는 균형이 심하게 깨져있다. 유해균 쪽으로.

영화보다 더 영화 같은 IT 생태계

유익균의 활동은 신체의 면역 세포를 활성화시켜 면역체계를 튼튼하게 해준다. 나아가 정신 건강에 매우 좋은 신경전달물질을 생성해 우리 삶의 행복도를 높여 준다. 행복 호르몬으로 불리는 세로토닌 생성이 대표적이다. 우리 인간에게 천국이란 더없이 행복한 곳이라는 데 이견이 있을 수 없다. 우리 심신이 최상의 컨디션을 유지하여 행복한 상태에 있다면 천국에 있는 것이나 다름없다. 우리 심신을 천국 같은 곳으로 만드는 것이 유익균의 소임이라면, 우리 심신을 최악의 상태 곧 지옥 같은 곳으로 만드는 것은 유해균의 소임이다. 악마는 밝고 투명한 천국에서 살 수 없다. 복마전이 마귀의 소굴인 것처럼 악마의 본향은 지옥이다. 지옥을 확장시키는 것이 악마의 본분인 것처럼 태생이 그와 같은 유해균을 탓할 수는 없다. 문제는 유해균이 득세하면 절대적으로 수효가 많은 중간균이 유해균에 편승해 생태계의 지옥화가 가속된다는 데 있다.

유해균이 득세한 생태계에서 벌어지는 복마전 게임은 속칭 마바라 게임 플레이어들을 양산했다. (마바라는 제대로 알지 못하면서 얕은 지식을 가지고 떠벌리는 사람을 가리키는 증권가 은어다.) 공공정보화 사업의 일환으로 정보시스템 구축에 앞서 수행하는 정보화 컨설팅은 마바라들의 주 무대다. 기존의 컨설팅 보고서 템플릿에 내용을 끼워 맞추는 양상의 정보화 컨설팅은 마바라들에게 손쉽게 사 먹을 수 있는 달달한 맛의 정크푸드와 같았다. (유해균은 당분이 많은 달달한 음식을 아주 좋아한다.) 이윽고 소위 '비즈니스'에만 능통한 마바라 업체들이 출현해 저가 수주 공략에 나섰다. 마바라 컨설팅 업체들은 불량 건축업자가 값싼 저질 중국산 자재를 사용해 집을 짓는 것처럼 저임금 인력을 쥐어짜서 이익을 챙겼다. 몇 년 지나지 않아 생태계는 황폐화되었다. IT컨설턴트의 공식적인 명목임금(소프트웨어 기술자 노임단가)이 20년 전보다 20% 줄어들었고, 실질임금은 20년 전의 절반 아래로 추락했다. 당연한 얘기지만 마바라 업체들의 컨설팅 품질은 형편없다. 실효성 있는 통찰적 대안 제시는 어불성설이려니와 컨설팅 본연의 목적인 정보 시스템 구축에 유효했다는 사례가 전무하다. 한마디로 무용지물이었다고 할 수 있다. 컨설턴트를 상징하는 아이콘을 찾아보면 흰색 와이셔츠에 넥타이를 착용한 신사의 이미지가 나온다. '젠틀하다'는 것은 컨설턴트의 이미지로 글로벌 스탠다드다. 무참히 파괴된 대한민국 IT 생태계에서는 한없이 부끄러운 말이다.

대한민국 IT 업계의 비즈니스 양상은 건설 업계의 그것과 흡사하다. 건설회사가 조폭 영화의 단골 소재인 것은 복마전 양상으로 돌아가는 건설 업계의 현실을 사람들이 잘 알고 있기 때문이다. 사업 수주를 위한 영업 행태가 둘 다 복마전 양상이라면, 시공 즉 구축하는 일은 어떨까? 구축하는 일은 건설회사가 훨씬 낫다. 성적으로 말하면 완공 기준에 미달하는 F학점 짜리 건설공사는 거의 없다. 부실 공사는 사용자의 생명에 직결되기 때문이다. 한편 공공정보화 사업으로 발주되는 정보시스템 구축프로젝트는 사실상 F학점 투성이다. (공식적으론 모든 프로젝트가 완공 처리되고, 부실은 이어지는 유지보수 사업 차원으로 넘어간다.) 성적 차이의 근본 원인은 발주 금액의 적정성에 있다. 건설공사 프로젝트는 과할 정도로 충분한 마진을 남기는 게 보통이다. 반면에 정보시스템 구축 프로젝트는 적자를 감수해야 온전한 완공이 가능하다. 모든 프로젝트가 완공 기준인 RFP 요건을 충족하기엔 턱없이 부족한 예산으로 발주되기 때문이다. 주어진 예산과 시간으로는 완공이 불가능한 요건으로 사업을 발주하는 이상한 관행을 배경으로 상영되는 'F학점의 천재들'에 오너 일가로 출연하는 발주기관들이 주연이라면, 완공이 불가능하다는 것을 알면서 저가 수주를 불사하며 칼춤을 추는 업체들은 조연이다. 영화보다 더 영화 같은 IT 생태계의 누아르는 지금도 절찬 상영 중이다.

조용히 이기는 겸손한 능력자들

요즈음 몇 개월째 주요 서점 베스트셀러에 올라 좀처럼 인기가 식을 줄 모르는 책이 있다. 책 제목이 『나를 소모하지 않는 현명한 태도에 관하여』, 독일의 저명한 언론인이 쓴 자기계발서이다. 이 책은 수년 전 『조용히 이기는 사람들』이라는 제목으로 출간된 바 있는데 당시 전혀 관심 밖이던 것이 이례적으로 개정판에서 큰 호응을 불러일으키며 언론에서 회자되고 있다. 한겨레신문은 최근 자기계발 분야의 달라진 정서가 독자들을 새로운 시각으로 이끄는 것이라며 이렇게 소개한다.

"잘난 척, 센 척, 강한 척 등 '척'하는 사람들이 넘쳐나는 시대에 이 책은 겸손과 절제의 미덕에 대해 전한다. 과시되고 요란하게 포장되는 시대에 현명한 삶의 방식이 무엇인지 탐구한다. 성공하는 법, 부자 되는 법, 말 잘하는 법, 주목받는 법 등 어떻게든 자기 자신을 드러내는 방법을 가르쳐주는 책들이 넘쳐나는 가운데 역발상으로 독자들의 시선을 끌고 있다."

책 초입부에 있는 '긍정 환상을 찍어내는 공장'이라는 소제목이 각별히 눈길을 끌었다.

『1990년대는 '긍정적인 사고'가 우리를 덮쳤던 시대다. 모든 해악과 질병의 원인은 정신적인 문제이며, 부정적인 사고는 죄악처럼 여겼다. 어떤 일에 실패한 사람은 그 일이 성공하리라고 확고하게 믿지 않았기 때문이라고 했다. 이러한 사고방식은 상당히 위험했음에도 하나의 이데올로기처럼 퍼져 나갔다. 부정과 의심은 피해야 하는 태도였고, 무조건적인 긍정은 불가침의 의무가 되었다. 오로지 긍정적인 사고만 허락되었고, 그래야만 긍정적인 미래가 온다고 믿었다.」

　나 역시 지천명이 넘도록 '긍정' 철학(?)을 신봉했다. 나폴레온 힐의 『생각하라 그러면 부자가 되리라』, 조엘 오스틴의 『긍정의 힘』, 론다 번의 『시크릿』 등 자기계발 분야 초베스트셀러들이 말하는 생각과 신념의 힘을 숭상했고, '끌어당김의 법칙'으로 진화한 긍정신리학 기반의 자기계발서를 탐독하며 믿음을 강화했다. 글로벌 금융위기가 터지기 전까지 그랬다. 글로벌 금융위기는 내가 바라는바 생각과 신념이 만드는 작위적 세상이 아니라 있는 그대로의 세상과 세상사의 진실을 보는 눈을 뜨게 된 계기였다. 그때 만난 『긍정의 배신: Bright-Sided』은 눈에서 비늘이 벗겨지는 엑스터시를 경험하게 해준 책이다. 블로그에 인용해 큰 호응을 얻은 부분을 조금 가져와 본다.

　"21세기로 접어들자 긍정적 사고는 유례없는 규모로 우주로 퍼져 나갔다. 그런데 긍정적 사고 전문가들이 얘기하는 끌어당김의 법칙과 반대로 사람들의 삶은 나아지지 않았다. 조엘 오스틴 같은 번영설교사들에게 영적인 인도를 구했던 가난한 사람들은 여전히 빈곤에 시달리고, 가난한 이들의 수는 점점 늘어나고 있다. … 긍정적 사고와 서브프라임 위기가 분명히 관련되어 있다고 본 케빈 필립스는 『시크릿』의 저자 론다 번과 번영 설교사 조엘 오스틴을 고발했다. … 동기유발 전문가들은 강연 기회를 넓히기 위해 책을 쓰고, 기업은 동기유발 서적을 한꺼번에 수천 권씩 사들여 직원들에게 나누어 준다. 긍정적 사고라는 합의에 반대하는 인물로서 위기관리 전문가인 에릭 더즌홀은 말한다. "많은 기업이 내가 말하는 내용을 듣기 싫어합니다. 상황이 아무리 위험해도 기업들은 긍정적인 결과가 있을 것이라고 필사적으로 믿으려고 합니다." 끌어당김의 법칙이나 생각으로 세상을 통제할 수 있다고 믿는 사고방식이 기업에 '바이러스'처럼 퍼져 있다."

　『조용히 이기는 사람들』에 대해 이야기를 하다가 『긍정의 배신』 책을 꺼내 든 이유가 있다. 정보화 프로젝트 일로 만난 수많은 사람들이 실력을 과장하며 떠벌리는 배경과 관련 있다고 보기 때문이다. 책에서 말하듯 유례없는 규모로 세상에 퍼진 긍정 이데올로기가 현대인들에게 심리적 트랜드처럼 자리 잡고 있는 것이다. 사회가 온통 긍정을 찬양하고 비판적 사고를 죄악시하는 가운데 겸손은 미덕이 아니라 '실력 없음'을 자인하는 것으로 통하고, 동일 선상에서 과장과 허세가 동물의 세계에서 생존에 유리한 법칙인 것처럼 IT 생태계에서도 그것이 생존에 유리한 법칙으로 통하는 것이 아닐까 생각한다. 『조용히 이기는 사람들』 책으로 돌아가 보자. 베스트셀러가 된 개정판은 이렇게 말한다.

"그들은 승리하려고 하지 않지만 결국 이기는 사람들이다. 그들은 과장하지 않으며, 주변의 관심을 끌지도 않는다. 겸손함은 그들의 중요한 덕목이다. 겸손함과 예의 바름의 대명사는 젠틀맨이다. 젠틀맨은 친절하며, 선동하지 않으며, 매사에 균형을 잃지 않는다."

IT 업계에서 겸손한 능력자를 만나 함께 일하는 것은 큰 행운이다. 금쪽같은 노하우와 스마트하게 일하는 방법을 배워 단기간에 능력을 폭발적으로 키울 수 있어서다. 겸손한 능력자들은 묵묵히 일하면서 알기 쉬운 표현으로 과업을 투명하고도 효과적으로 완수한다. 그들은 자신의 지식과 노하우를 전해주는 일에 아낌없다. 일견 존재감이 없어 보여도, 겸손한 능력자는 그가 해낸 일로 은은히 빛난다. 언제나 일의 결과가 말해준다.

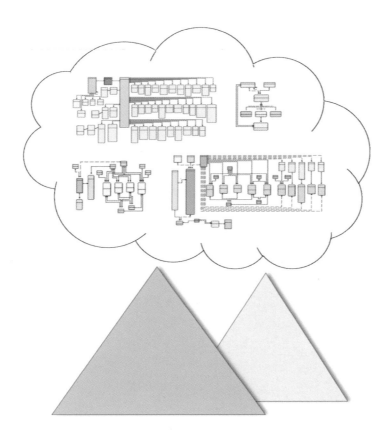

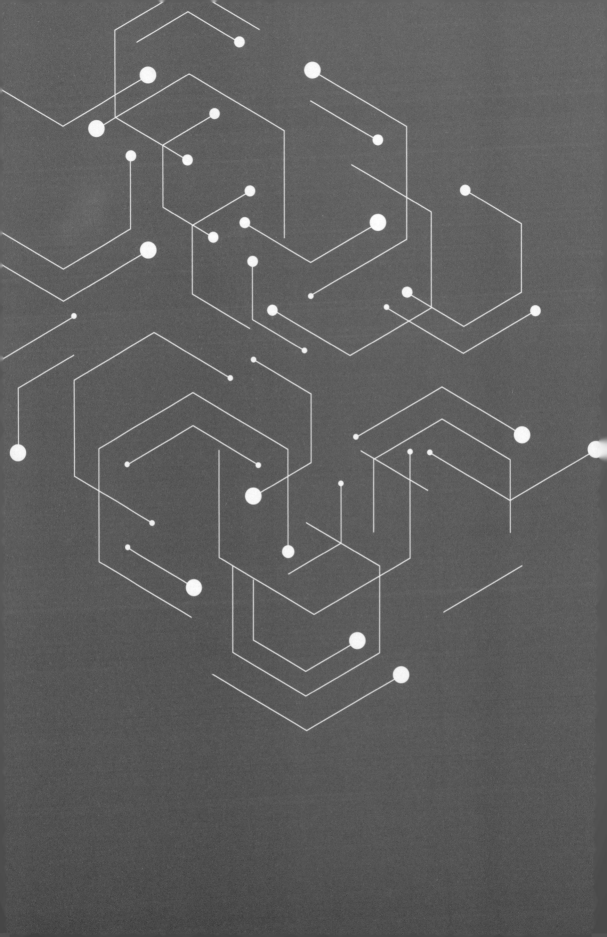

제 4 장

데이터 웨어하우스 모델링

과연 차원이 다른 모델링인가

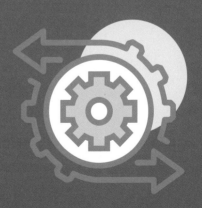

《데이터 웨어하우스 모델링 3대 원칙》

- ✓ 주제 중심으로 데이터를 통합하고 재구조화
- ✓ 시계열 구조화
- ✓ 다양한 분석 관점 설계

데이터 모델링과 데이터 웨어하우스 모델링, 어떻게 다른가

데이터 웨어하우스는 정보계 데이터베이스로 통한다. 프롤로그에서 비유로 얘기한 바와 같이 데이터베이스 세계는 크게 운영계와 정보계로 구분된다. 운영계 데이터베이스(Operational Database)는 기업의 기간 업무를 비롯한 일상적이며 필수적인 업무 운영에 필요한 데이터베이스이고, 정보계 데이터베이스는 (전략적) 의사결정에 필요한 데이터 분석을 목적으로 한다. 흔히 '데이터 모델링' 하면 운영계 데이터베이스 구축을 위한 데이터 모델링을 말한다. 같은 맥락에서 정보계 데이터베이스 구축은 통상적으로 데이터 웨어하우스 구축을 말하며, 전형적인 데이터 웨어하우스의 모델링 기법을 '차원 모델링(Dimensional Modeling)'이라고 한다.

다음은 운영계 데이터베이스 구축을 위한 데이터 모델링(일반적인 데이터 모델링)과 정보계 데이터베이스 구축을 위한 데이터 모델링(데이터 웨어하우스 데이터 모델링)의 차이를 비교 요약한 것이다.

비교 관점	일반적인 데이터 모델링	데이터 웨어하우스 모델링
대상	운영계 데이터베이스	정보계 데이터베이스
목적	기간 업무, 일상 업무 운영	의사결정에 필요한 데이터 분석
모델링 주안점	데이터 정합성, 무결성 확보	데이터 처리 속도, 분석 효율성
데이터 모델 특징	업무 기능 중심, 정규화	주제 지향적, 통합적, 시계열 구조, 비정규화/역정규화
모델링 방식	일반적인 관계형 데이터 모델링	차원 모델링(Dimensional Modeling)
데이터 처리 방식	OLTP	OLAP
데이터 사용 방식	read/write	read only

[일반적인 데이터 모델링 vs 데이터 웨어하우스 모델링 비교]

다음 예시를 보면서 운영계 데이터 모델링(일반적인 데이터 모델링)과 정보계 데이터 모델링(DW 데이터 모델링)이 어떻게 다른지 생각해 보자.

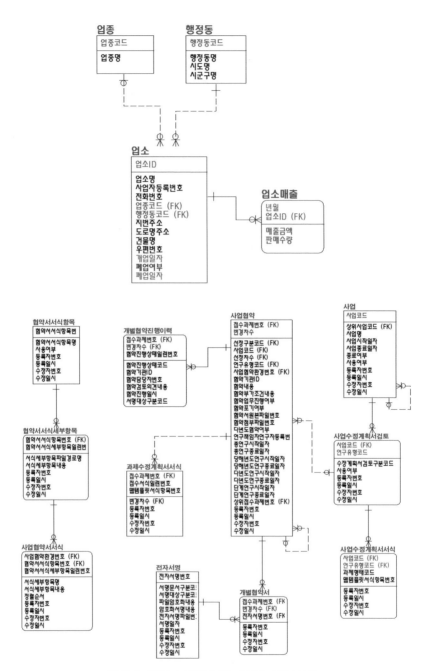

[운영계 데이터 모델(일반적인 데이터 모델) 예시]

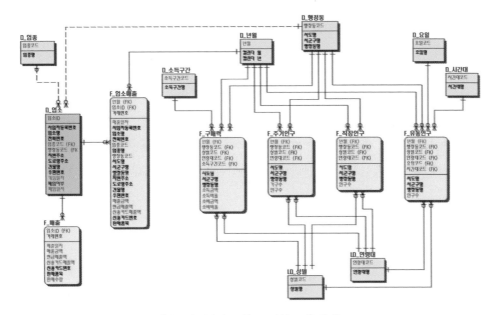

[정보계 데이터 모델(DW 차원 모델) 예시]

데이터 웨어하우스, 구름 타고 개념 잡기

데이터 모델링에 대한 개념 정리로 모델링 산행 준비운동을 한 것처럼 데이터 웨어하우스 모델링 산행을 위한 준비운동으로 개념 정리가 필요할 것 같다. 데이터 웨어하우스에 대하여 구글링한 결과는 무척 다양하다. 수많은 개념 설명들 가운데 산행을 준비하는 마음에 와 닿는 것들을 추려 문장력이 허용하는 한 매끄럽게 다듬어서 소개한다.

데이터 웨어하우스란?

"오늘날 기업들은 분석 및 통계를 위해 다양한 소스의 데이터를 효과적으로 수집, 저장, 통합해야 한다. 특히 데이터 기반 기업에는 조직 전체의 수많은 데이터를 관리하고 분석하기 위한 강력한 도구가 필요하다. 이러한 도구는 확장 가능하고 다양한 데이터 유형을 지원할 수 있을 만큼 충분히 유연해야 한다. 이는 기존 데이터베이스의 역량을 훨씬 넘어서는 것이다. 여기서 데이터 웨어하우스의 필요성이 발생한다. 데이터 웨어하우스는 POS 트랜잭션, 마케팅 자동화, 고객 관계 관리 시스템 등의 여러 소스에서 가져온 구조화된 데이터와 반구조화된 데이터를 분석하고 리포팅하는 기반 시스템으로써 현재 데이터와 과거 데이터를 한 곳에 저장하여 시간 흐름에 따른 장기간의 데이터 동향을 확인할 수 있도록 설계된다."– 구글 클라우드

데이터 웨어하우스란 무엇입니까?

"데이터 웨어하우스는 다양한 정보에 입각한 의사결정을 내릴 수 있도록 여러 소스 데이터를 통합한 리포지토리이다. 데이터는 트랜잭션 시스템, 관계형 데이터베이스 및 기타 소스로부터 정기적으로 데이터 웨어하우스에 적재된다. 비즈니스 애널리스트, 데이터 엔지니어, 데이터 사이언티스트 및 의사 결정권자는 비즈니스 인텔리전스(BI) 도구, SQL 클라이언트 프로그램, 분석 솔루션 및 시각화 도구를 통해 데이터에 액세스한다."– 아마존 AWS

데이터 웨어하우스(DW)란

"다양한 소스에서 얻은 대량의 데이터를 연결, 통합하는 디지털 스토리지 시스템이다. 데이터 웨어하우스의 목적은 비즈니스 인텔리전스(BI) 작업 즉 다양한 관점의 분석과 리포팅을 통하여 인사이트를 얻는 것, 데이터 기반의 스마트한 의사결정을 지원하는 데 있다. 데이터 웨어하우스는 현재와 과거의 데이터를 한 곳에 저장하여 조직의 데이터 창고이자 통합 창구 역할을 한다."- SAP

데이터 웨어하우스의 정의

"데이터 웨어하우스는 비즈니스 인텔리전스(BI) 활동, 특히 분석을 활성화하고 지원하기 위해 설계된 데이터 관리 시스템의 한 유형이다. 데이터 웨어하우스는 여러 소스로부터 얻은 대량의 데이터를 중앙 집중화하고 통합한다. 데이터 웨어하우스의 분석 기능을 통해 조직은 데이터에서 귀중한 비즈니스 통찰력을 도출하여 의사결정 능력을 높일 수 있다."- Oracle

데이터 웨어하우스의 진화- 데이터 분석에서 AI 및 머신러닝으로

"데이터 웨어하우스에 효율성이 더해짐에 따라, 이제 데이터 웨어하우스는 전통적인 BI 플랫폼을 지원하던 정보 저장소에서 다양한 애플리케이션을 지원하는 방대한 분석 인프라로 진화하고 있다. 오늘날 AI와 머신러닝은 거의 모든 산업과 서비스를 변화시키고 있다. 데이터 웨어하우스도 예외는 아니다. 빅데이터의 확장과 새로운 디지털 기술의 적용은 데이터 웨어하우스의 변화를 주도하고 있다."- Oracle

위키백과의 설명을 토대로 개념을 좀 더 매끈하게 정리 본다.

개요

데이터 웨어하우스(data warehouse)란 사용자의 의사결정에 도움을 주기 위하여 기간 시스템의 데이터베이스에 축적된 데이터를 공통의 형식으로 변환해서 관리하는 데이터베이스를 말한다. 줄여서 DW로도 불린다. 데이터 웨어하우스는 기업의 전략적 관점에서 효율적인 의사결정을 지원하기 위해 데이터의 시계열적(時系列的) 축적과 통합을 목표로 하는 기술의 구조적·통합적 환경을 제공한다. 그래서 데이터 웨어하우스는 조직의 의사결정을 지원하는 데이터의 집합체로 주제 지향적(subjectoriented), 통합적(integrated), 시계열적(timevarient), 비휘발적(nonvolatile)인 네 가지 특성을 지닌다.

특징

1. 데이터 웨어하우스는 비즈니스 사용자들의 의사결정 지원에 전적으로 이용된다. 기업의 운영 시스템과 분리되며, 운영 시스템으로부터 많은 데이터가 공급된다. 데이터 웨어하우스는 여러 개의 개별적인 운영 시스템으로부터 데이터가 집중된다. 기본적인 자료 구조는 운영 시스템과 완전히 다르므로 데이터들이 데이터 웨어하우스로 이동되면서 재구조화되어야 한다.

2. 시간성 혹은 역사성을 가진다. 즉 일, 월, 년 회계 기간 등과 같은 정의된 기간과 관련되어 저장된다. 운영 시스템의 데이터는 사용자가 사용하는 매 순간 정확한 값을 가진다. 즉 바로 지금의 데이터를 정확하게 가지고 있을 것이 요구된다. 반면 웨어하우스의 데이터는 특정 시점을 기준으로 정확하다.

3. 주제 중심적이다. 운영 시스템은 재고 관리, 영업 관리 등과 같은 기업 운영에 필요한 특화된 기능을 지원하는 데 반해, 데이터 웨어하우스는 고객, 제품 등과 같은 주요 주제를 중심으로 그 주제와 관련된 데이터들로 조직된다.

4. 데이터 웨어하우스는 읽기 전용 데이터베이스로서 갱신이 이루어지지 않는다. 데이터 웨어하우스 환경에서는 프로덕션 데이터 로드(Production Data Load)와 활용만이 존재하며, 운영 시스템에서와 같은 의미의 데이터의 갱신은 발생하지 않는다.

5. 데이터 웨어하우스는 일정한 시간 동안의 데이터를 대변하는 것으로 snap shot과 같다고 할 수 있다. 따라서 데이터 구조상에 '시간'이 아주 중요한 요소로 작용한다.

이상으로 개념을 잡기 위해 뭉게구름 타고 돌아다녔으니, 이제 땅으로 내려와 모델링 관점에서 개념을 정리할 차례다. 여기서 개념을 잡는 목적을 환기할 필요가 있다. 데이터 웨어하우스 구축을 위한 데이터 모델링을 배우는 것이 목적이다. 모델링 관점에서는 딱 세 가지 핵심 개념만 기억하면 된다.

데이터 웨어하우스 모델링 핵심 개념: 3대 원칙

- 주제 중심으로 데이터를 통합하고 재구조화
- 시계열 구조화
- 다양한 분석 관점 설계

정리하고 보니 너무 단출해서 허탈할 정도다. 그 많던 구름은 다 어디로 갔나?

데이터 웨어하우스 아키텍처와 모델, 혼동하지 않기

데이터 웨어하우스의 양대 산맥이라고 일컫는 빌 인먼(Bill Inmon) 박사와 랄프 킴벌(Ralph Kimball) 박사의 데이터 웨어하우스 아키텍처에 대한 견해 차이를 모델링 영역으로 확장시켜 개념을 혼동하는 경향이 있다.

빌 인먼은 기업정보공장(CIF: Corporate Information Factory) 개념의 데이터 웨어하우스 아키텍처를 정의했다. CIF는 오늘날 데이터 웨어하우스 시스템 관련 문서에서 많이 볼 수 있는 전형적인 아키텍처(운영데이터(Operational Data), ODS[26], DW, DM(Data Mart) 영역과 ETL, BI 서비스 등으로 구성된 그림)로써 데이터 웨어하우스를 생각할 때 떠오르는 이미지로 일반화되었다.

랄프 킴벌(Ralph Kimball)은 비즈니스 프로세스와 디멘전 개념을 바탕으로 버스 아키텍처(Bus Architechture)를 제안하였다. 이와 함께 그가 주창하고 발전시킨 차원 모델링(Dimensional modeling)은 오늘날 데이터 웨어하우스 모델링 방법론의 사실상 표준으로 자리 잡고 있다. 버스 아키텍처는 비즈니스 프로세스와 공통 디멘전(conformed dimension: 주요 마스터 데이터로 무난함)의 사용 관계를 버스(BUS: 전자회로 구조 또는 컴퓨터 인터페이스 구조의 한 형태) 매트릭스 구조로 표현하여 데이터 모델링을 전사적인 큰 시각에서 도와주는 아키텍처이다.[27]

데이터 웨어하우스 아키텍처와 데이터 웨어하우스 모델은 다른 개념이다. 버스 아키텍처 설계가 디멘전 모델링 개념을 내포하고 있다 하더라도 아키텍처는 데이터 모델이 아니다.

따라서 아키텍처 설계와 데이터 모델링은 다른 차원의 얘기다. 한국데이터산업진흥원 DATA ON-AIR 사이트의 빅데이터와 데이터 웨어하우스 전문가 칼럼(빅데이터와 차세대 데이터 웨어하우스)에 나오는 빌 인먼 박사의 말을 인용해 보자.

"빅데이터와 데이터 웨어하우스는 전혀 다른 개념이다. 빅데이터는 기술적인 용어이고 데이터 웨어하우스는 아키텍처 용어이므로 빅데이터 때문에 데이터 웨어하우스가 없어질 것이라고 말하는 사람은 데이터 웨어하우스에 대해 전혀 모르는 사람이다."

---

26) ODS(Operational Data Store): 운영 데이터(Source Data)를 복제하여 저장하는 데이터 웨어하우스의 스테이징 영역(Staging Area)
27) Ralph Kimball & Margy Ross 공저 『The Data Warehouse Toolkit, 3rd Edition』 page 124~127

같은 맥락으로 CIF와 버스 아키텍처는 아키텍처 용어이고, 차원 모델링은 데이터 모델링 용어이다.

아래 이미지는 CIF 아키텍처의 절차적 구성을 기본 틀로 사용하고 차원 모델링으로 DW 데이터 모델을 설계한 하이브리드 아키텍처 설계 사례다.

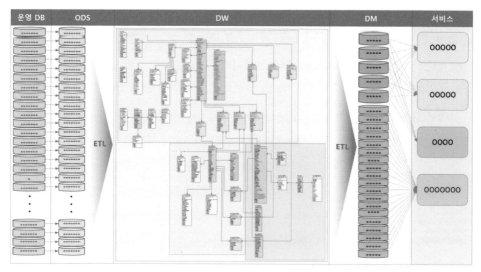

[데이터 웨어하우스 아키텍처 설계 예시]

차원 모델링, 단순함의 철학

차원 모델링으로 유명한 랄프 킴벌의 『The Data Warehouse Toolkit』은 데이터 웨어하우스 모델링 가이드북으로 독보적이다. 현재 세계적으로 3rd Edition이 널리 읽히고 있는데 국내에서는 『랄프 킴벌의 데이터 웨어하우스 툴킷』이라는 번역본[28]으로 2015년 출간되었다.

데이터 웨어하우스 모델링 실전 경험을 전하기에 앞서, 차원 모델링의 바이블이라고 할 만한 『The Data Warehouse Toolkit』의 주요 개념을 원어 의미에 충실하게 전달할 필요가 있다고 생각한다. 그래서 핵심 내용과 중요한 용어의 개념을 ChatGPT를 이용하여 일차적으로 번역하고, 그 위에 리얼한 차원 모델링 경험을 투사하여 입문자 입장에서 최대한 이해하기 쉬운 문장을 만들어 보았다. 그럼에도 문장이 석연치 않은 부분은 원어와 함께 적어 놓는다. 먼저 도입부에서 집중 조명되는 '단순함(simplicity)'과 책의 전반에 흐르는 '알기 쉬움(easy to understand)'의 철학에 관한 내용을 소개하는 것으로 시작한다.

Introduction

"실무자들과 전문가들은 공히 데이터의 표현은 단순함에 기초를 두어야 좋다는 것을 알고 있다. 단순함은 사용자가 데이터베이스를 쉽게 이해하고 효율적으로 탐색할 수 있게 하는 근본적인 열쇠이다. 다차원 모델링은 많은 측면에서 단순성을 저해하는 것들을 척결하는 방식으로 볼 수 있다. (In many ways, dimensional modeling amounts to holding the fort against assaults on simplicity.)"

---

28) 국내 IT 업계 굴지의 대기업 DW/BI 팀 열 명이 번역한 책이다. 차원 모델링의 주요 개념을 알고 있는 DW 모델링 전문가로서 이 번역본을 읽어 본 소감은 알 수 없는 물건(문장)들로 가득한 백화점에 들어갔다 바보가 되어 나온 느낌이다. 비평서 한 권을 쓰고 싶을 정도이다. 차원 모델링의 가장 큰 장점이 단순한 구조에서 비롯되는 이해의 용이성에 있다는 것이 원서를 관통하는 저자의 철학인데, 책의 번역은 그 철학의 반대편에서 독자의 머리를 아프게 한다.

차원 모델링은 데이터베이스를 단순하게 만드는 최선의 기법이다. 지난 반세기에 걸쳐 IT 조직, 컨설턴트, 비즈니스 사용자들은 단순한 차원 구조에 자연스럽게 이끌렸다. 이는 '단순함'을 선호하는 인간의 기본적인 욕구와 부응한다. 단순함은 중요하다. 사용자가 데이터를 쉽게 이해하고 소프트웨어가 효율적으로 데이터를 탐색하고 결과를 낼 수 있게 해 준다.

알기 쉬움의 비밀은 추상적인 데이터의 집합을 구체적이고 실제적인 방식으로 시각화할 수 있는 능력에 있다. 단순하게 시작한 데이터 모델은 설계의 마지막까지 단순함을 유지할 가능성이 있다. 복잡하게 시작한 모델은 최종적으로 복잡한 모델이 되어 쿼리 성능이 떨어지고, 결국 사용자의 거부감을 일으키게 될 것이다.

차원 모델링 용어 탐방 (1): 스타 스키마, OLAP 큐브

『The Data Warehouse Toolkit』의 인트로는 데이터 표현의 '단순함'이 차원 모델링의 특장점이라는 점을 조명한다. 이어지는 1장 'Data Warehousing, Business Intelligence, and Dimensional Modeling Primer'에는 DW/BI 도입 목적, 차원 모델링 개요, DW/BI 아키텍처 등 입문적 지식이 기술되어 있다. 그 가운데 차원 모델링 개요 섹션에 있는 스타 스키마와 OLAP 큐브, Fact 테이블, Dimension 테이블에 관한 내용을 조명해 본다.

Star Schemas and OLAP Cubes

"관계형 데이터베이스 관리 시스템에 구현된 차원 모델은 그 형태가 별과 닮았다고 해서 '스타 스키마(star schema)'라고 불린다. 또한, 다차원 분석 환경에서 구현된 차원 모델은 OLAP 큐브(cube)라고 한다. 스타 스키마와 큐브는 차원들을 포함하는 논리적 모델이라는 공통점을 갖고 있다. 데이터가 OLAP 큐브로 로드되면, 차원 데이터에 적합한 포맷과 기술을 사용하여 저장되고 인덱싱된다. 사전 집계된 요약 테이블은 보통 OLAP 큐브 엔진에 의해 생성되고 관리된다. 따라서 큐브는 사전 계산, 인덱싱 전략 및 기타 최적화를 통해 우수한 쿼리 성능을 제공한다.

비즈니스 사용자들은 분석 관점에 속성을 추가하거나 제거함으로써 뛰어난 성능으로 드릴 다운 또는 드릴 업 분석을 할 수 있다. 단 이러한 성능 적재에 필요한 대가를 지불해야 한다. 특히 대용량 데이터셋일 경우 더욱 그렇다. (Business users can drill down or up by adding or removing attributes from their analyses with excellent performance without issuing new queries. The downside is that you pay a load performance price for these capabilities, especially with large data sets.)"

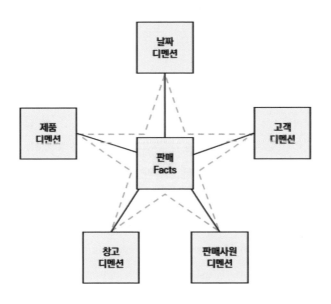

[스타스키마 예시(참조: 『The Data Warehouse Toolkit』, 3rd Edition)]

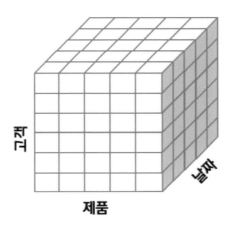

[OLAP 큐브 예시(참조: 『The Data Warehouse Toolkit』, 3rd Edition)]

차원 모델링 용어 탐방 (2): Fact, Fact 테이블

수치를 다루는 Fact 테이블(Fact Tables for Measurements[29])

"다차원 모델에서 Fact 테이블은 비즈니스 프로세스 이벤트에서 발생하는 수치 데이터를 저장한다. 수치 데이터는 압도적으로 큰 데이터 세트를 차지하기 때문에 여러 곳에 중복으로 저장되어서는 안 된다. 여러 조직의 비즈니스 사용자들이 단일 중앙 저장소를 통하여 각각의 수치 데이터 세트에 접속하는 것은 기업 전반 걸쳐 일관된 데이터 사용을 보장한다. (Because measurement data is overwhelmingly the largest set of data, it should not be replicated in multiple places for multiple organizational functions around the enterprise. Allowing business users from multiple organizations to access a single centralized repository for each set of measurement data ensures the use of consistent data throughout the enterprise.)"

"용어 'fact'는 비즈니스 측정치를 나타낸다. 마켓에서 제품이 판매될 때(카운터에서 물건을 스캔할 때) 기록되는 제품의 수량과 판매 금액을 생각하면 된다.

Fact 테이블의 각 행은 측정 이벤트에 해당한다. 각 행의 데이터는 'grain'이라는 특정한 상세화 수준을 갖는다. 다차원 모델링의 중요한 원칙 중 하나는 Fact 테이블의 모든 행이 동일한 grain을 가진다는 것이다. (Each row in a fact table corresponds to a measurement event. The data on each row is at a specific level of detail, referred to as the grain. One of the core tenets of dimensional modeling is that all the measurement rows in a fact table must be at the same grain.)"

---

29) 영어 'measurement'를 우리말로 번역한 '측정값' 또는 '측정치'는 원어 개념을 충분히 표현하지 못한다. 옥스퍼드 사전에서 원어의 의미를 찾아보면 'the size, length, or amount of something, as established by measuring'으로 나온다. 이를 한국어로 옮긴 영한사전에는 '치수(크기/길이/양)'로 정의되어 있다. Measurement를 측정치라고 할 때 Fact 테이블의 속성으로 부적절한 것들이 있다. 연령과 내용 연수가 대표적이다. 이는 측정치가 아니라 개체가 원래부터 지니고 있는 어떤 '특성값'이다. 이 책에서는 문맥에 따라 측정치 대신 '수치'를 사용하여 원어의 개념에 한층 가깝게 다가가는 시도를 해본다. 이렇듯 원어의 개념이 결여된 어휘를 사용할 수밖에 없는 우리말의 한계에 부딪힐 때 어휘의 빈곤함에서 오는 갑갑한 마음을 금할 수 없다. 하지만 우리말은 어느 나라 말에도 없는 풍부한 의성 의태어를 가지고 있다는 점에서 세계에서 가장 우수한 언어라고 자부할 만하다.

모든 Fact 테이블에는 두 개 이상의 Foreign Key가 있다. 이는 차원 테이블의 PK와 연결된다. 예컨데, Fact 테이블의 제품키는 항상 제품 차원 테이블의 특정 제품 키와 일치한다. Fact 테이블의 Foreign Key가 해당하는 차원 테이블의 PK와 일치할 때, 테이블은 참조 무결성을 충족한다.

Fact 테이블은 Foreign Key의 하위 집합으로 구성된 자체 PK를 갖는다. 이 키를 복합 키(composite key)라고 한다. 일반적으로 복합 키를 이루는 몇 개의 차원이 Fact 테이블 행을 고유하게 식별한다.

판매 Facts
날짜 키 (FK)
제품 키 (FK)
창고 키 (FK)
고객 키 (FK)
판매 사원 키 (FK)
거래번호
판매 금액
판매 수량

[Fact 테이블 예시(참조: 『The Data Warehouse Toolkit』, 3rd Edition)]

차원 모델링 용어 탐방 (3): Dimension, Dimension 테이블

데이터 맥락을 설명하는 차원 테이블(Dimension Tables for Descriptive Context)

차원 테이블은 비즈니스 프로세스 측정 이벤트와 관련된 문맥을 담고 있다. 그것들의 맥락은 이벤트와 관련된 '누구, 무엇, 어디, 언제, 어떻게, 왜'를 설명한다.

흔히 차원 테이블은 많은 열 또는 속성을 갖는다. 통상 50개에서 100개의 속성을 갖는다. 하지만 어떤 성격의 차원 테이블은 속성이 몇 개에 불과한 것도 있다. 차원 테이블은 Fact 테이블보다 적은 행을 갖는 게 보통이다. 모든 차원 테이블은 단일한 기본키(컬럼이 하나인 PK)를 갖는다. 이 기본 키는 그 차원 테이블과 조인되는 모든 Fact 테이블들 사이에 참조 무결성의 근거를 제공한다.

제품 Dimension
제품 키 (PK)
제품 설명
브랜드 명
제품 카테고리
패키지 타입
무게
보관 형태
....

[차원 테이블 예시(참조: 『The Data Warehouse Toolkit』, 3rd Edition)]

"차원 테이블 속성은 DW/BI 시스템에서 매우 중요한 역할을 한다. 차원 속성은 DW/BI 시스템을 사용 가능하고 이해하기 쉽게 만드는 데 중요하다. 속성명은 아리송한 약어가 아닌 리얼한 말로 정의하는 것이 좋다. 또한, 차원 테이블에서는 코드 사용을 최소화하고 구체적인 텍스트로 속성명을 정의하는 것이 좋다. (Attributes should consist of real words rather than cryptic abbreviations. You should strive to minimize the use of codes in dimension tables by replacing them with more verbose textual attributes.)"

차원 모델링 용어 탐방 (종합): 스타 스키마/Fact/Dimension

스타 스키마를 이루는 Fact 테이블과 차원 테이블
(Facts and Dimensions Joined in a Star Schema)

"비즈니스 프로세스에서 발생한 이벤트 사실에 대한 수지를 가지고 있는 Fact 테이블 주위를 그 사실에 대한 맥락적 설명을 담고 있는 차원 테이블들이 후광처럼 둘러싸고 있는 구조를 스타 스키마라고 한다. 이러한 특징적인 별 모양 구조를 스타 조인이라고 하며, 이 용어는 일찌기 관계형 데이터베이스 설계에서 유래한다. (Each business process is represented by a dimensional model that consists of a fact table containing the event's numeric measurements surrounded by a halo of dimension tables that contain the textual context that was true at the moment the event occurred. This characteristic star-like structure is often called a star join, a term dating back to the earliest days of relational databases.)"

[스타스키마 예시(참조: 『The Data Warehouse Toolkit』, 3rd Edition)]

차원 스키마에서 가장 주목해야 할 점은 단순함이다. 데이터 이해와 탐색의 용이함 때문에 비즈니스 사용자들은 이러한 단순함에서 오는 이점을 뚜렷하게 선호한다. 수백 건의 사례에서 사용자들은 차원 모델이 자신들의 비즈니스를 잘 나타내고 있다고 동의하는데 주저하지 않았다.

"차원 모델의 단순함은 성능상의 이점도 가지고 있다. 데이터베이스 옵티마이저는 이러한 단순한 구조의 스키마에 대해 훨씬 적은 조인으로 처리 효율을 높여 준다. 데이터베이스 엔진은 심하게 인덱싱된 차원 테이블들을 강력히 제한하고, 사용자의 제약 조건을 만족하는 차원 테이블 키의 카르테시안 곱[30]을 사용하여 Fact 테이블을 한 번에 처리할 수 있다. 놀랍게도, 이 방법으로 옵티마이저는 Fact 테이블의 인덱스를 한 번만 사용하여 임의로 n-way 조인을 구사할 수 있다. (A database engine can make strong assumptions about first constraining the heavily indexed dimension tables, and then attacking the fact table all at once with the Cartesian product of the dimension table keys satisfying the user's constraints. Amazingly, using this approach, the optimizer can evaluate arbitrary n-way joins to a fact table in a single pass through the fact table's index.)"

---

30) Cartesian product: 곱집합. 일명 데카르트 곱(Descartes product)이라고 한다. 각 집합의 원소를 각 성분으로 하는 튜플들의 집합이다. 예를 들어, 두 집합 A = {1, 2}와 B = {3, 4, 5}의 곱집합 A×B는 {(1, 3), (1, 4), (1, 5), (2, 3), (2, 4), (2, 5)}이다.

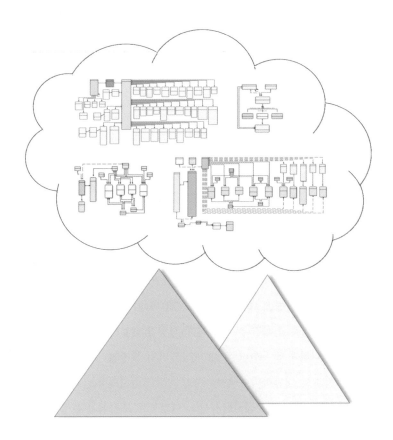

　어려운 심리학 지식을 재치있는 얘기로 귀에 쏙 들어오게 설명하는 인지심리학자 김경일 교수의 강연은 언제 들어도 감탄스럽다. 얼마 전 tvN 유튜브 채널에서 그가 메타인지에 관한 특성에 대해 실증적 사실을 토대로 맛깔나게 풀어내는 강연을 잔뜩 공감하며 보았다. 상위 0.1%의 성적을 내는 학생들에게 공통으로 발견되는 특징 가운데 메타인지의 발달을 꼽으며 메타인지가 발현되는 메커니즘을 흥미로운 이야기로 들려주었다. 자신이 알고 있는 지식을 타인에게 알기 쉽게 전달하는 것에서 메타인지가 발현된다는 강연의 요지는 내 배움의 철학과 같은 곳을 지향하고 있었다. 그곳에서 'Easy is best'라는 주제로 상연되는 한 편의 연극을 관람하는 의미로 강연의 일부를 재현해 본다.

　"세상에는 두 가지 종류의 지식이 있어요. 첫 번째는 내가 알고 있다는 느낌은 있는데 남들한테 설명하지 못하는 지식, 두 번째는 알고 있는 것을 남들한테 설명할 수 있는 지식입니다. 사실 두 번째만 내 지식이에요. 첫 번째는 내 메타인지에 속고 있는 거예요. 자기랑 비슷한 수준에 있는 사람에게 설명할 때보다 자기보다 못한 사람에게 설명할 때 더 강력하게 작용한다는 게 메타인지의 특징입니다. 실리콘 밸리는 IT의 총본산이죠. 거기서 대단하다고 하는 사람들과 그럭저럭하는 사람들이 보이는 차이점을 알아보기 위해서 인지심리학자들이 여러모로 조사하고 관찰했는데, 뛰어난 사람들은 IQ와 무관하게 자신의 지식을 다른 사람에게 잘 설명을 하는 습관은 가지고 있었습니다. 심지어는 자신이 기획한 사업 아이템을 자기 방 청소하는 분을 앉혀놓고 프레젠테이션을 하는 임원도 있습니다. 내가 이 사람도 알아듣게 만들 수 있다는 자신감, 이건 대체 어디서 나오는 거죠? 탑 프로그래머나 탑 엔지니어가 아무 상관도 없는 고등학교나 심지어 초등학교까지 가서 자기가 하는 일을 재능 기부 차원에서 얘기해주는 그런 장면들 보셨죠? 우리는 가끔 이런 말을 하죠. 어린아이들도 알아들을 수 있게 쉽게 얘기하라고. 실제로 있었던 사례를 하나 알려드릴게요. 세계 최초의 디지털 카메라를 만든 스티븐 새슨 얘기입니다. 필름을 '빛에 노출되면 이미지를 형성하기 위해서 화학 반응하는 물질'이라고 설명하면 전문가답습니다. 이런 설명을 어린이에게 하면 어떻게 될까요? '아저씨랑 안 놀아요.' 하겠죠. 스티븐 새슨은 '필름은 그릇이다.'라고 했어요. 어린아이도 알아들을 수 있을 만한 쉬운 말이죠. 왜 그릇이에요? 이미지를 담는 것이니까요. 당시 스티븐 새슨은 세계 최고의 필름 제조사 코닥에서 근무하는 전문가였습니다. 그런데 필름을 그릇이라고 하니 또 다른 그릇이 보이기 시작합니다. 카세트 테입이에요. 그리고 디지털 카메라 개발로 이어졌어요. 우리 인류사에서 획기적인 일들은 나보다 못한 사람이거나 내 일을 아예 모르는 사람에게 설명할 수 있을 때 일어난다는 걸 보여줍니다. 이 시대 최고의 물리학자인 리처드 파인만은 말합니다. 아무리 완벽해 보이는 물리학 이론이라도 그 이론을 대학교 1학년짜리 신입생들한테 설명해서 못 알아듣는다면 그 이론은 아직 완벽한 이론이 아니라고."

40년 전 16비트 PC가 세상에 일대 변혁을 몰고 오던 시절, 나는 소프트웨어 벤처 기업에 입사하여 프로그래머로 IT 업계에 첫발을 내디뎠다. 이후 3년 동안 MIS 패키지를 개발하면서 소프트웨어 공학에 근거한 구조적 개발 방법론에 천착하였다. 이 시기에 일과 배움에 대한 '알기 쉬움'의 철학이 잉태되었다. 그 무렵 IT 분야의 폭발적인 성장 속에 굴지의 대기업들이 컴퓨터를 기반으로 전사적 정보 시스템을 구축하는 SI(시스템 통합) 사업에 경쟁적으로 뛰어들었고, 나는 후발 주자였던 삼성SDS에 경력 공채로 입사하였다. 소프트웨어 공학 이론을 실전 응용하는 실력을 겸비한 프로그래머로서 전성기를 구가하던 때여서 일에 자신감이 넘쳤다. 하지만 데이터 중심의 어프로치로 정보 시스템 패러다임이 이동하면서 IT 분야에 일대 혁신을 몰고 온 제임스 마틴의 정보 공학(IE: Information Engineering)을 배워야만 했다. 국내 출간된 정보 공학 번역서가 없었고 인터넷 해외 구매가 불가능하던 시기여서 온전히 배우기 힘들었던 터에 미국 실리콘밸리 출장 기회를 얻었다. 데이터 웨어하우스의 선구자로서 차원 모델링의 원조인 랄프 킴벌이 설립한 레드 블릭 시스템(Red Brick System)을 방문하여 킴벌 CEO에게 데이터 웨어하우스 도입에 관한 자문을 구하러 가는 출장이었다. 출장 중에 짬을 내어 UCLA 대학 서점에서 제임스 마틴의 정보공학 책 원서를 구입했다. 귀국 후 원서에 나오는 데이터 모델링 부분을 파고들자 비로소 관계형 데이터베이스 세계의 시야가 트였다. 제임스 마틴이 개발한 IE 표기법에 따른 데이터 모델링은 데이터 구조를 한눈에 파악할 수 있게 한다는 점에서 획기적이다. IE 표기법은 정보 시스템 설계를 '알기 쉽게 가시화'해 주었다는 점에서 IT 역사에 큰 획을 그었다고 본다.

천문학적인 금액으로 SK네트웍스에 인수된 엔코아의 설립자 이화식 전 대표는 관계형 데이터베이스의 대가로서 데이터 모델링 책 저술로 명성을 쌓은 국내 최고의 데이터 전문가이다. 30년 전 같은 시기에 같은 기업에 근무했던 그도 그때 정보공학 이론과 관계형 데이터 모델링을 배웠을 것이다. 10년 전 역작 DA#(데이터 모델링 툴을 포함한 데이터 아키텍처 통합관리 솔루션)을 출시하여 큰 성공을 거둔 후 그는 이렇게 말했다.

"DA#은 모델링 툴이 아니다. 철학이다. 모든 형태의 데이터 소스를 표현할 수 있도록 하자. 모든 데이터를 상세히 표현할 수 있도록 하자. 보이지 않으면 관리할 수 없다."

"보이지 않으면 관리할 수 없다." 이 말은 내 배움의 철학인 '알기 쉬움'의 실행 원칙과 통한다. 지식을 전달할 때 최대한 알기 쉽게 표현하는 일은 자신의 지식을 기꺼이 주고자 하는 강렬한 마음을 동력으로 한다. 그래야 배우는 자들이 진정한 배움의 결실을 얻는다. 가르치기 위한 교재나 지식을 전하기 위한 문서를 작성할 때 공들여 그 마음을 담아내는 일이 중요한 까닭이다. 배우는 사람이 잘 이해하지 못하거나 어려워할 때 가르치는 사람도 이심전심 안타까운 마음이 되어 어떻게든 알려주려고 애쓰는 마음이 스며든 책이야말로 배움에 있어 최고의 교재다. 알기 쉽게 관리할 수 있도록 "잘 보이게 표현해야 한다."는 취지에 반하여 그의 저작들은 데이터베이스 배경지식과 데이터 모델링 전문지식을 가진 내게도 쉽게 읽히지 않는다. 전문 서적을 쓰는 첫 번째 목적은 그 분야 독자들에게 자신의 지식을 온전히 전수하는 데 있다. 배우려는 사람이 질식할 것 같은 중압감에 학습 의지가 꺾이면 개인은 물론 사회도 퇴보한다.

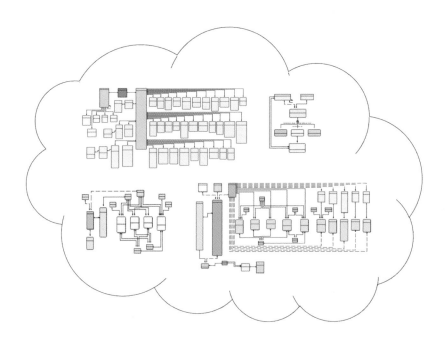

레스토랑 비유를 통해 차원 모델링 개념 잡기

킴벌의 『The Data Warehouse Toolkit』에 데이터 웨어하우스 아키텍처를 레스토랑에 비유하는 대목이 있다. 소스 데이터를 타겟 차원 모델에 효율적으로 변환 적재하기 위한 ETL 시스템을 레스토랑 주방의 조리 과정에 비유하는 이른바 'Restaurant Metaphor'이다. ETL 과정을 설명하는 것이 차원 모델링보다 오히려 쉽지 않기 때문에 비유를 통하여 이해를 돕기 위함일 것이다.

이 비유를 차용하여, 차원 모델링 세계를 압축한 미니어처 같은 모델을 만들어 보았다. 이번 코스에 보이는 산뜻한 뷰를 음미하면서 차원 모델링 개념을 깔끔하게 잡아 보자.

레스토랑 메타포

당신은 갖가지 근사한 요리를 자랑하는 레스토랑의 주인이다. 레스토랑 개업 이래 매출 패턴과 판매 특성을 분석하여 향후 더 나은 서비스와 더 좋은 메뉴를 제공하고 싶다. 사용 중인 POS 시스템 개발사에 의뢰하니, 데이터 아키텍트가 방문을 약속했다.

사흘 후 데이터 아키텍트가 레스토랑에 방문했다. 그와 레스토랑 한편에 마련한 테이블에서 레스토랑의 대표 메뉴를 천천히 즐기면서 대화를 나누었다. 요리를 좋아하게 된 계기와 레스토랑을 창업하게 된 배경 그리고 음식 메뉴에 담긴 소소한 비밀과 비하인드 스토리를 그에게 들려주었다.

식사 후, 커피를 마시면서 그는 비즈니스 현황에 관하여 이것저것 물어보았다. 그리고 그간의 연도별 월별 매출 자료를 이메일로 보내달라고 공손히 부탁하고 돌아갔다. 며칠 후, 데이터 아키텍트는 다음과 같은 차원 모델링 방안을 요약한 제안서를 보내 왔다.

▶ 레스토랑 매출 분석 시스템을 위한 차원 모델링 방안

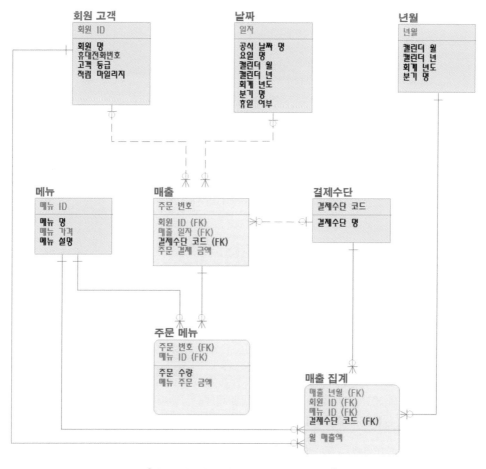

[레스토랑 매출 분석을 위한 차원 모델 예시]

데이터 모델을 이루는 테이블은 크게 연두색 테이블과 분홍색 테이블로 구분되어 있었다. 3개의 연두색 테이블은 Fact, 5개의 분홍색 테이블은 Dimension임을 알려 주는 다음과 같은 친절한 설명이 나와 있었다.

📃 Fact 테이블

- 연두색 테이블 ☞ '매출', '주문 메뉴', '매출 집계'

- 레스토랑 개업 이래 발생한 모든 매출 데이터를 가지고 있음
- Dimension 테이블들의 PK를 참조하여 많은 관계선으로 연결되는 구조(스타 스키마 구조)
- '매출', '주문 메뉴': Base Fact
  - 고객의 메뉴 주문 내역과 결제 정보를 주문 건별로 기록하고 있는 테이블로써 가장 상세한 수준의 원자적 데이터(atomic data)를 가짐
  - '매출 집계' 테이블의 소스 테이블
- '매출 집계': Summary Fact
  - 매출 일자를 기준으로 월 매출액을 합산
  - 분석 관점별(월별/회원별/메뉴별/결제수단별) 집계 값을 갖는 다차원 모델(Multi-dimensional Model)
  - 데이터를 분석 관점에 따라 다양한 상세화 수준에서 분석할 때 빠른 성능을 제공
  - 흔히 데이터 마트(DM: Data Mart)로 통칭되며, OLAP 큐브, 요약 마트, 집계 테이블 등 다양한 명칭으로 불림

📑 Dimension 테이블

- 분홍색 테이블 ☞ '회원 고객', '메뉴', '결제 수단', '날짜', '년월'
- 매출 데이터 집계와 분석에 다양한 관점을 제공
- Fact 테이블의 주문 건별 매출 데이터에 대한 맥락적 설명에 필요한 속성 정보를 가지고 있음
- 모든 Dimension 테이블은 단일 PK(PK 컬럼이 1개)를 가짐
- 운영계 DB의 마스터 테이블, 기준 정보 테이블, 코드 테이블, 날짜 테이블 등에 해당함

하이브리드, 실전형 아키텍처

데이터 웨어하우스 아키텍처와 모델의 차이를 설명하는 코스에서 빌 인먼의 CIF 아키텍처를 소개했다. CIF 아키텍처는 3NF(3차 정규화) 모델로 구축되는 EDW(Enterprise Data Warehouse) 영역, EDW를 기반으로 생성되는 DM(Data Mart)[31] 영역, 그리고 BI 응용 서비스 영역으로 구성된다. CIF 아키텍처는 3NF 모델을 원칙으로 하기 때문에 데이터 정합성이 보장되는 반면 데이터 조회와 분석 쿼리에 많은 조인이 발생하여 전반적으로 성능이 떨어진다.

랄프 킴벌의 데이터 웨어하우스 버스 아키텍처는 성능을 중시하여 반정규화된 2NF 모델 위주로 설계한다. 인위적인 데이터 중복을 통해 쿼리 성능을 향상시키는 모델링 기법이다.

> ▶ 1차 정규화 : 테이블의 행이 동일한 의미의 컬럼 값을 2개 이상 갖지 않도록 하는 것
> ☞ 하나의 행에 동일한 컬럼 값이 2개 이상 있다면, 각각의 컬럼 값을 가진 2개 이상의 행으로 분리
>
> ▶ 2차 정규화 : 복합키(PK)를 가진 테이블에서 특정 PK 컬럼에만 종속된 컬럼이 없게 하는 것
> ☞ 특정 PK 컬럼을 식별자로 하는 식별관계 자식 테이블 추가하고, 종속된 컬럼들을 자식 테이블로 옮김
>
> ▶ 3차 정규화 : PK를 제외한 일반 칼럼에 있어 특정 컬럼에 종속된 컬럼이 없게 하는 것
> ☞ 특정 컬럼을 식별자로 하는 비식별 관계 자식 테이블 추가하고, 종속된 컬럼들을 자식 테이블로 옮김

---

31) 데이터 마트는 집계테이블/요약테이블/OLAP큐브 등 다른 명칭으로 통용되기도 하지만 차원 모델 관점에서는 모두 동일한 구조인 다차원 모델(Mult-Dimension Model)이다.

데이터 정합성과 물리적 자원 낭비를 이유로 데이터 중복을 금기시하던 예전과 달리 기하급수적으로 향상된 반도체 메모리 용량과 데이터 저장 기술에 힘입어 요즘은 성능을 최우선시하는 경향이 대세가 되었다. 따라서 효과적인 데이터 분석이 본령인 데이터 웨어하우스를 성능에 불리한 CIF 아키텍처로 구축하는 것은 예전에 금기시되던 데이터 중복만큼이나 이제는 지양되어야 한다.

킴벌은 CIF 아키텍처의 거시적인 구성에 찬성하되 성능 문제를 해결하는 대안으로 CIF와 버스 아키텍처를 결합한 하이브리드 아키텍처를 제안한다. 킴벌의 하이브리드 아키텍처는 CIF의 DM 영역을 프레젠테이션 영역으로 업그레이드하여 DM 모델을 전사적 버스 아키텍처에 기반하는 차원 모델로 대체한다. 다음 그림이 그것이다.

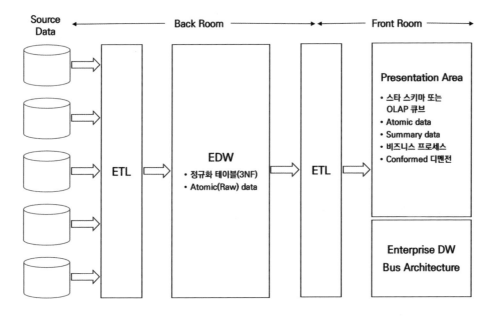

[킴벌의 하이브리드 DW 아키텍처(참조: 『The Data Warehouse Toolkit』, 3rd Edition)]

하이브리드 아키텍처로써, 내가 프로젝트에서 데이터 웨어하우스 모델링 가이드의 일환으로 종종 제시하는 실전형 아키텍처를 소개한다.

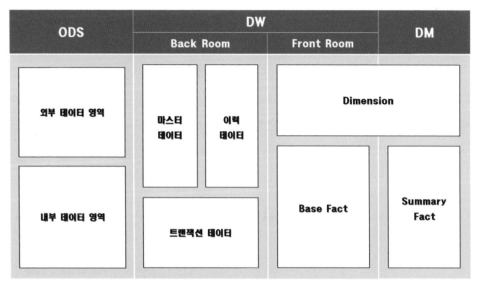

[실전형 하이브리드 데이터 웨어하우스 아키텍처]

실전형 하이브리드 DW 아키텍처의 데이터 구성 및 성격은 다음과 같다.

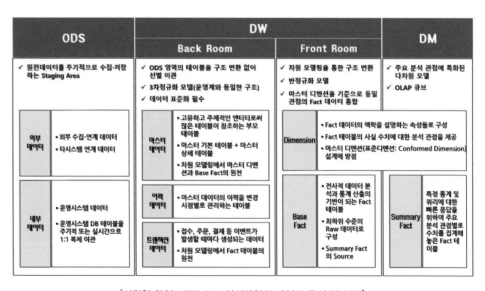

[실전형 하이브리드 DW 아키텍처의 데이터 구성 및 성격]

실전형 하이브리드 데이터 웨어하우스 아키텍처는 오랜 경험을 바탕으로 우리나라 기업과 공공기관의 (정형 데이터 분석을 위한) 데이터 웨어하우스 구축에 최적화시킨 아키텍처로써, 이해하기 쉽고 모델링이 무난하다는 장점이 있다. 핵심은 차원 모델링의 일환인 Base Fact 설계에 있다. 다음 코스에서 유용성에 있어 빅데이터 플랫폼 구성의 현실적인 대안으로 충분히 고려할 만한 Base Fact의 잠재력에 대하여 배울 것이다.

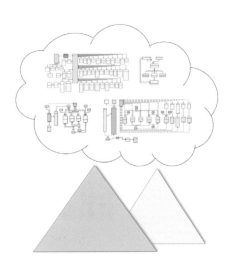

Base Fact, 데이터 웨어하우스 실전 모델의 제왕

관계형 데이터베이스 테이블은 그 목적과 구조적 성격에 따라 '마스터', '트랜잭션', '이력' 등의 유형으로 분류할 수 있다. 마스터 테이블은 주인이라는 말뜻처럼 주체적인 개체로써 고유한 속성들을 가지고 있다. 고유한 속성은 태생적 또는 자연적으로 부여받은 불변의 속성이다. 이를테면 인사 마스터 테이블의 성명, 생년월일, 성별, 본적, 입사 일자와 같은 속성들이다. 물론 현주소, 전화번호, 최종 학력, 결혼 여부 등과 같이 드물게 변하거나 오랜 시간에 걸쳐 변하는 속성들도 갖는다.

마스터 테이블은 주인으로써 다른 테이블들과 많은 관계를 맺는다. 그래서 주제영역별로 한두 개의 마스터 테이블을 중심으로 많은 테이블들이 연결된 구조를 보이는 것이 보통이다. 그중에 성격은 마스터 데이터이지만 시간에 따라 변하거나 새로 만들어지는 데이터 속성들로 구성된 자식 테이블에 주목해 본다. 이들 테이블을 '마스터 상세' 테이블이라고 부르는데, 불변의 속성들 위주로 구성된 마스터 테이블을 '마스터 기본' 테이블로 명명하는 것과 맥락적 일관성이 있다.

비근한 예로 인사 마스터 테이블(마스터 기본)과 인사 평가 테이블(마스터 상세)을 들 수 있다. 기업의 인사평가는 통상 1년에 한 번 행해진다. 입사 3년 차 사원이라면 최소 2개의 인사 평가 데이터가 있고, 이 데이터는 '사원번호 + 평가 일련번호'를 PK로 갖는 인사 평가 테이블에 저장된다. 이에 따라 자연스럽게 인사 마스터 테이블과 식별 관계인 자식 테이블을 형성하는 구조가 나타난다. (다음 페이지 예시 모델)

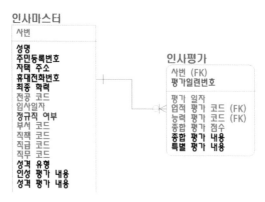

[마스터 기본- 마스터 상세 테이블 예시]

가상의 시나리오를 써 본다. 알파 기업은 인재 경영을 모토로 삼는 기업이다. 무엇보다 면밀한 인사 평가로 유명하다. 알파 기업은 매 분기 정기 인사평가를 하지만 주요 인물에 대해서는 수시로 특별 인사 평가를 실시한다. 중점 사업 추진을 위한 전략적 의사 결정 과정의 일환이다. 그래서 인사 데이터를 기반으로 분석 평가하는 일이 상시적이다. 인사팀은 이 상시적인 분석 작업으로 매일 곤욕을 치른다. 분석 쿼리에 대한 시스템 응답이 힌세월이기 때문이다. 알파 기업 CIO는 문제 해결을 위하여 서버를 두 배로 증설하였지만, 분석 성능은 그다지 개선되지 않았다. 고민 끝에 CIO는 인사 분석 업무 지원을 위한 DW/BI 시스템을 구축하기로 했다. 정보 시스템 운영팀의 의견에 따라 자체 개발에 착수하였고, 한 달 후 운영팀 DBA는 다음과 같은 차원 모델링 안을 CIO에게 브리핑했다.

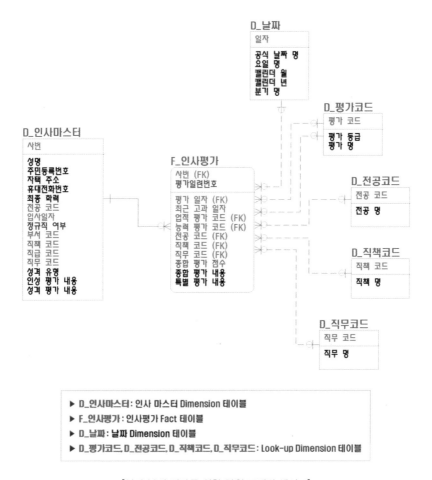

[인사 분석 평가를 위한 차원 모델링 예시-1]

DBA는 랄프 킴벌의 Dimensional Modeling 방법을 예시로 설명하며 차원 모델링의 장점을 강조했다. 알파 기업 CIO는 DBA가 제시한 방안으로 데이터 웨어하우스를 구축하기로 결정했다. 수개월 간 고생 끝에 드디어 시스템을 구축을 완료했다. 그런데 본격적인 운영 모드에 들어가자 기대한 성능이 나오지 않았다. 기대가 실망으로 변하면서 인사팀의 불만이 날로 커져 부풀어 터질 지경이 되자 결국 CIO는 데이터 웨어하우스 전문 업체에 성능 개선을 의뢰하였다. 전문 업체는 DBA가 설계한 데이터 모델을 검토한 지 하루 만에 다음과 같은 개선안을 제시하였다.

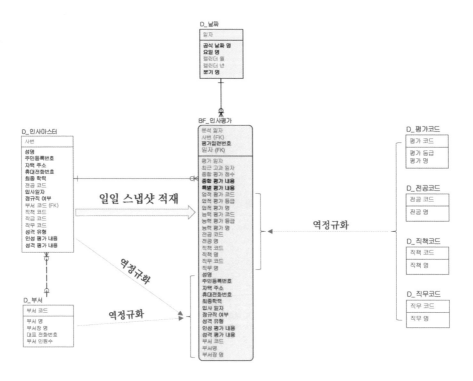

※ 일일 스냅샷 적재 : 매일 특정 시점에 〈인사마스터〉 테이블의 인사 기본 데이터와 함께 평가코드 테이블, 전공코드 테이블, 직책코드 테이블, 직무코드 테이블을 〈인사평가〉 테이블의 동일 사번 row를 기준으로 병합하여 이행 적재하는 것

[인사 분석 평가를 위한 차원 모델링 예시-2]

위 시나리오에서 데이터 웨어하우스 전문 업체가 제시한 개선안(예시-2)에 나오는 Base Fact는 극단적인 역정규화(반정규화)와 통합 기법으로 성능을 극대화한 모델이다. 인사 마스터 데이터의 변경이 있든 없든 매일 특정 시점에 데이터를 사진 찍어 보관하는

방식(스냅샷 적재)으로 시점 데이터를 관리한다. 이에 따라 인사평가 테이블을 기준으로 Row 건수만큼 관련 테이블들을 통합/역정규화하여 매일 스냅샷 적재하는 ETL 프로세스에 의해 수많은 중복 데이터가 만들어진다.

애초에 DBA가 설계한 'F_인사평가' 테이블은 Fact 테이블 유형 가운데 '트랜잭션 Fact' 테이블에 해당한다. 트랜잭션이 발생할 때(사원별 인사평가가 행해질 때)마다 Fact 데이터(Row)가 생성되는 유형을 말한다.

이 테이블을 주기적 스냅샷(periodic snapshot) Fact 테이블로 이행(transition)한 것이 개선안의 Base Fact 테이블이다. 스냅샷 주기를 '일'로 잡으면 모든 트랜잭션 건들을 빠짐없이 가져갈 수 있다. 한편 똑같은 데이터를 매일 중복 생성하는 것은 성능을 가장 중시할 때 감수할 수 있는 사안이다. 분석 당일(또는 전일) 만들어진 Base Fact 테이블 하나로 (다른 테이블들과 조인 없이) 분석을 행할 수 있어 특급 성능을 보장한다. 애초의 모델이 예전의 비둘기호 열차라면 이 모델은 KTX 열차다. 분석 업무를 매일 상시적으로 행한다면 이 모델이 최선일 수 있다.

시나리오가 극단적일 수 있겠지만 오랜 실전 경험에서 터득한 Base Fact의 뛰어난 쓸모를 소개하는 취지로 유효하다. 비즈니스 현실에서 Base Fact를 극대화하여 활용하는 사례로 이동통신 회사의 CRM 시스템을 들 수 있다. 국내 굴지의 이동통신사의 고객(가입자) 수는 2천만 명쯤 된다. 이는 고객 마스터 테이블의 row 수가 약 2천만 개라는 얘기다. 이동통신사 CRM 시스템(DW)의 근간은 Base Fact 테이블이다. 고객 마스터 테이블을 월별 스냅샷으로 재구성한 주기적 스냅샷 Fact 테이블이다. 대략 10년 동안의 고객 정보가 한 달 단위로 저장되어 있다. 20,000,000명×10년×12개월 = 24억 건, 약 24억 건의 데이터가 Base Fact 테이블 하나에 들어 있다. 게다가 한 행 당 컬럼이 백 개가 넘기 때문에 그 규모가 어마어마하다. 말 그대로 '빅'데이터인 것이다. 언어 남발로 시중에서 체면이 잔뜩 구겨진 '빅데이터'가 여기서 위안을 받을 만하다. 나아가 특정 컬럼들에 대한 실시간성 분석을 위해 일일 스냅샷으로 구성한 Base Fact 테이블도 있다. 1년치 데이터라 해도 20,000,000명×365일 = 약 70억 건짜리 테이블이다. 지난 코스에서 Base Fact 테이블은 빅데이터 플랫폼 구성의 현실적인 대안으로 충분히 고려할 만하다고 말한 배경이다.

Base Fact, 실로 데이터 웨어하우스 세계에서 제왕적 위치에 있다고 할만하다.

실전 모델링 가이드 요약

1. Base Fact는 최하위 상세화 수준의 데이터(atomic data)를 갖는다.

2. Base Fact는 소스 테이블 성격에 따라 크게 두 가지로 만든다.

   ■ 소스가 트랜잭션 테이블일 때 ☞ 시계열형 Transation Fact 테이블로 이행

   ■ 소스가 마스터 테이블일 때 ☞ 주기적 스냅샷 Fact 테이블로 이행

3. 일 또는 월을 최상위 PK 컬럼으로 설정한 시계열 구조로 모델링한다.

4. Base Fact는 수치 데이터 컬럼과 다양한 디멘전 컬럼을 함께 갖는다.

5. 성능 향상을 위해 여러 개의 소스 테이블을 통합(역정규화)하여 만들 수 있다.

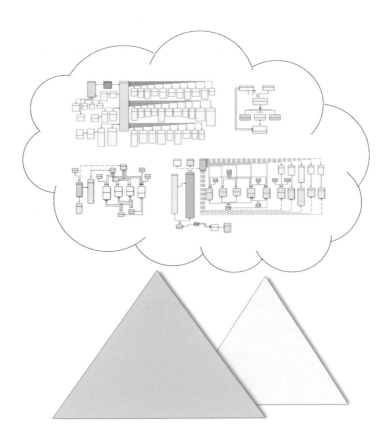

모델링 시크릿 가든

모델링 산봉우리 아래 위치한 시크릿 가든에 도착했다. 향기로운 나무숲에 둘러싸인 환상적인 곳이다. 지난 이십여 년 동안 모델링 산을 수없이 오르면서 더 쉽고 즐겁게 오를 수 있는 길을 찾아다녔다. 더 좋은 산행을 향한 의지를 산신령께서 갸륵히 보셨는지 마침내 이곳을 발견하도록 허락하셨다. 그동안 나만의 비밀 장소였던 모델링 산의 시크릿 가든을 이곳까지 함께한 여러분에게 공개한다.

비밀의 정원 뒤편에 커다란 거북바위가 있다. 바위 밑에는 조그만 굴 입구가 있다. 굴 안은 사람 한 명이 겨우 운신할 수 있는 폭인데 머리를 들면 십여 미터 앞에 빛이 고즈넉하게 들어오는 출구가 보인다. 그곳으로 나가는 길은 수직에 가까운 바위 통로다. 이 바위 통로엔 손으로 잡고 발로 디디기에 안성맞춤인 홀드가 촘촘히 나 있어 어렵지 않게 올라갈 수 있다.

짜릿한 동굴 속 암벽 등반(?)으로 출구에서 나오면 눈앞에 신세계 펼쳐진다. 거기가 산 정상이다. 이 비밀 통로를 알지 못하는 일반 등산객은 등산 관리국에서 배포한 등산 지도와 산행 표지판을 따라 지루하고 건조한 길을 몇 시간 올라가야 한다. 등산 관리국이 알려 주는 길을 따라 산봉우리에 올라온 사람들은 산 정상 바로 아래 있는 비밀의 정원과 비밀 통로를 결코 볼 수 없다. 판에 박힌 그들의 산행은 유쾌하기보다 고행에 가깝다.

배낭에서 모델링 예시도를 꺼내 비밀의 정원 한편에 있는 너럭바위에 펼쳐 놓고, 정상을 앞두고 겸손한 의식을 치르듯 마음을 모아 지나온 등산 코스를 종합해 보는 시간을 가져 본다.

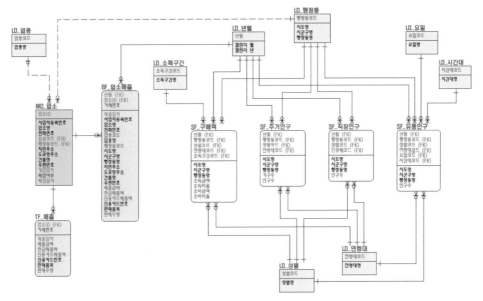

[자영업 경영 지원 및 창업 지원을 위한 매출/수요 분석 데이터 모델 예시]

이 예시는 자영업자 경영 및 창업을 지원하기 위한 지역 상권 분석을 생각하며 만든 데이터 모델이다. 업소 매출과 지역별 인구 동향 그리고 지역 주민의 소득 수준을 몇몇 관점에서 분석할 수 있도록 설계하였다. 먼저 ERD상의 테이블과 컬럼의 색상을 보자. 별것 아닌 것 같지만 컬러링은 직관적인 의미 파악을 돕는 가장 쉽고 명랑한 설계 기법이다. 판에 박힌 코스를 다니는 사람들은 우리 뇌의 인지력을 배가시켜 주는 간단한 컬러링의 효력을 홀시한다.

엔티티 명을 보자. 앞에 붙은 두 자리 영문 Prefix는 테이블 성격을 나타낸다. 예시에 나온 Prefix의 의미는 다음과 같다.

- MD: Master Dimension
- LD: Look-up Dimension
- BF: Base Fact
- SF: Summary Fact
- TF: Transaction Fact

다음은 데이터 웨어하우스 실전 프로젝트에서 모델링 원칙의 일환으로 정의한 컬러링 원칙의 한 예이다.

다음은 성격 유형별 테이블에 대한 설명이다.

📮 Base Fact ☞ 'BF_업소 매출' 테이블

1. Base Fact는 가장 낮은 수준의 원자 데이터(atomic data)로 구성된다. PK 구성 컬럼 '거래번호'는 원자 단위의 데이터에 상응하는 컬럼이다. '거래번호'의 원천은 트랜잭션 Fact인 'TF_매출' 테이블이다. Base Fact를 최하위 Raw 데이터로 구성 함으로써 drill-down 분석 등 사용자의 디테일한 분석 요구에 부응할 수 있다.

2. 'BF_업소매출' Base Fact 테이블은 'TF_매출'과 'MD_업소' 테이블을 병합하여 만 든다. 구체적으로 말해서 'TF_매출' 테이블을 기준으로 'MD_업소' 테이블을 left outer join하여 만든다. '매출일자'를 기준으로 'BF_업소매출'의 PK '년월' 컬럼을 생성하고 그에 해당하는 매출 데이터 건들을 'MD_업소' 데이터와 join하여 이행한 것이다. 따라서 특정 년월의 'BF_업소매출' 테이블의 Row 건수는 해당 년월에 발 생한 'TF_매출'의 건수와 같다.

3. 분석 관점에 해당하는 차원 테이블의 데이터를 반정규화하여 중복해서 가지고 있다. 분석 시 다른 테이블과의 조인이 필요 없으므로 좋은 성능을 제공한다.

4. 시계열 분석(년도별 월별 추이 분석 등)에 효율적인 구조다.

📝 Transaction Fact ☞ 'TF_매출' 테이블

1. Transaction Fact 테이블은 트랜잭션이 발생할 때마다 기록되는 거래 사실 데이터를 갖는다. 거래 사실은 수치 데이터와 함께 거래 발생 시점의 시간 정보 및 거래를 규정하는 속성들을 포함한다.

2. Transaction Fact 역시 가장 낮은 수준의 원자 데이터를 갖는다.

3. 거래 발생 시간을 기준으로 시계열 구조화하여 Base Fact로 만들 수 있다.

📝 Summary Fact ☞ 'BF_구매력', 'BF_주거인구', 'BF_직장인구', 'BF_유동인구'

1. Summary Fact는 분석 관점에 해당하는 차원 테이블들의 PK를 승계받는 식별 관계 테이블이다. 요컨대 차원 테이블로부터 승계받은 PK의 조합을 복합키로 구성한다. 이러한 구조의 모델을 다차원 모델(Multidimensional Model) 또는 OLAP 큐브라고 한다.

2. Summary Fact는 정규화 모델이지만, 분석 시 조인이 빈번한 차원 테이블의 컬럼에 대한 비정규화를 통해 성능을 향상시킬 수 있다. 위 예시에서는 'LD_행정동' 차원 테이블 컬럼들을 비정규화하였다.

📝 Master Dimension ☞ 'MD_업소'

1. 운영계 데이터베이스의 마스터 테이블에 해당한다. 킴벌의 버스 아키텍처에서 비즈니스 프로세스를 관통하는 차원의 공유라는 개념으로 'Conformed Dimension'이라고 한다. 공통 디멘션, 표준 디멘션 등 다양한 명칭으로 불린다.

2. 마스터 디멘션 테이블은 Base Fact를 만드는 원천 데이터가 된다. 위 예시에서 'BF_업소매출' Base Fact의 source이다.

3. 대부분의 마스터 디멘션은 주요 속성값이 비교적 긴 시간 간격으로 갱신되는 'slowly changing dimension(SCD)' 성격을 지닌다.

💬 **Lookup Dimension** ☞ **'LD_업종', 'LD_소득 구간', 'LD_요일', 'LD_성별', 'LD_연령대' 등**

1. '~별'로 지칭되는 분석 관점을 제공하는 차원 테이블이다.
2. 코드와 명칭 속성으로 구성된 작은 테이블이라는 의미에서 룩업 테이블로 불린다.

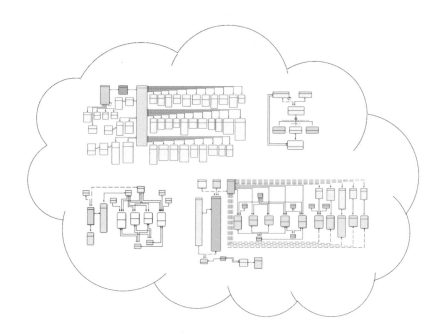

인생은 고행인가, 심오한 놀이인가

새해 첫날 북한산 백운대 정상 부근은 새해의 소망과 결의를 안고 산에 오르는 사람들로 인해 이른 아침부터 북새통을 이룬다. 특히 위문~백운대 사이는 오르내리는 등산객들이 얽히는 병목 현상이 심해 산에 온 게 아니라 유명 라이브 공연을 보기 위해 줄을 서는 것 같다. 오직 정상에 빨리 올라가기 위해 애쓰는 의지가 무성할 뿐 등산 자체를 즐기려는 목적은 없는 듯하다. 시선을 앞사람 꽁무니에서 떼어 주변을 둘러보면, 천만 년 풍우의 세월을 견뎌낸 기묘한 바위들을 이고 있는 만경대의 화려한 봉우리와 언제나 솟구치는 위용으로 우뚝 서 있는 노적봉의 적나라한 모습에서 힘찬 기운과 함께 새해 결의 이상의 무엇인가를 전해 받을 수 있을 텐데.

데이터 아키텍처 설계 일로 참여한 D 연구소 프로젝트에서 개발자들의 집단 억지를 보다 못해 옆에 있던 PM에게 "이거 재미없네요."라고 희화했더니, "일을 재미로 하나요?"라는 반문이 돌아왔다. 그때 떠오른 장면이 있다. 바둑을 소재로 만든 영화 「신의 한 수」에서 장님 바둑 고수로 나오는 안성기 배우가 말한다. "이 세상이 고수에겐 놀이터요, 하수에겐 생지옥 아닌가?"

사실 바둑 세계에서 나는 고수의 위치에 있다. 대학 시절 교내 바둑 대회에서 두 번 우승했고, 20여 년 전에는 한국 기원 주관 사이버 기원 구축 프로젝트를 맡아 수행하면서 프로 기사들과 두 점 치수로 온라인 대국을 했다. 바둑에 빠져 바둑 공부와 대국 게임으로 학창 시절 대부분을 보내느라 학업을 등한시한 것이 좀 후회스럽기도 하지만, 제러미 리프킨이 『유러피안 드림』에서 말한 심오한 놀이(deep play)- 완전한 몰입을 통해 삶의 의미를 깨닫고 희열을 느낄 수 있는 활동 -에 공명하는 인생을 산 것에 만족한다.

북한산 정상 백운대에 오르는 코스는 열 개가 넘는다. 등산객 열 명에 아홉은 최단 코스인 우이동 백운 탐방 지원센터-하루재-백운 산장-위문-백운대로 오르거나, 북한산성 탐방 지원센터-대서문-보리사-위문-백운대로 등산한다. 두 코스는 주말이면 등산객들로 붐빈다. 동료들과 함께 가는 산행이 아니면 나는 그 두 길로는 결코 오르지 않는다. 사람이 붐비는 산에 오르는 것은 내겐 산행이 아니라 고행 같다. 예전엔 한산했던, 북쪽 사기막골에서 숨은 벽의 멋진 풍광을 즐기며 오르는 코스도 요즘은 꺼린다. 가을이면 줄 서서 올라갈 정도가 됐기 때문이다. 하지만 여간해서 사람들의 발길을 허용하지 않는 비밀 코스가 있어 백운대 등정은 여전히 가슴 설렌다. 직전 코스에서 비유로 쓴 '모델링 시크릿 가든'의 동굴 속 암벽 등반은 그 비밀 코스의 백미인 '여우굴'을 연상하며 쓴 것이다. (백운대 등정은 여우굴을 나와서 30분쯤 더 올라야 한다.)

산행의 목적이 오직 정상 정복인 사람들은 정상을 밟든 중도에 내려오든 등산의 힘들고 고통스러운 기억이 지배적이라 다시 산에 오르고 싶지 않게 되는 것이 인지상정이다. 특히 많은 인파가 몰리는 등산로로 오르는 사람들의 산행은 내가 보기에 적어도 즐거운 산행일 수 없다.

일을 고통스럽게 여기는 사람이 일을 잘할 수 있을까? 대가가 충분하다면 잘할 수도 있을 것이다. 하지만 지속 가능할 수 없다. 오래 일을 한다고 해도 늘 같은 코스로 오르는 등산처럼 같은 방식으로 일하기 때문에 능력을 키울 여지가 작고, 새로운 것을 탐구할 여지가 없다. 지난 십여 년 프로젝트 현장에서 함께 일한 소프트웨어 개발자들에 대한 소감이 이와 같다.

재작년 초 N 연구 기관의 빅데이터 플랫폼 구축 프로젝트 착수 시점에 PM 주도로 업무를 분장할 때의 일이다. 과업 가운데 'R 또는 파이썬을 이용한 데이터 분석 기능'을 개발하는 과제를 놓고 팀원들이 눈치를 보고 있었다. 개발자들 모두 시장 수요가 확실한 자바 프로그래밍에 올인한 채 빅데이터 시대에 유망한 R이나 파이썬 프로그래밍에 관심이 없어 보였다. 눈치 보는 시간이 길어져서 내가 맡겠다고 하자 모두 안도하는 표정이었다. 그 프로젝트에서 내 역할은 개발자가 아니라 DA였고, 프로젝트 팀원 13~14명 가운데 PM과 사업 관리 담당, 그리고 나를 제외한 모두가 개발자였다. 개발자들의 연령은 20대에서 50대까지 다양했다. 나만 60대였다. 파이썬 책을 두 권 사고 구글링으로 찾아가며 파이썬 프로그래밍을 시작했다. 40년 전 C 프로그래밍을 처음 배울 때처럼 몰입하여 고민하는 즐거움을 누린 끝에 데이터 웨어하우스와 판다스 데이터 프레임을 연계한 데이터 분석 프로그램 개발에 성공했다.

죽어라 공부하여 대학교에 들어간 후 더 배우기 싫어 책을 멀리하는 우리 세대가 제도권 교육의 피해자라는 사실은 더 말할 나위가 없다. 하지만 이 망할 교육 제도의 망령이 반세기 넘게 모든 세대의 정신을 뱀처럼 칭칭 동여매고 있다는 것을 프로젝트 현장에서 눈으로 확인한 이상 분노하지 않을 수 없다.

무사안일주의에 젖어 있는 후배 개발자들에게 들려주고 싶은 얘기가 있다. 세계를 뒤흔든 아이돌 BTS를 만들어 대한민국을 빛낸 방시혁 씨 얘기이다. 그가 모교인 서울대 졸업식 축사에서 자신은 '분노의 화신'이며, 부조리와 몰상식에 맞서 분노하며 싸운 것이 성공의 원동력이었다고 역설했다.

"오늘의 저를 만든 에너지의 근원은 다름 아닌 '분노'였습니다. 적당히 일하는 '무사 안일'에 분노했고, 음악 산업에서 최고의 콘텐츠를 만들기 위해 달려오는 동안 이 산업이 처한 비상식적인 상황에 분노했습니다. 저의 분노는 현재진행형입니다. 앞으로도 계속 꼰대들에게 지적할 거고, 어느 순간 제가 꼰대가 돼 있다면 제 스스로에게 분노하고, 엄하게 스스로를 꾸짖을 겁니다. 음악 산업 종사자들이 정당한 평가를 받고 온당한 처우를 받을 수 있도록 화내고, 싸워서 제가 생각하는 상식이 구현되도록 노력할 겁니다. '분노의 화신' 방시혁처럼, 여러분도 분노하고, 맞서 싸우길 당부합니다. 그래야 이 사회가 변화합니다. 저는 제 묘비에 '분노의 화신 방시혁, 행복하게 살다 감'이라고 적히면 좋겠습니다."

호기심 천국에서

내가 이순의 나이에 배우고 탐구하는 것을 좋아하고 일하기를 즐기며 잘 모르는 일을 두려워하지 않는 비결이 있다면 호기심이다. 기네스북에 등재된 세계 최고령 현역 회사원이 쓴 『오늘도 일이 즐거운 92세 총무과장』의 저자 야스코 할머니는 말한다. "기후 변화 연구로 2021년 노벨 물리학상을 받은 마나베 슈크로 박사는 가장 재미있는 연구는 호기심이 만든 연구라고 했어요. 나도 언제까지나 호기심을 잃지 않는 마음으로 살고 있어요. 회사 업무에서도 호기심이 중요한 것 같아요. 어떤 일이든 호기심이 생기면 자신만의 아이디어로 이리저리 해보고 싶은 마음이 동하기 마련이거든요. 그러다 보면 일상적인 업무에서도 꽤 즐거움을 느낄 수도 있고요. 내 나이가 아흔둘이라고 하면 사람들은 궁금해합니다. '도대체 몇 살까지 일하려는 걸까?'라고 말이죠. 지금은 100세까지 현역으로 일하는 것을 목표로 삼고 있습니다. 아흔 살에 기네스 세계 기록을 인정받은 것이 엊그제 같은데 정신을 차려 보니 100세까지 8년밖에 남지 않았네요."

책의 초고 쓰기를 마치던 날, 편한 마음으로 일찍 잠자리에 들었다. 새벽에 잠이 깼는데 동시에 휴대폰 벨소리가 울렸다. 아버지가 하늘나라에 가셨음을 알리는 아내의 전언이었다. 마음의 준비를 하고 있던 터라 덤덤하게 받아들였다. 돌아가시기 2주일 전 입원해 계신 요양병원에서 규정에 따라 비닐장갑을 낀 손으로 아버지 손을 잡아 본 것이 마지막 인사였다. 서울로 올라오는 새벽 열차에서 돌아가시기 일주일 전에 아내가 촬영한 동영상을 보다 눈물을 쏟았다. 침대에 누워 이제 괜찮다며 손을 저으시며 웃음 짓는 아버지 얼굴이 천진난만해 보였다. 이 땅에서 97년을 사신 아버지는 소천하시는 순간까지 또렷한 정신의 소유자셨다. 입원하기 전까지 집에서 보내시는 하루 중 오후 두어 시간은 일본 소설책을 읽으시는 것이 아버지의 루틴이었다. 나는 추모사에 아버지는 호기심에 찬 인생을 사셨다고 썼다. 아버지가 백수 가까이 건강하고 또렷한 정신으로 사신 비결은 끊임없는 호기심이었다.

Case Study: S 공단 BZ 정보 데이터 웨어하우스 차원 모델

본 Case Study에서 소개하는 데이터 모델은 여기까지 오는 동안 예시로 여러 번 보았던 모델이다. S 공단 BZ 정보 시스템 DB 리모델링 프로젝트에서 기존 데이터 모델을 정보 분석에 효율적인 차원 모델로 재설계한 것이다. 이번 사례에서 모델링 서적이나 SNS 상에 결코 나오지 않는, 그러나 데이터 웨어하우스 구축을 위한 모델링 실전에서 반드시 필요한 일들을 간접적으로나마 학습해보자.

데이터 웨어하우스 구축을 위한 모델링 실전 프로세스는 다음과 같다.

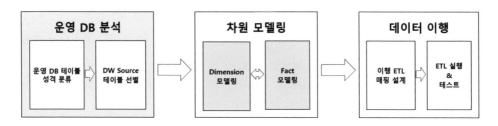

[데이터 웨어하우스 실전 모델링 프로세스 예시]

위 프로세스에서 순수 모델링 타스크는 'Dimension/Fact 모델링'으로써 앞서 학습한 차원 모델링 방법을 적용하여 ERD를 작성하는 핵심 과정이다. 그렇지만 나머지 타스크들도 필수적이다(이들 타스크를 수행하는 데 소요되는 시간이 전체 프로세스에서 통상 80% 이상을 차지한다.). 특히 '이행 ETL 매핑 설계'는 데이터 이행 경험과 집중력이 요구되는 긴요한 타스크이다. 여기서는 차원 모델링을 위한 운영 DB 분석 작업의 일환으로 '운영 DB 테이블 성격 분류' 타스크를 중점적으로 다루고, 간략한 차원 모델링 과정, 그리고 이행 ETL 매핑 설계를 위한 핵심 개념으로써 Base Fact 스냅샷 적재 개념을 예시로 소개한다.

📋 운영 DB 테이블 성격 분류

데이터 웨어하우스 구축을 위해서 첫 번째로 해야 하는 일은 원천 데이터 곧 운영 DB 데이터 분석이다. 운영 DB 데이터 분석을 통해 DW 구축에 필요한 유효 테이블을 파악하는 일이다. 유효 테이블은 테이블 성격 유형을 분류하는 방법으로 파악한다. 운영계 데이터 모델링 시 엔티티 유형에 따라 엔티티명과 테이블명에 식별자를 부여해 놓았다면 실제 성격을 확인만 하면 되므로 성격 분류가 한층 수월하다. 다음 예시를 보자.

유 형	식별자	설 명
마스터 기본	M(Master)	객체의 기본 속성 정보를 최신 상태로 관리하는 마스터성 엔티티
마스터 명세	A(Additional)	마스터 기본과 동일한 PK 구조를 가지고 추가 정보를 관리하는 엔티티(1:1)
마스터 상세	D(Detail)	마스터 기본의 PK를 승계받아 부가적인 내역 정보를 관리하는 엔티티(1:N)
마스터 이력	H(History)	마스터 기본의 변경 정보를 변경 시점별로 저장한 변경 이력 엔티티
트랜잭션	T(Transaction)	판매, 신청, 접수 등 행위 시점에 발생하는 트랜잭션 데이터를 건별 식별 Key (예: 관리번호 또는 일자+순번)로 관리하는 엔티티
코 드	C(Code)	기준 정보로써 코드화 데이터를 관리하는 엔티티
기 준	B(Basic)	코드 엔티티 외 기준 정보를 관리하는 엔티티
연 계	I(Interface)	외부시스템 연계 데이터를 약속된 형식으로 저장하는 엔티티
관 계	R(Relation)	매핑 테이블을 비롯하여 엔티티 관계 정보를 관리하는 엔티티
집 계	S(Summary)	통계 정보를 용이하게 산출하기 위해 생성하는 집계성 엔티티
임 시	P(temPorary)	업무 처리상 필요에 따라 임시로 데이터를 저장해 놓는 엔티티
로 그	L(Log)	테이블별 데이터 변경에 대한 로그 정보를 관리하는 엔티티
기 타	E(Etc)	파일 링크 정보, 파일 관리 정보, 문서 메타 정보 등 각종 메타 정보를 비롯하여 상기 유형으로 분류되지 않는 엔티티

[운영 DB 테이블 성격 유형 정의 예시]

위와 같이 엔티티명/테이블명이 성격 유형별로 정의된 운영 DB라면 DW 모델링이 수월하다. 하지만 이런 방식으로 설계된 테이블들로 구성된 운영 DB는 드문 편이다. 대부분의 경우 엔티티명을 보고 판단하거나 테이블마다 데이터를 select하여 확인하는 과정을 통해 성격 유형을 파악해야 한다.

다음과 같은 엑셀 시트로 운영 DB 테이블 전체 목록에 대한 성격 유형을 분류하였다. 이 가운데 성격이 '기준 정보', '마스터', '트랜잭션' '이력', '분석 업무'에 해당하는 것들을 유효 테이블로 판단하였다.

엔티티명	테이블명	성격 분류	성격 세부
SK 블럭 매핑	TBSHP_BLK_SK_MAPNG		
SK 업종매핑	TBCOM_MERSALE_SK_MAPNG		
SKT 유동인구	TBINT_SKT_FLOWPOP		
스키마정보_데이터타입	MIGR_DATATYPE_TRANSFORM_MAP		
스키마정보	MD_SCHEMAS		
가맹점매출월합계	TBCOM_MERSALE_MMSUM		
가맹점매출정보	TBCOM_MERSALE		
가맹점매출정보(월매출 제외)	TBCOM_NEW_MERSALE		
각급기관 지역 지번	TBSTS_AREA_MAJOR_WRK		
각급기관 지역 행정동	TBSTS_AREA_MAJOR_POI_WRK		
건물정보	TBCOM_BLDINFO		
게시물통계요약	COMTSBBSSUMMARY		
게시판	COMTNBBS		
게시판마스터	COMTNBBSMASTER		
게시판마스터옵션	COMTNBBSMASTEROPTN		
게시판활용	COMTNBBSUSE		
경영컨설팅_매출비용입력	TBMC_SELNG_CT_INPUT		
경영컨설팅_메뉴가격입력	TBMC_MENU_PC_INPUT		
경쟁 과밀지수	TBIDX_BLOCK_DENSITY_RADIUS		
경쟁분석 결과	TBIDX_DENSITY_RESULT		
고객밀집도우수업종	TBIR_CSTCD_EXCLNC_INDUTY		
공간 상권 행정동	TBSHP_ALLEY		
공간 상권 행정동 임시	TBSHP_ALLEY_TEMP		
공통 사용자	COMVNUSERMASTER		
공통 업종 집계	TBCMM_UPJONG_TOT	BZ정보공통	BZ기준정보(유효만료)
공통분류코드	COMTCCMMNCLCODE	BZ정보공통	BZ기준정보
공통상세코드	COMTCCMMNDETAILCODE	BZ정보공통	BZ기준정보
공통코드	COMTCCMMNCODE	BZ정보공통	BZ기준정보
과밀지수 (밀도)	TBSTS_DENSITY_AREA	BZ분석	BZ분석업무

[운영 DB 테이블 성격 분류 엑셀 작업 예시]

테이블 성격 분류 엑셀 작업 결과를 반영한 운영 DB 원천 데이터 현황을 다음과 같이 정리하였다. 형광 녹색으로 칠해진 부분이 유효 테이블이다.

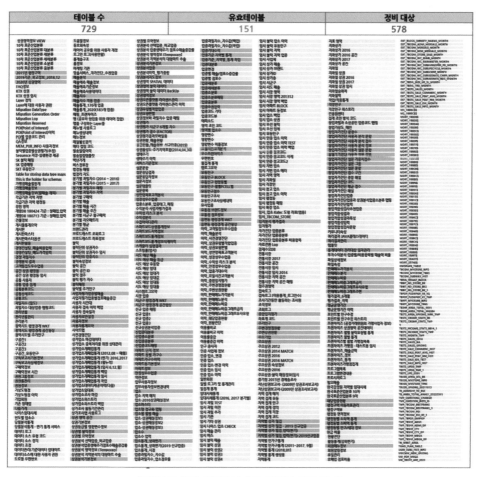

[운영 DB 원천 데이터의 유효 테이블 현황 예시]

형광색 유효 테이블은 모두 데이터 웨어하우스의 ODS 영역으로 복제 이관해야 하는 테이블들이다.

📝 **차원 모델링**

차원 모델링 과정을 다음과 같이 요약 소개한다.

① DW 구축에 필요한 Source 테이블 선별: 운영 DB에서 ODS 영역으로 복제 이관된 유효 테이블들 가운데 분석 서비스 UI 분석을 통해 BZ 정보 분석 서비스에 필요한 DW 구축 대상 Source 테이블들을 선별

② 선별한 테이블들의 구조 변경(PK 컬럼 변경) 없이 필요 컬럼만 취하여 Dimension 테이블 모델링

③ Fact별 분석 관점을 설정하고, 이를 Dimension 테이블의 PK를 승계받는 식별 관계 구조로 만들고 이를 시계열 구조화(월별 스냅샷)하는 방법으로 Fact 테이블 모델링

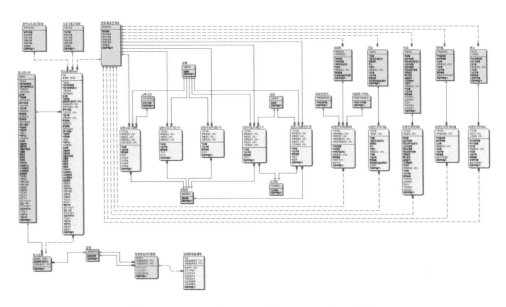

[BZ 정보 분석 서비스를 위한 차원 모델링 개관도 예시]

💬 Base Fact 스냅샷 적재 방법 개념 설계

핵심 Base Fact 데이터 이행을 위한 ETL 매핑 설계를 위하여 마스터 디멘션(업소 마스터)을 기준으로 월별 스냅샷 적재 방식으로 Base Fact를 구성하는 방법을 다음과 같은 개념으로 설계하였다.

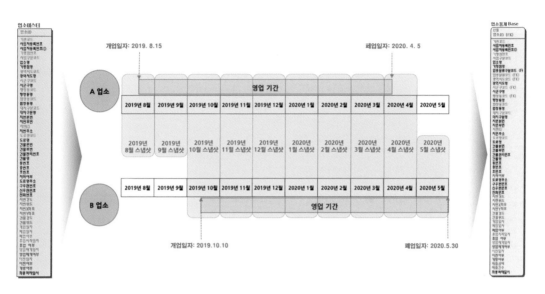

[Base Fact 스냅샷 적재 방법 예시]

Case Study: 통계 DW 모델링 & ETL 구현

마침내 두 번째 산봉우리에 올랐다. 산 아래 펼쳐진 지형을 배경으로 주변 산봉우리들이 어우러져 빛나는 풍광을 깊은 호흡으로 감상하며, 산행의 기억을 오래 간직하는 의미로 조촐한 사례를 열람해 보는 시간을 가져 본다. 앞선 Case Study에서 소개한 N 연구기관 R&D 과제 관리 데이터를 기반으로 작은 통계 분석 서비스를 시범적으로 구축하였던 사례다. PPT로 작성한 통계 DW 구축 과정을 열람하면서 실전 프로젝트를 간접 체험해 보자.

통계 분석 서비스의 요건은 다음 세 가지였다.

1. 사용자 관점의 다양한 조합에 따른 동적 통계
2. 사용자가 임의 선택한 통계 항목과 수치에 대한 교차 통계
3. Drill-down 기능 ☞ 특정 셀 통계 수치 클릭 시 해당 과제들의 상세 정보를 팝업 화면으로 제공

통계 분석 화면에 내포된 제반 기능을 구현하기 위한 통계 DW를 다음과 같은 절차로 구축하였다.

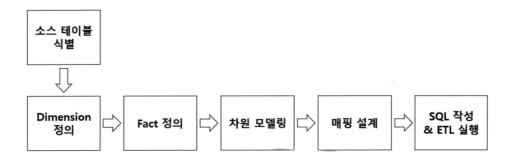

① 통계 DW 구축에 필요한 Source 테이블 선별

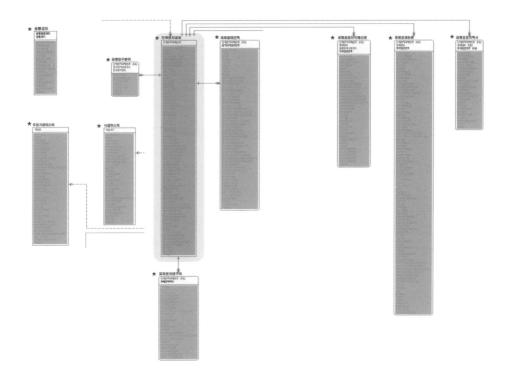

운영 시스템 DB를 복제 이관한 ODS 영역에서 통계 DW 구축에 필요한 소스 테이블을 식별하여 DW 영역으로 이관하였다.

② Dimension 정의

설계한 통계 분석 화면에 분석 관점으로 설정한 통계 항목들은 디멘전에 해당한다. 따라서 각각의 통계 항목을 디멘전 테이블로 정의하고, 그 원천 테이블로부터 데이터 흐름을 설계하였다.

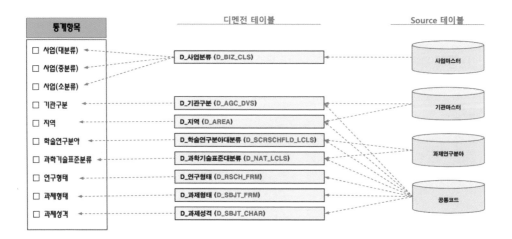

③ Dimension 테이블 설계

Dimension으로 정의한 통계 항목들을 디멘전 테이블로 변환하기 위한 모델링을 수행하였다.

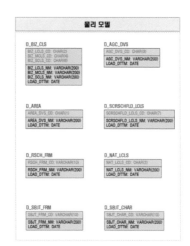

④ Dimension 테이블 적재 이행(ETL) 설계

Dimension 테이블들에 대한 데이터를 Source 테이블로부터 이행 적재하기 위한 소스-타겟 매핑과 ETL 로직을 설계하였다.

⑤ Fact 정의 및 적재 흐름 설계

Fact 데이터 정의와 Fact 테이블 'F_연차과제'를 설계하고, 원천 테이블로부터 적재 흐름을 설계하였다.

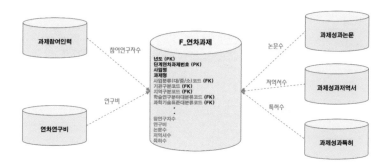

⑥ 통계 DW 모델링

Fact 'F_연차과제'를 중심으로 분석 관점을 제공하는 룩업 디멘전들이 연결된 스타 스키마 구조로 모델링하였다. 분석 관점을 조합하여 다양한 통계 수치를 산출할 수 있는 통계 데이터 모델이다.

'논리 모델'

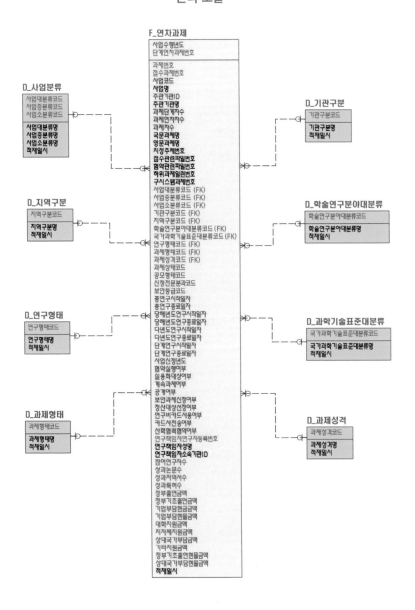

'물리 모델'

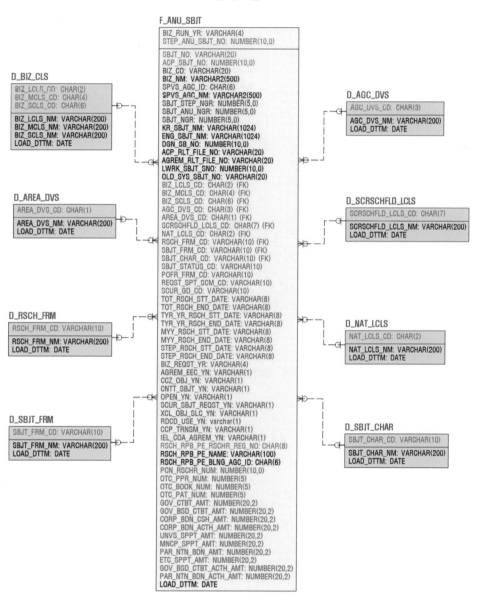

⑦ Fact 테이블 적재 이행(ETL) 매핑 설계

타겟 Fact 테이블 'F_연차과제'에 데이터 적재를 위한 타겟-소스 컬럼 매핑 정의와 변환 로직을 설계하였다.

⑧ Fact 테이블 적재 SQL 작성 및 이행

Fact 테이블 데이터 적재 SQL을 작성 및 실행으로 'F_연차과제' 테이블을 생성하고, 통계 분석 서비스 응용 프로그램을 구동하여 정확한 통계가 산출되는지 다양한 케이스로 테스트하였다.

```
INSERT INTO DATAMART.F_ANU_SBJT (
    BIZ_RUN_YR
    , STEP_ANU_SBJT_NO
    , SBJT_NO
    , ACP_SBJT_NO
    , BIZ_CD
    , BIZ_NM
    , SPVS_AGC_ID
    , SPVS_AGC_NM
    , SBJT_STEP_NGR
    , SBJT_ANU_NGR
    , SBJT_NGR
    , KR_SBJT_NM
    , ENG_SBJT_NM
    , DGN_SB_NO
    , ACP_RLT_FILE_NO
    , AGREM_RLT_FILE_NO
    , LWRK_SBJT_SNO
    , OLD_SYS_SBJT_NO
    , BIZ_LCLS_CD
    , BIZ_MCLS_CD
    , BIZ_SCLS_CD
    , AGC_DVS_CD
    , AREA_DVS_CD
    , SCRSCHFLD_LCLS_CD
    , NAT_LCLS_CD
    , RSCH_FRM_CD
    , SBJT_FRM_CD
    , SBJT_CHAR_CD
    , SBJT_STATUS_CD
    , POFR_FRM_CD
    , REQST_SPT_SCM_CD
    , SCUR_GD_CD
    , TOT_RSCH_STT_DATE
    , TOT_RSCH_END_DATE
    , TYR_YR_RSCH_STT_DATE
    , TYR_YR_RSCH_END_DATE
    , MYY_RSCH_STT_DATE
    , MYY_RSCH_END_DATE
    , STEP_RSCH_STT_DATE
    , STEP_RSCH_END_DATE
    , BIZ_REQST_YR
    , AGREM_EEC_YN
    , CCZ_OBJ_YN
    , CNTT_SBJT_YN
    , OPEN_YN
    , SCUR_SBJT_REQST_YN
    , XCL_OBJ_SLC_YN
    , RDCD_USE_YN
    , CCP_TRNSM_YN
    , IEL_COA_AGREM_YN
    , RSCH_RPB_PE_RSCHR_REG_NO
    , RSCH_RPB_PE_NAME
    , RSCH_RPB_PE_BLNG_AGC_ID
    , PCN_RSCHR_NUM
    , OTC_PPR_NUM
    , OTC_BOOK_NUM
    , OTC_PAT_NUM
    , GOV_CTBT_AMT
    , GOV_BSD_CTBT_AMT
    , CORP_BDN_CSH_AMT
    , CORP_BDN_ACTH_AMT
    , UNVS_SPPT_AMT
    , MNCP_SPPT_AMT
    , PAR_NTN_BDN_AMT
    , ETC_SPPT_AMT
    , GOV_BSD_CTBT_ACTH_AMT
    , PAR_NTN_BDN_ACTH_AMT
    , LOAD_DTTM
)
```

```
WITH G_AREA AS (
SELECT AA.AGC_ID, AA.AGC_DVS_CD, AA.AEA_CD
  FROM DW.TCM_AGC AA
    , (SELECT CMN_CD
         FROM DW.TCM_CMN_CD
        WHERE CMN_CLS_CD = '1250'
      ) CC
 WHERE  AA.AEA_CD = CC.CMN_CD
)
, A_LCD AS (  -- 학술연구분야(2040) 대분류
SELECT GG.STEP_ANU_SBJT_NO, RSCH_SPHE_CD, GG.RNK
    , (CASE WHEN SUBSTR(RSCH_SPHE_CD, 1, 1) = 'A' THEN 'A000000'
            WHEN SUBSTR(RSCH_SPHE_CD, 1, 1) = 'B' THEN 'B000000'
            WHEN SUBSTR(RSCH_SPHE_CD, 1, 1) = 'C' THEN 'C000000'
            WHEN SUBSTR(RSCH_SPHE_CD, 1, 1) = 'D' THEN 'D000000'
            WHEN SUBSTR(RSCH_SPHE_CD, 1, 1) = 'E' THEN 'E000000'
            WHEN SUBSTR(RSCH_SPHE_CD, 1, 1) = 'F' THEN 'F000000'
            WHEN SUBSTR(RSCH_SPHE_CD, 1, 1) = 'G' THEN 'G000000'
            WHEN SUBSTR(RSCH_SPHE_CD, 1, 1) = 'H' THEN 'H000000'
            ELSE '9999999' --학술연구분야코드 입력 오류
       END
      ) ALCD
  FROM ODS.TMN_SBJT_RSCH_SPHE RR
    , (SELECT RR.STEP_ANU_SBJT_NO, MIN(RSCH_SPHE_PFRD_RNK) RNK
         FROM DW.TMN_STEP_ANU_SBJT AA , ODS.TMN_SBJT_RSCH_SPHE RR
        WHERE 1=1
          AND AA.BIZ_RUN_YR > '2010'
          AND AA.STEP_ANU_SBJT_NO = RR.STEP_ANU_SBJT_NO
          AND RR.RSCH_SPHE_CLS_CD = '2040'
        GROUP BY RR.STEP_ANU_SBJT_NO
      ) GG
 WHERE 1=1
   AND RR.STEP_ANU_SBJT_NO = GG.STEP_ANU_SBJT_NO
   AND RR.RSCH_SPHE_CLS_CD = '2040'
   AND RR.RSCH_SPHE_PFRD_RNK = GG.RNK
)
, T_LCD AS (  -- 과학기술표준분야(CM203) 대분류
SELECT GG.STEP_ANU_SBJT_NO, GG.RNK
    , SUBSTR(RSCH_SPHE_CD, 1, 2) TLCD
  FROM ODS.TMN_SBJT_RSCH_SPHE RR
    , (SELECT RR.STEP_ANU_SBJT_NO, MIN(RSCH_SPHE_PFRD_RNK) RNK
         FROM DW.TMN_STEP_ANU_SBJT AA , ODS.TMN_SBJT_RSCH_SPHE RR
        WHERE 1=1
          AND AA.BIZ_RUN_YR > '2010'
          AND AA.STEP_ANU_SBJT_NO = RR.STEP_ANU_SBJT_NO
          AND RR.RSCH_SPHE_CLS_CD = 'CM203'
        GROUP BY RR.STEP_ANU_SBJT_NO
      ) GG
 WHERE 1=1
   AND RR.STEP_ANU_SBJT_NO = GG.STEP_ANU_SBJT_NO
   AND RR.RSCH_SPHE_CLS_CD = 'CM203'
   AND RR.RSCH_SPHE_PFRD_RNK = GG.RNK
)
, G_PCN AS (  --참여인력수
SELECT STEP_ANU_SBJT_NO , COUNT(1) PCN_NUM
  FROM DW.TMN_SBJT_TPI_HR
 GROUP BY STEP_ANU_SBJT_NO
)
, G_PPR AS (  --성과논문수
SELECT STEP_ANU_SBJT_NO , COUNT(1) PPR_NUM
  FROM DW.TRT_PPR
 GROUP BY STEP_ANU_SBJT_NO
)
, G_BOOK AS (  --성과저역서수
SELECT STEP_ANU_SBJT_NO , COUNT(1) BOOK_NUM
  FROM DW.TRT_BOOK_PBLT
 GROUP BY STEP_ANU_SBJT_NO
)
, G_PAT AS (  --성과특허수
SELECT STEP_ANU_SBJT_NO , COUNT(1) PAT_NUM
  FROM DW.TRT_ITL_PPR_RGT
 GROUP BY STEP_ANU_SBJT_NO
)
, G_COST AS (  --연차연구비
SELECT STEP_ANU_SBJT_NO
    , SUM(NVL(GOV_CTBT_AMT, 0)) GOV_CTBT_AMT
    , SUM(NVL(GOV_BSD_CTBT_AMT, 0)) GOV_BSD_CTBT_AMT
    , SUM(NVL(CORP_BDN_CSH_AMT, 0)) CORP_BDN_CSH_AMT
    , SUM(NVL(CORP_BDN_ACTH_AMT, 0)) CORP_BDN_ACTH_AMT
    , SUM(NVL(UNVS_SPPT_AMT, 0)) UNVS_SPPT_AMT
    , SUM(NVL(MNCP_SPPT_AMT, 0)) MNCP_SPPT_AMT
    , SUM(NVL(PAR_NTN_BDN_AMT, 0)) PAR_NTN_BDN_AMT
    , SUM(NVL(ETC_SPPT_AMT, 0)) ETC_SPPT_AMT
    , SUM(NVL(GOV_BSD_CTBT_ACTH_AMT, 0)) GOV_BSD_CTBT_ACTH_AMT
    , SUM(NVL(PAR_NTN_BDN_ACTH_AMT, 0)) PAR_NTN_BDN_ACTH_AMT
  FROM DW.TMN_ANU_RSRCCT
 GROUP BY STEP_ANU_SBJT_NO
```

⑨ Fact 테이블 적재 SQL 작성 및 이행 - (계속)

```sql
SELECT KK.BIZ_RUN_YR
, KK.STEP_ANU_SBJT_NO
, KK.SBJT_NO
, KK.ACP_SBJT_NO
, KK.BIZ_CD
, (SELECT BZ.BIZ_NM FROM DW.TCM_BIZ BZ WHERE KK.BIZ_CD = BZ.BIZ_CD)
, NVL(KK.SPVS_AGC_ID, '*****')
, NVL(G_AGC.AGC_NM, '*********')
, KK.SBJT_STEP_NGR
, KK.SBJT_ANU_NGR
, NVL(KK.SBJT_NGR, 99999)
, KK.KR_SBJT_NM
, NVL(KK.ENG_SBJT_NM, '****************')
, KK.DGN_SB_NO
, KK.ACP_RLT_FILE_NO
, KK.AGREM_RLT_FILE_NO
, KK.LWRK_SBJT_SNO
, KK.OLD_SYS_SBJT_NO
, SUBSTR(KK.BIZ_CD, 1, 2)
, SUBSTR(KK.BIZ_CD, 1, 4)
, SUBSTR(KK.BIZ_CD, 1, 6)
, NVL(G_AREA.AGC_DVS_CD, 'R99')
, CASE WHEN LENGTH(G_AREA.AEA_CD) > 1 THEN SUBSTR(G_AREA.AEA_CD, 1, 1) ELSE NVL(G_AREA.AEA_CD, '*') END
, NVL(A_LCD.ALCD, '******')
, NVL(T_LCD.TLCD, '**')
, NVL(KK.RSCH_FRM_CD, '*****')
, NVL(KK.SBJT_FRM_CD, '*****')
, NVL(KK.SBJT_CHAR_CD, '*****')
, KK.SBJT_STATUS_CD
, KK.POFR_FRM_CD
, KK.REQST_SPT_SCM_CD
, KK.SCUR_GD_CD
, KK.TOT_RSCH_STT_DATE
, KK.TOT_RSCH_END_DATE
, KK.TYR_YR_RSCH_STT_DATE
, KK.TYR_YR_RSCH_END_DATE
, KK.MYY_RSCH_STT_DATE
, KK.MYY_RSCH_END_DATE
, KK.STEP_RSCH_STT_DATE
, KK.STEP_RSCH_END_DATE
, KK.BIZ_REQST_YR
, KK.AGREM_EEC_YN
, KK.CCZ_OBJ_YN
, KK.CNTT_SBJT_YN
, KK.OPEN_YN
, KK.SCUR_SBJT_REQST_YN
, KK.XCL_OBJ_SLC_YN
, KK.RDCD_USE_YN
, KK.CCP_TRNSM_YN
, KK.IEL_COA_AGREM_YN
, KK.RSCH_RPB_PE_RSCHR_REG_NO
, KK.RSCH_RPB_PE_NAME
, KK.RSCH_RPB_PE_BLNG_AGC_ID
, NVL(G_PCN.PCN_NUM, 0)
, NVL(G_PPR.PPR_NUM, 0)
, NVL(G_BOOK.BOOK_NUM, 0)
, NVL(G_PAT.PAT_NUM, 0)
, NVL(G_COST.GOV_CTBT_AMT, 0)
, NVL(G_COST.GOV_BSD_CTBT_AMT, 0)
, NVL(G_COST.CORP_BDN_CSH_AMT, 0)
, NVL(G_COST.CORP_BDN_ACTH_AMT, 0)
, NVL(G_COST.UNVS_SPPT_AMT, 0)
, NVL(G_COST.MNCP_SPPT_AMT, 0)
, NVL(G_COST.PAR_NTN_BDN_AMT, 0)
, NVL(G_COST.ETC_SPPT_AMT, 0)
, NVL(G_COST.GOV_BSD_CTBT_ACTH_AMT, 0)
, NVL(G_COST.PAR_NTN_BDN_ACTH_AMT, 0)
, SYSDATE
FROM DW.TMN_STEP_ANU_SBJT KK
LEFT OUTER JOIN G_AREA -- 지역구분(1250)
ON KK.SPVS_AGC_ID = G_AREA.AGC_ID
LEFT OUTER JOIN DW.TCM_AGC G_AGC --기관
ON KK.SPVS_AGC_ID = G_AGC.AGC_ID
LEFT OUTER JOIN A_LCD -- 학술연구분야(2040) 대분류
ON KK.STEP_ANU_SBJT_NO = A_LCD.STEP_ANU_SBJT_NO
LEFT OUTER JOIN T_LCD -- 과학기술표준분야(CM203) 대분류
ON KK.STEP_ANU_SBJT_NO = T_LCD.STEP_ANU_SBJT_NO
LEFT OUTER JOIN G_PCN -- 참여연구자수
ON KK.STEP_ANU_SBJT_NO = G_PCN.STEP_ANU_SBJT_NO
LEFT OUTER JOIN G_PPR -- 성과논문수
ON KK.STEP_ANU_SBJT_NO = G_PPR.STEP_ANU_SBJT_NO
LEFT OUTER JOIN G_BOOK -- 성과저역서수
ON KK.STEP_ANU_SBJT_NO = G_BOOK.STEP_ANU_SBJT_NO
LEFT OUTER JOIN G_PAT -- 성과특허수
ON KK.STEP_ANU_SBJT_NO = G_PAT.STEP_ANU_SBJT_NO
LEFT OUTER JOIN G_COST -- 연차연구비
ON KK.STEP_ANU_SBJT_NO = G_COST.STEP_ANU_SBJT_NO
WHERE KK.BIZ_RUN_YR > '2010'
;
```

⑩ 통계 분석 서비스 개관(데이터 흐름) 작성

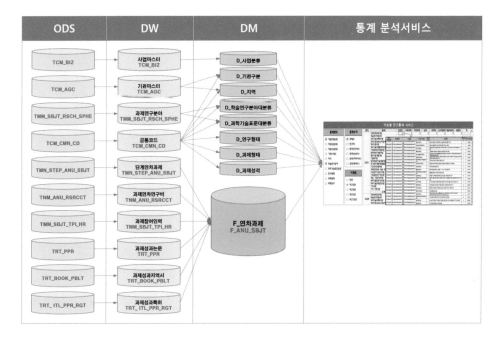

마침내 통계 DW 구축을 완료하였다. 마지막으로 통계 분석 서비스의 데이터 흐름을 가시화하기 위한 개념도를 DW 아키텍처 형태로 개관하였다.

데이터 모델링에 관한 잘못된 신화

📝 나는 알고 너는 몰라야 고수라는 옛날이야기

학창 시절을 보낸 1970년대는 역동적인 시절이었다. 유튜브에서 보는 그때 그 시절의 사진은 그리운 추억들이 샘솟는 산실이다. 사진 속 서울 어느 거리를 폼 잡는 검은 교복과 학생모는 내가 속한 전후 베이비붐 세대 추억의 상징이다. 대학 재학 중 1970년대 말 입대하여 격변의 세월을 군에서 보내고 복학했다. 복학 후 뜻하지 않은 일을 계기로 컴퓨터 프로그래밍을 배웠는데, 그것으로 내가 IT 1세대가 될 줄은 몰랐다. 하물며 40년 세월이 흘러 그 시절을 회상하며 컴퓨터 프로그램을 배우던 모습을 지면에 재현하게 될 줄이야. 그 시절, 포트란과 코볼 프로그래밍 강의 시간에 교수들은 코딩하기 전에 플로우 차트를 먼저 그려야 한다고 가르쳤다.

포트란과 코볼은 소위 3세대로 불리는 절차적 프로그래밍 언어로써 프로그램 로직을 짜는 실력이 프로그래머의 역량을 좌우한다. 로직은 시작부터 종료까지의 논리적 흐름이다. '프로그램을 짠다.'라는 말이 여기에서 유래한다. 플로우 차트를 그리는 것은 프로그램 로직을 가시화하여 전반적인 논리를 알기 쉽게 표현하기 위함이다. 프로그램 로직이 복잡하면 코딩이 어렵고 작성된 프로그램 코드를 읽는 것은 더욱 어렵기 마련이다. 어렵고 복잡한 프로그램을 다른 사람들보다 빨리 짜서 아웃풋을 내는 사람을 가리켜 프로그램을 잘 짠다고 했다. 문제는 시간이 지나면 자기가 짠 프로그램을 자신도 알기 힘들다는 데 있다. 포트란이나 코볼 같은 3세대 절차적 언어로 프로그램을 짜던 시절 지존을 다투던 프로그래밍 고수들은 그 경향이 더 심했다. 그들이 짠 프로그램을 다른 사람이 도저히 읽을 수 없었다. 그렇게 알기 어렵게 짠 프로그램을 잘 짠 프로그램으로 여겼고, 자랑스러워했고 부러워했다.

열린 사회와 그 적들

자타가 인정하는 실력자가 프로그램을 어렵게 짜는 것을 당연시하던 그때 그 시절의 모습은 약육강식의 원리가 지배하는 냉전 시대 경쟁 이데올로기에 갇힌 '닫힌 사회'의 전형이다. 자유주의 철학자 칼 포퍼가 명저 『열린 사회와 그 적들』에서 말한 열린 사회는 누구나 틀릴 수 있다는 오류의 가능성을 열어 두는 것을 요체로 한다. 열어 둔다는 것은 안을 들여다볼 수 있게 한다는 의미다. 사람들이 안을 들여다보면서 다양한 감상과 견해를 쏟아내고, 그것들을 통해 가일층 발전하게 되는 것이 '열린 사회'다. 이러한 열린 사회의 기저에는 열린 사고가 자리 잡고 있다. 열린 사고는 이른바 수평적 사고와 통한다. 최근 번역 출간된 『수평적 사고』를 인용하면 수평적 사고의 핵심은 관습에 맞서는 것이다. 이는 기존 통념에 의문을 제기하는 것을 의미한다. 견고한 통념의 장벽을 깨는 수평적 사고는 열린 사회의 특징이다. 조선 후기 새로운 사상적 흐름인 실학의 토대를 만든 성호 이익은 현실과 동떨어진 학문과 지식을 반대하고 실질적인 학문을 중시하였다. 배움에는 의문을 품는 것이 중요하다고 생각하여 옛 지식과 당대에 절대화된 지식에 대해 의문을 던지며 늘 새로운 시각으로 탐구했다.

산행에 비유하며 글을 쓰는 중에, 각인되어 눈에 선한 북한산 곳곳의 모습이 떠오르곤 했다. 북한산을 동서남북 모든 방향에서 수없이 올라 본 나는 오르는 방향에 따라 천태만상으로 보이는 북한산 모습에 때때로 경외감을 느낀다. 구파발 방향에서 오르며 보는 북한산과 우이동 쪽에서 오르며 보는 북한산 모습은 사뭇 다르다. 구파발 쪽에서는 하얀 기품으로 빛나는 인수봉이 보이지 않는다. 우이동 쪽에서는 삼각산을 이루는 세 개의 봉우리(백운대–만경대–인수봉)가 명쾌하게 보인다. 하지만 솟구친 위용을 뽐내는 노적봉은 전혀 보이지 않는다. 북한산성 탐방지원센터 주차장에서 보노라면 늠름한 기상이 보는 이를 압도하는 의상봉도 우이동 방향에서는 볼 수 없다. 의상봉 하나만 놓고 보아도 보는 곳에 따라 그 모습이 극적으로 달라 보인다. 북한산성 탐방지원센터 주차장에서 보는 의상봉은 가파르게 구부러진 산등성이와 뾰족한 정상이 동화 속 전설에 나올 법한 산의 모습인 반면, 진관사 입구에서 보면 고래처럼 등허리가 완만하고 펑퍼짐한 모습이다. 북한산의 모습을 온전히 설명할 수 있으려면 산 아래 사방팔방에서 본 모습과 하늘 위에서 내려다본 모습을 종합해 보아야 가능할 것이다. 그 온전한 모습은 산신(山神)만이 알 수 있을 것 같다. 하지만 세간에는 산의 모습을 완전히 안다는 식으로 자신의 지식을 절대화하는 사람들이 있다. 로마 황제이자 당대 최고 현인인 마르쿠스 아우렐리우스는 이렇게 말했다. "우리가 듣는 모든 말은 사실이 아니라 의견이다. 우리가 보는 모든 것은 관점이지 진실이 아니다."

시대를 막론하고 절대화된 사상이나 지식은 체제 안정에 기여할지언정 더 나은 세상의 도래를 가로막는다. 닫힌 사회의 가장 뚜렷한 특징인 지식의 절대화는 우리가 부지불식간에 범하는 일이기도 하다. 전문가나 지식인으로 불릴수록 그 경향이 짙다. 비록 효율적 측면이라는 단서로 관점을 축소했지만 나도 이 책에서 단적으로 '틀렸다'라고 말한 대목이 있는데, 바로 이런 것이 지식의 절대화에 속한다. 열린 사회의 시각에서 보면 나도 통념의 성역에 갇힌 지식 기득권자에 지나지 않는다.

📋 데이터 모델링은 어려운 것이라는 통념의 성벽

경쟁 이념에 사로잡혀 타자를 적으로 간주하는 냉전 시대를 살아온 지난 반세기를 반성하며, 이제 열린 사회의 철학을 견지하는 IT 1세대 데이터 모델러로서 감히 말하건대, 데이터 모델링은 어려운 것이라는 통념은 잘못된 신화이다. 여전히 닫힌 사회의 미망에 갇혀 있는 데이터 분야의 지식 기득권자들과 시장 선점 업체들의 묵시적 성역화로 만들어진 신화이다. 중세 가톨릭 교황청이 교황청 사제가 봉독해 주는 것 외에 일반 대중이 성서를 읽고 배우는 것을 금했던 것에 비유하면 지나친 비약일 수 있겠지만, 맥락은 비슷하다. 비근한 예로, 건축물의 설계 조감도라고 할 수 있는 데이터 구성도에 관해 얘기해 보자. 우리는 조감도가 없는 건축물을 상상할 수 없다. 데이터 모델링을 한마디로 정의하면 데이터 구조를 설계하는 것이다. 좋은 모델링을 위한 첫 번째 요건은 데이터 구조를 알기 쉽게 표현하는 것이다. 그 첫 단계는 정보 시스템 데이터의 전반적인 구성을 한눈에 조망할 수 있게 해 주는 청사진으로써 데이터 조감도를 그리는 일이다. 이 조감도가 데이터 구성도이다. 따라서 데이터 구성도를 그리는 일에서 데이터 모델링을 시작하는 것이 '알기 쉬운' 최선의 어프로치이다. 그러나 대한민국에서는 전체 데이터를 한눈에 개관할 수 있는 구성도를 그리는 데이터 모델링 사례를 찾아보기 힘들다. 수백 개에 달하는 전체 데이터를 한눈에 볼 수 있도록 묘사하기 힘들다는 것은 피상적인 이유다. 본질은 많은 사람이 '쉽게' 알 수 있게 되는 것을 꺼리는 데 있다. '어렵다'는 통념의 성벽이 사라지면 지식 권력의 아성도 사라진다.

📑 최고의 배움은 쉬움과 즐거움에 있다

논어의 첫 문장은 "배우고 때때로 익히니 기쁘지 않겠는가? (학이시습지 불역열호, 學而時習之 不亦說乎)"이다. 고등학교 시절 국어 교과서에 실린 고 양주동 박사의 수필에서 이 문장을 처음 접했다. 공자는 논어의 다른 편에서 "지지자 불여호지자, 호지자 불여락지자, 知之者 不如好之者 好之者 不如樂之者"라고 했다. 아는 사람은 좋아하는 사람만 못하고, 좋아하는 사람은 즐기는 사람만 못하다는 뜻이다. 논어의 핵심 문장들을 현대적 시각으로 해석하여 숱한 독자들의 공감을 사는 스테디셀러 『오십에 읽는 논어』는 예의 그 즐거움을 수반하는 배움의 철학에 관하여 양자역학 이론으로 노벨 물리학상을 받은 리처드 파인만 교수의 말을 인용한다. 그는 제자에게 늘 이렇게 말했다고 한다. "중요한 것은 자네가 지금 하는 일이 가슴을 뛰게 하는가이네. 잊지 말게. 일은 재미있어야 하네."

배움은 투쟁이고 따라서 힘들고 어려운 것이라는 의식으로 무장한 듯한 대한민국의 교육문화 정신을 무장 해제하는 상상은 즐겁다. 그 맥락에서 4당 5락이라는 군국주의적 미신을 강요당한 채 공부란 머리를 빡빡 밀고 이마에 머리띠를 질끈 동여매고 두 눈 부릅뜨고 상대방과 싸워 이기기 위한 권투 시합 같은 것으로 여겨온 전후 베이비붐 세대의 반성을 담담히 담아내고 싶었다.

값진 지식을 알기 쉽고 즐겁게 배울 수 있다면 누구라도 배우고 싶을 것이다. 우리 민족의 국시이자 교육이념인 홍익인간 관점에서 이러한 책이야말로 진짜 값진 책이라고 생각한다. 그러나 쉽고 재미있는 책을 쓴다는 게 말처럼 쉬운 일인가? 더욱이 까다로운 전문지식을 재료로 쉽게 읽히는 책을 쓰는 일에는 끝없이 참신한 노력이 요구된다. 아무리 많은 시간을 경주해도 다다를 수 없는 끝이 보이지 않는 여정과 같다. 그러할지라도 그 길을 기꺼이 걷고 싶다. 아우렐리우스 황제는 명상록에서 포도송이를 주렁주렁 맺은 뒤에 더는 아무것도 바라지 않는 포도나무처럼 아름다운 것은 그 자체로 아름답다고 했다. 그 포도나무는 주렁주렁 달린 포도송이를 누구나 손쉽게 따먹을 수 있는 키 작은 포도나무가 아닐까 상상한다. 만일 크고 높게 자란 포도나무가 먹음직한 포도송이를 높은 가지에 달고 있어 사람들이 올려다보며 입맛만 다신다면 그것은 고고한 포도나무일 뿐 세상을 이롭게 하지는 못한다. 경쟁이념과 약육강식의 원리가 여전히 힘을 발휘하는 닫힌 사회에 살고 있는 우리들이지만, 아우렐리우스가 말하는 포도나무처럼 이 책에서 많은 이들이 포도송이를 쉽게 따먹을 수 있다면 끝없는 여정일지라도 기쁜 마음으로 걸어갈 것이다.